བོད་ཀྱི་དངོས་མིན་རིག་གནས་ཤུལ་བཞག་དཔེ་ཚོགས་གཉིས་པ།

[illegible]

བསོད་ནམས་མཚོ་མོས་བརྩམས།

བོད་ལྗོངས་བོད་ཡིག་དཔེ་རྙིང་དཔེ་སྐྲུན་ཁང་།

图书在版编目（CIP）数据

山南吉德秀邦典技艺研究 ：藏文 / 索朗措姆著 . -- 拉萨 ：西藏藏文古籍出版社，2020.11

ISBN 978-7-5700-0470-6

Ⅰ . ①山… Ⅱ . ①索… Ⅲ . ①藏族—民族服饰—研究—山南—藏语 Ⅳ . ① TS941.742.814

中国版本图书馆 CIP 数据核字（2020）第 209385 号

山南吉德秀邦典技艺研究

作　　者	索朗措姆
责任编辑	拉巴次仁
终　　审	旦巴曲扎
出　　版	西藏藏文古籍出版社
印　　刷	成都市金雅迪彩色印刷有限公司
经　　销	全国新华书店
开　　本	16 开（710mm×1 000mm）
印　　张	15.5
印　　数	0 1-3,000
版　　次	2020 年 12 月第 1 版
印　　次	2020 年 12 月第 1 次印刷
标准书号	ISBN 978-7-5700-0470-6
定　　价	39.00 元

བསོད་ནམས་མཚོ་མོ། ༡༩༧༨ལོར་ལྷོ་ཁ་ཡར་ཀླུང་དུ་སྐྱེས་པ་དང་། གྲ་ནང་རྫོང་གྲ་ཕྱི་འཇུ་སྨད་གྲོང་ཚོར་འཚར་ལོང་བྱུང་། སྨྱུག་མིང་ལ་འཇུ་སྨད་བསོད་ནམས་མཚོ་མོའམ་ཡར་ཀླུང་སྨིན་དྲུག་ཅེས་འབོད། ༢༠༠༠ལོར་ཉིང་ཁྲི་ཞིང་འབྲོག་སློབ་ཆེན་ནས་ཐོན་ཏེ་ལྷོ་ཁ་གྲ་ནང་རྫོང་སློབ་འབྲིང་དུ་དགེ་རྒན་གྱི་ལས་ཀ་བྱས། ༢༠༠༥ལོ་ནས་༢༠༠༧ལོ་བར་བོད་ལྗོངས་སློབ་ཆེན་རིག་གཞུང་དུ་སློབ་གླིང་བོད་སྐད་ཡིག་དངོས་གཞིའི་འཛིན་གྲྭར་སློབ་གཉེར་བྱས་པ་དང་། ༢༠༠༧ལོ་ནས་༢༠༡༠ལོ་བར་བོད་ལྗོངས་སློབ་ཆེན་རིག་གཞུང་སློབ་གླིང་དུ་ཤེས་རམས་པའི་འཛིན་གྲྭར་ཞུགས་ནས་མཁས་དབང་འཕྲིན་ལས་ཆོས་གྲགས་སོགས་ཀྱི་སྐུ་མདུན་ནས་བོད་ཀྱི་དམངས་སྲོལ་དང་ལོ་རྒྱུས་སོགས་ལ་སློབ་གཉེར་བྱས། ༢༠༡༢ལོ་ནས་༢༠༡༩ལོ་བར་ལྷོ་ཁ་ལས་རིགས་ལག་རྩལ་སློབ་གྲྭའི་ནང་དགེ་རྒན་བྱས། ༢༠༡༩ལོ་ནས་ད་བར་ཀྲུང་གུང་ལྷོ་ཁ་གྲོང་ཁྱེར་ཨུ་ཡོན་ལྷན་ཁང་ཏང་གི་སློབ་གྲྭར་དགེ་རྒན་བྱ་མུས་ཡིན། བོད་རང་སྐྱོང་ལྗོངས་དམངས་ཁྲོད་རྩོམ་རིག་མཁས་པ་མཐུན་ཚོགས་ཀྱི་ཚོགས་མི་དང་ཡིག་གཟུགས་མཁས་པའི་མཐུན་ཚོགས་ཀྱི་ཚོགས་མི་བཅས་ཡིན། ལས་ཞོར་དུ་རྒྱལ་ནང་དུས་དེབ་དང་ཚགས་པར་ཐོག་རྒྱ་བོད་ཡིག་རིགས་གཉིས་ཀྱི་ཐོག་ནས་རྩོམ་ཡིག་ཉི་ཤུ་ལྷག་ཙམ་སྤེལ།

སྙིང་གཞི།

པང་གདན་ནི་བོད་རིགས་མི་དམངས་ཀྱི་འཚོ་བའི་ཁྲོད་ཀྱི་མེད་དུ་མི་རུང་བའི་རྒྱན་གོས་ཤིག་དང་བོད་རིགས་ཀྱི་སྣང་མང་ཕྱུན་སུམ་ཚོགས་པའི་རིག་གནས་ཀྱི་གྲུབ་ཆ་ཞིག་ཏུ་གྱུར་ཡོད་ལ། དེ་ནི་བོད་རིགས་ཀྱི་བཟོ་རྩལ་རིག་གནས་ཀྱི་ཉམས་འགྱུར་དང་བོད་མིའི་ཤེས་རིག་གི་རྩལ་ལས་འཁྲུངས་པའི་རྣམ་དཔྱོད་ཀྱི་འབྲས་བུ་ཁྱད་འཕགས་ཅན་ཞིག་དང་། ཀྲུང་ཧྭ་མི་རིགས་ཀྱི་རྒྱན་གོས་རིག་གནས་བང་མཛོད་ནང་གི་ཆེས་ངོ་མཚར་ཅན་གྱི་མེ་ཏོག་ཞིག་ཡིན། པང་གདན་དེ་བཞིན་མཐོ་སྒང་གི་འཁོར་ར་ཁོར་ཡུག་དང་ཞིང་འབྲོག་ཐོན་སྐྱེད་འཚོ་བའི་བརྒྱུད་རིམ་ནང་རིམ་གྱིས་གྲུབ་པ་དང་འཕེལ་རྒྱས་བྱུང་བའི་རིག་གནས་ཀྱི་སྣང་ཚུལ་ཞིག་ཡིན་པ་མ་ཟད། རང་མི་རིགས་ཀྱི་ལག་ཤེས་བཟོ་རྩལ་གྱི་རྨང་གཞིའི་ཐོག་ཏེ་འཁོར་མི་རིགས་ཀྱི་སྔོན་ཐོན་འཁེལ་འཐག་གི་རིག་གནས་ལས་བསྡུ་ལེན་བྱས་པའི་ཐོན་དངོས་ཤིག་དང་བོད་རིགས་མི་དམངས་ཀྱི་ལོ་ངོ་སྟོང་ཕྲག་མང་པོའི་བློ་གྲོས་ཀྱི་སྙིང་བཅུད་དང་གསར་གཏོད་ཀྱི་འབྲས་བུ་ཞིག་ཀྱང་ཡིན། པང་གདན་གྱི་ཐོན་སྐྱེད་ལ་ལོ་རྒྱུས་ཡུན་རིང་ལྡན་པ་དང་པང་གདན་འདོགས་པའི་གོམས་སྲོལ་ལ་ཀྱང་མཐར་ཡང་ལོ་ངོ་ཆིག་སྟོང་ཙམ་གྱི་ལོ་རྒྱུས་ལྡན་ཡོད་པ་ལོ་རྒྱུས་ཀྱི་ཡིག་ཆ་རྣམས་ལས་ཤེས་ཐུབ། པང་གདན་གྱི་ཁ་དོག་དང་རྒྱུ་སྤུན། བཟོ་དབྱིབས་སོགས་ལ་དུས་རབས་ཀྱི་འཕེལ་རྒྱས་དང་མི་རྣམས་ཀྱི་བསམ་བློའི་འདུ་ཤེས་ཀྱི་འགྱུར་ལྡོག་དང་

བསྟུན་ནས་འགྱུར་བ་བྱུང་བ་དང་པང་གདན་གྱི་དམངས་སྲོལ་རིག་གནས་ཡང་བརྒྱུད་རིམ་དེ་དང་བསྟུན་ནས་སྣ་མང་ཕུན་སུམ་ཇེ་ཚོགས་སུ་གྱུར་ཡོད། པང་གདན་ནི་བོད་རིགས་བུད་མེད་རྣམས་ཀྱི་རྒྱན་གོས་གལ་ཆེན་ཞིག་ཡིན་པ་མ་ཟད། དེས་བོད་རིགས་ཀྱི་གྲོན་ཆས་ཡུལ་སྲོལ་གཞན་ལ་རྒྱ་ཁྱབ་དང་དར་འཕེལ་གཏོང་རྒྱུར་མི་དམན་པའི་ནུས་པ་ཐོན་ཡོད། དེང་གི་ཆར་བོད་མིའི་རྒྱན་གོས་གླེང་དུས་པང་གདན་ནི་བོད་མིའི་རྒྱན་གོས་ཀྱི་ཚབ་མཚོན་དུ་གྱུར་ཞིང་། པང་གདན་ལ་གཏིང་ཟབ་པའི་རིག་གནས་ཀྱི་ནང་དོན་འདུས་ཡོད་པས་དེས་བོད་མིའི་གཤིས་ཀའི་ཁྱད་ཆོས་དང་། ཆོས་ལུགས་ཀྱི་དད་མོས། མཛེས་དཔྱོད་ལྟ་བ་སོགས་མཚོན་ཐུབ།།

རྩོམ་ཡིག་འདིར་གཙོ་བོ་བོད་ཀྱི་རིག་གནས་ཀྱི་འབྱུང་ཁུངས་སུ་གྲགས་པའི་ལྷོ་ཁའི་ཡུལ་ལས་ལྷོ་ཁ་གོང་དཀར་རྫོང་ལྕེ་བདེ་ཞོལ་གྱི་པང་གདན་གྱི་སྐོར་བརྗོད་དོན་གཙོ་བོར་བཟུང་ནས་དམངས་སྲོལ་རིག་པ་དང་། མིའི་རིགས་རིག་པ་དང་། མཛེས་ཆོས་རིག་པ། སེམས་ཁམས་རིག་པ་སོགས་རིག་ཚན་མང་པོའི་གཞུང་ལུགས་ལ་བརྟེན་ནས་སྣམ་བུ་དང་པང་གདན་གྱི་ལོ་རྒྱུས་ཀྱི་འབྱུང་ཁུངས་དང་ལྷོ་ཁ་གོང་དཀར་རྫོང་ལྕེ་བདེ་ཞོལ་གྱི་ཐུན་མོང་མ་ཡིན་པའི་པང་གདན་འཁེལ་འཐག་བཟོ་རྩལ་དང་དེའི་ཕུན་སུམ་ཚོགས་པའི་དམངས་སྲོལ་རིག་གནས་ཀྱི་ནང་དོན་སྐོར་ལ་དཔྱད་ཞིབ་བགྱིས་ཡོད། དེ་ཡང་། དཔྱད་རྩོམ་འདིས་གཅིག་ནས་སྔར་བོད་རིགས་བུད་མེད་ཚོས་ལོ་ཚོད་ཅི་ཙམ་ལ་པང་གདན་འདོགས་པའི་གོམས་སྲོལ་ཡོད་མེད་སྐོར་གསལ་པོར་བསྟན་ཡོད་པ་དང་། གཉིས་ནས་བོད་ཀྱི་གནའ་བོའི་ལྡེབས་རིས་ཁྲོད་ཀྱི་མི་སྐྱ་ཁག་གཅིག་གི་རྒྱན་གོས་ལ་

གཞིགས་ནས་བོད་རིགས་བུད་མེད་རྣམས་ཀྱི་པང་གདན་གྱི་ཆ་ལུགས་ཀྱི་ལོ་རྒྱུས་ཁུངས་འདེད་བྱས་ཡོད་པ། གསུམ་ནས་རྒྱལ་ཁབ་རིམ་པའི་དངོས་མེད་རིག་གནས་སྲུང་སྐྱོང་བྱ་ཡུལ་གྱི་གྲས་ཤིག་ཡིན་པའི་པང་གདན་རིག་གནས་ལ་ཇི་ལྟར་བྱས་ནས་སྲུང་སྐྱོང་དང་འཕེལ་རྒྱས་གཏོང་དགོས་མིན་དང་། དེང་རབས་ཅན་གྱི་རླབས་རྒྱུན་ཁྲིད་སྲུང་སྐྱོང་དང་འཕེལ་རྒྱས་དབར་གྱི་འབྲེལ་བ་མཐུན་སྦྱོར་ཇི་ལྟར་བྱ་དགོས་སྐོར་བསྟན་པ། བཞི་ནས་ལྷོ་ཁའི་བལ་འཐག་བཟོ་གྲྭའི་ལོ་རྒྱུས་ཀྱི་སྐོར་ལ་དཔྱད་གཞི་མགོ་འདོན་བཅས་བྱས་ཡོད། དེ་ལྟར་ཁོ་མོས་བོད་རིགས་ཀྱི་དམངས་སྲོལ་རིག་གནས་ལ་བརྩེ་བ་ཟབ་མོ་བཅངས་ནས་ནུས་ཤུགས་ཡོད་རྒུ་བཏོན་ནས་དཔྱད་རྩོམ་འདི་ཉིད་འབྲི་ཁུལ་བགྱིས་ཏུང་རང་ཉིད་མཐོང་རྒྱ་ཆུང་ཞིང་ལྟ་རྒྱ་ཞན་པའི་དབང་གིས་རྩོམ་གྱི་བརྗོད་བྱའི་ནང་དོན་དང་རྗོད་བྱེད་ཚིག་སྦྱོར། དེ་བཞིན་ལུང་རིགས་ཀྱི་སྒྲུབ་བྱེད་སོགས་ཀྱི་ཐད་མི་འདང་བའི་ཆ་དང་སྐྱོན་གྱི་ཆ་ལྷན་ངེས་ལ། ཁྱད་པར་དུ་པང་གདན་གྱི་ལོ་རྒྱུས་སྐོར་ལ་དཔྱད་གཞིའི་ཡིག་ཆ་དཀོན་པའི་དབང་གིས་མཁས་པ་རྣམས་མགུ་ཞིང་སློག་པ་པོ་དགྱེས་པའི་སྙོམ་ཚིག་ཅིག་འགོད་ཐུབ་མ་སོང་བས་མཁྱེན་དཔྱོད་ཡངས་པའི་དྲན་དབང་རྣམ་པས་རྩེ་ཆེའི་དགོངས་འཆར་གནང་སྐྱོང་ཡོད་པ་ཞུ་རྒྱུ། བོད་ཀྱི་པང་གདན་རིག་གནས་སྐོར་གྱི་ལས་ལ་གཞོལ་མཁན་ཚོས་དེ་བས་གཏིང་ཟབ་ཅིང་རྒྱ་ཆེ་བའི་སྒོ་ནས་དེའི་སྐོར་ལ་ཞིབ་འཇུག་མཛད་གནང་ཡོད་པ་ཞུ། །

序论

邦典是藏族人民生活中不可缺少的一种服饰，它扎根在藏族肥沃的文化土壤之中，具有浓郁的藏族文化气息和强悍的生命力。作为中华民族服饰文化宝库之中的一朵奇葩，它是藏民族外在的标志之一。邦典的形成和发展，是适应高原的气候环境和农牧生产生活方式的结果，同时汲取了周边民族的优秀纺织文化，它是藏族人民千百年来智慧的结晶。邦典的生产具有悠久的历史，佩戴围裙的习俗至少也有一千年的历史。邦典的颜色、质地、款式等随着时代的进步及人们的思想观念的变化而发生变异，其民俗文化随之变得丰富多彩。以围裙之意起名的色条氆氇——邦典，它不仅仅是藏族妇女的重要衣饰，而且还广泛应用于藏族服装的其他领域。作为文化表象的服饰——邦典，蕴含了更深层次的文化内涵，反映了藏民族的性格特征，宗教信仰，审美情趣等。

本文主要以西藏文化摇篮——山南市杰德秀邦典为个案，从民俗学理论切入，以文化人类学、美学和心理学等多学科交叉研究邦典的民俗文化，追溯氆氇与邦典的历史渊源。以山南杰德秀独特的邦典纺织加工工艺、生产民俗和销售民俗来展示山南民间精湛的纺织工艺和丰富的民俗文化内涵。

本书对藏族服饰文化研究有一下几个贡献：一是澄清了目前学术界对藏族妇女佩戴邦典年龄段和邦典佩戴习俗等颇有争议的问题。二是根据西藏一些古老壁画中的俗人服饰，追溯藏族妇女邦典穿戴习俗的历史渊源。三是保护和发展国家级非物质文化重点保护对象之一的邦典，在现代化浪潮中，如何协调保护和发展之间的关系提出自己看法。四是为山南大大小小毛织厂提供参考资料。

最后，本人凭借着对藏族民俗文化的热忠，竭尽全力完成本书的撰写，由于本人水平有限，经验不足，文中错漏之处在所难免，真诚希望专家和读者提出宝贵的意见，以便修改。

དཀར་ཆག

目　录

འགོ་བརྗོད།

ལྷོ་ཁ་གོང་དཀར་རྫོང་ལྷེ་བདེ་ཞོལ་ཞེས་པའི་ཡུལ་གྱི་གོ་དོན་ལས། "ལྷེ་བདེ"ཞེས་པ་ནི་ཡུལ་དེའི་མི་རྣམས་ཁ་བདེ་ལྷེ་བདེ་ཡོད་པ་དང་། ཞོལ་ཞེས་པའི་དོན་ནི་ཡུལ་དེ་ཉིད་དོལ་ལྷ་རྩེ་ལྷུན་གྲུབ་རྫོང་གི་རི་གཤམ་དུ་གནས་ཡོད་པས་ཞོལ་ཞེས་འབོད་པར་གྲགས། སྔོན་ཚད་འདིར་"བརྒྱ་གྲོང"ཞེས་ཀྱང་འབོད་སྲོལ་ཡོད་པ་ནི་གྲོང་ཚོ་འདིར་སྔར་དུད་ཚང་བརྒྱ་ལྷག་ཙམ་ཡོད་པས་མིང་དེ་ལྟར་ཆགས། ལྷེ་བདེ་ཞོལ་ནས་ཐོན་པའི་པང་གདན་ནི་ཀྲུང་ཧྭ་མི་རིགས་ཀྱི་རྒྱན་གོས་ཁྲོད་ཀྱི་ངོ་མཚར་ཆེ་བའི་མེ་ཏོག་ཅིག་ཡིན་པའི་ངོས་ནས་བོད་ཁུལ་ཙམ་མ་ཟད། དེའི་སྐྱན་པའི་གྲགས་པ་བོད་ཀྱི་ཉེ་འཁོར་གྱི་ས་གནས་མང་པོར་ཁྱབ་ཡོད། ལྷེ་བདེ་ཞོལ་ནི་བོད་ཀྱི་ཤེས་དཔལ་དར་ཡུལ་ཡར་ཀླུང་ཕོངས་གཏོགས་སུ་གནས་པ་དང་གངས་ཏི་སེ་རི་རྒྱུད་ཀྱི་ལྷོ་ངོས་དང་ཧི་མ་ལ་ཡའི་རི་རྒྱུད་ཀྱི་བྱང་ངོས་ཀྱི་ཡར་ཀླུང་གཙང་ཆུའི་འགྲམ་དུ་ཆགས་ཡོད། དེ་སྔ་ལྷོ་ཁ་ནས་ལྷ་ས་དང་གཞིས་རྩེ་སོགས་སུ་འགྲོ་བར་ངེས་པར་ཡུལ་ལུང་འདི་ཉིད་བརྒྱུད་དགོས་སྐབས་ཡུལ་འདི་ཉིད་ཡར་ཀླུང་གཙང་པོའི་ལྷོ་རྒྱུད་ཀྱི་ལྟེ་གནས་ཀྱི་ས་ཚིགས་འགངས་ཆེན་ཞིག་དང་། བོད་ཀྱི་ལོ་རྒྱུས་ཐོག་སྐད་གྲགས་ཆེ་ཤོས་ཀྱི་གནའ་བོའི་གྲོང་རྡལ་བརྒྱུད་ཀྱི་གྲུས་ཤིག། ཇ་རྟ་གནའ་ལམ་ངེས་པར་བརྒྱུད་དགོས་པའི་ལམ་བུ་ཞིག་ཀྱང་ཡིན། ལོ་ངོ་བདུན་བརྒྱའི་སྔོན་ནས་དེ་གའི་སྣམ་བུ་དང་པང་གདན་གྱི་ཐོན་རྫས

བོད་རིགས་ས་ཁུལ་ཡོངས་སུ་སྐད་གྲགས་ཆོད་ཁར་བོད་ཀྱི་ལོ་རྒྱུས་ཐོག་གི་སྨམ་བུ་དང་པང་གདན་ཐོན་རྫས་སྐད་གྲགས་ཆེ་ཤོས་ཀྱི་གྲོང་དང་གྲོང་རྡལ་ཞིག་ཡིན་པ་སྟར་ཀྱི་ཡིག་ལམ་དང་རྒྱན་པོའི་ངག་ཏུ་གྲགས་སོ། ལོ་ངོ་ལྔ་བརྒྱ་ལྷག་ཙམ་གྱི་གོང་རོལ་ནས། བོད་ས་གནས་སྲིད་གཞུང་གི་སྨམ་ཚོས་རྒྱག་སའི་ལྟེ་གནས་ཡིན་པ་དང་དབུས་གཙང་གི་ཡུལ་ཕྱོགས་ཁག་ཏུ་སྐད་གྲགས་ཆེ་ཤོས་ཀྱི་དུད་ཚང་བརྒྱའི་གྲོང་ཚོ་ཞིག་ཏུ་གྱུར་ཡོད་ཅིང་། དེ་ལྟར་བགྲང་བྱ་དུ་མའི་ལོ་རྒྱུས་ཀྱི་འཕེལ་རིམ་ཁྲིད་འཁེལ་འཐབ་ལས་རིགས་འཕེལ་རྒྱས་ཕྱིན་པ་དེས་ཀྱང་ཡུལ་དེ་གའི་འབྲུག་ཆ་དོད་པའི་ཚོང་ལས་ལ་སྐུལ་འདེད་ཐེབ་ནས་གྲོང་འདི་ཉིད་བོད་ཀྱི་ཚོང་ལས་དར་རྒྱས་ཆེ་ཤོས་ཀྱི་གྲོང་རྡལ་གྱི་གྲས་ཤིག་ཏུ་གྱུར་ཡོད། ད་ཆ་ལྷེ་བདེ་ཞོལ་ཁུལ་དུ་སྟར་བཞིན་ཚོང་ལས་དར་རྒྱས་གོང་འཕེལ་ཆེ་བས་ལྷོ་ཁའི་ཤར་གྲོང་ཁག་གི་ཁྲིད་དུ་དར་རྒྱས་ཆེ་ཤོས་ཀྱི་གྲོང་ཞིག་ཏུ་གྱུར་ཡོད་ཁར། འདི་གའི་ཚོང་ཟོག་སྣ་ཁ་འཛོམས་པས་རིན་གོང་ཐད་ཡུལ་ཕྱོགས་གཞན་ལས་དམའ་བའི་དབང་གིས་ཉེ་འགྲམ་གྱི་རྫོང་དང་། ཤར་གྲོང་། གྲོང་ཚོའི་མང་ཚོགས་རྣམས་ཀྱི་ཉོ་སྒྲུབ་བྱ་ཡུལ་གཙོ་བོར་གྱུར་པས་ལྷེ་བདེ་ཞོལ་ལ“ལྷ་ས་ཆུང་བ”ཞེས་ཀྱང་བརྗོད་སྲོལ་ཡོད། པང་གདན་ལ་ཆ་མཚོན་ན་ལྷེ་བདེ་ཞོལ་གྲོང་བརྡལ་ཁུལ་ལ་སྟེ་མོ་ནས་རང་རང་གི་ཚོང་རྟགས་ཡོད་པ་དང་། དེང་གི་ཆར་འཛམ་གླིང་གི་ཚོང་རར་ཡང་སྐྱོད་བཞིན་ཡོད། ལྷེ་བདེ་ཞོལ་པང་གདན་ལ་དུས་ཡུན་རིང་བའི་ལོ་རྒྱུས་དང་ཕུལ་དུ་བྱུང་བའི་བཟོ་རྩལ་གྱིས་ཕྱུག་ཅིང་། བོད་ཀྱི་རྒྱན་གོས་རིག་གནས་བང་མཛོད་ནང་གི་འོད་སྟོང་འཕྲོ་བའི་ནོར་བུ་ཞིག་ཡིན་པ་དང་རྒྱལ་ཁབ་རིམ་པའི་གཙོ་གནད་

དངོས་མིན་རིག་གནས་སྲུང་སྐྱོང་བྱ་ཡུལ་དུ་འདང་གྱུར་ཡོད། སྤྱི་ལོ་2006ལོར་ལྷོ་བདེ་ཞོལ་པང་གདན་ལག་རྩལ་རྒྱལ་སྲིད་སྤྱི་ཁྱབ་ཁང་གིས་རྒྱལ་ཁབ་རིམ་པའི་ཁག་དང་པོའི་དངོས་མིན་རིག་གནས་ཤུལ་བཞག་རྣམ་གྲངས་ནང་གཏན་འཁེལ་བྱས་པ་དང་། སྤྱི་ལོ་2016ལོར་ལྷོ་བདེ་ཞོལ་གྱི་ཚོས་རྒྱག་ལག་རྩལ་དེ་ཡང་ལྷོ་ཁ་གྲོང་ཁྱེར་གྱི་གྲོང་ཁྱེར་རིམ་པའི་དངོས་མིན་རིག་གནས་ཤུལ་བཞག་ལ་གཏན་འཁེལ་བྱས་ཡོད་པ་བཅས་ལས་ལྷོ་བདེ་ཞོལ་གྲོང་བརྡལ་ལ་མཛེས་སྡུག་ལྡན་པའི་“པང་གདན་གྱི་ཕ་ཡུལ”ཞེས་འབོད་ཀྱི་ཡོད། གཤམ་ལ་རྩོམ་ཡིག་འདིའི་བརྗོད་བྱའི་དོན་གྱི་སྙིང་པོ་སྟེ་ལྷོ་ཁའི་ལྷོ་བདེ་ཞོལ་གྱི་པང་གདན་སྐོར་ལ་འཆད་པར་བྱའོ།།

པང་གདན་ནི་བོད་མི་རིགས་ཀྱི་རྒྱན་གོས་གལ་ཆེན་ཞིག་ཡིན་པས་བོད་རིགས་བུད་མེད་ཚོས་ཏ་ཙང་དགའ་པོ་བྱེད་ཀྱི་ཡོད། དེར་ལོ་རྒྱུས་ཡུན་རིང་དང་ཕུན་སུམ་ཚོགས་པའི་རིག་གནས་ཀྱི་ནང་དོན་ལྡན་ཞིང་བེད་སྤྱོད་དང་མཛེས་དཔྱོད་གཅིག་ཏུ་འབྲེལ་བའི་རྒྱན་གོས་ཀྱི་གྲས་ཤིག་ཡིན། བོད་དུ་རྣམ་པར་བཀྲ་བའི་པང་གདན་གང་སར་མཐོང་རྒྱུ་ཡོད་ཅིང་དེ་ནི་མིག་ལ་མཛེས་ཤིང་ལྷ་ན་སྡུག་པ་དང་། པང་གདན་སྐོར་གླིང་ཚེ་འཛམ་གླིང་སྐྱི་བོ་ཚང་མའི་བློ་ངོར་བོད་རིགས་བུད་མེད་ཚོས་བཏགས་པའི་འཇའ་ཚོན་ལྟར་རྣམ་པར་བཀྲ་བའི་པང་གདན་འདྲེན་བྱེད་ཀྱི་ཡུལ་དུ་སྣང་ངེར་འཆར་ངེས་ཡིན། དོན་དམ་དུ་པང་གདན་ནི་སྣམ་བུ་ཚོན་ཁྲ་ཅན་ཞིག་ཡིན་པའི་ངོས་ནས་བརྗོད་ན་དེ་ཐོན་པ་དང་འཕེལ་རྒྱས་འགྲོ་བ་དེ་སྣམ་བུ་དང་འབྲེལ་བ་དམ་ཟབ་ལྡན་ཡོད། པང་གདན་ཆུང་ཡང་དེའི་འབྱུང་ཁུངས་དེད་ན་ལོ་རྒྱུས་ཡུན་རིང་ལྡན་པའི་བོད་

ཀྱི་བལ་འཐག་ལོ་རྒྱུས་ཀྱི་འབྱུང་རྩ་འདེད་ཐུབ་པ་མ་ཟད། དེའི་རིག་གནས་དང་ཕུན་སུམ་ཚོགས་པའི་ཆ་ལག་རྣམས་སྤོག་འདོན་བྱ་ཐུབ། པང་གདན་དེ་བཞིན་བོད་རིགས་བུད་མེད་ཀྱི་རྒྱན་གོས་ནང་གི་གལ་ཆེའི་རྒྱན་གོས་ཤིག་ཡིན་པ་གང་ཞིག བོད་རིགས་ཀྱི་ཐོན་སྐྱེད་དང་འཚོ་བ། ཆོས་ལུགས། རིག་གནས། གོམས་སྲོལ་སོགས་གཞི་རྒྱ་ཆེ་བའི་ཡུལ་སྲོལ་གོམས་གཤིས་དང་འབྲེལ་བ་དམ་ཟབ་མཆིས། དེ་ལས་བོད་རིགས་ཀྱི་སྤྱི་ཚོགས་ལོ་རྒྱུས་དང་། དཔལ་འབྱོར། རིག་གནས་སོགས་ཀྱི་སྣང་ཚུལ་མཐོང་ཐུབ། ད་ལྟ་ང་ཚོས་བོད་རིགས་ཀྱི་མེས་པོ་རྣམས་ཀྱི་གཟི་བརྗིད་ལྡན་པའི་ལོ་རྒྱུས་ཤེས་རྟོགས་བྱས་ནས་མི་རིགས་ཀྱི་རང་བཀུར་བསམ་པ་དང་སྤོབས་སེམས་ཇེ་ཆེར་གཏོང་རྒྱུ། ཕ་ཡུལ་ལ་དགའ་ཞེན། མེས་རྒྱལ་ལ་དགའ་ཞེན་བཅས་ཀྱི་རང་རྟོགས་རང་བཞིན་ཆེ་རུ་གཏོང་རྒྱུར་ཡང་དོན་སྙིང་གལ་ཆེན་ལྡན་ཡོད། པང་གདན་ནི་བོད་རིགས་བུད་མེད་ཀྱི་རྒྱན་ཆ་ཞིག་ཡིན་པའི་ཆ་ནས། དེ་ཉིད་བོད་རིགས་བུད་མེད་ཚོ་ལས་ལ་བརྩོན་ཞིང་བབ་ཆགས་པ་དང་། བློ་སྤོབས་ཆེ་ཞིང་བྱམས་སེམས་ལྡན་པའི་མཚོན་རྟགས་སུ་གྱུར་པ་དང་དེས་བོད་རིགས་བུད་མེད་ཀྱི་མཛེས་དཔྱོད་ཀྱི་ལྟ་བ་གཅིག་སྟུད་ངང་མཚོན་གྱི་ཡོད། པང་གདན་འདོགས་པའི་གོམས་སྲོལ་ལ་དཔྱད་བསྡུར་བྱས་ན། ང་ཚོས་བོད་རིགས་བུད་མེད་ཀྱི་མཛེས་དཔྱོད་གཟུགས་བརྙན་དང་མཛེས་དཔྱོད་དོན་གཉེར་ཤེས་རྟོགས་ཐུབ་པ་དང་། བོད་ཀྱི་ཐུན་མོང་མ་ཡིན་པའི་ཞིང་འབྲོག་མང་ཚོགས་ཀྱི་རྒྱན་གོས་རིག་གནས་དང་མཛེས་དཔྱོད་འདོད་ཕྱོགས་ཀྱང་མཚོན་ཐུབ་པས་དེ་ལ་ཀྲུང་ཧྭ་མི་རིགས་ཀྱི་སྣ་མང་རང་བཞིན་གྱི་རིག་གནས་ཀྱི་མཛེས་དཔྱོད་ལྟ་བ་དང་གཅིག་གྱུར་

རང་བཞིན་གྱི་མཛེས་རྟོག་རིག་པ་ཤེས་རྟོགས་བྱ་རྒྱུར་ཡང་དོན་སྙིང་གལ་ཆེན་ལྡན་ཡོད། འདིར་ལྷོ་ཁ་གོང་དཀར་རྫོང་ལྷེ་བདེ་ཞོལ་གྱི་པང་གདན་ལག་རྩལ་གྱི་ལོ་རྒྱུས་དང་དམངས་སྲོལ་རིག་གནས་སྐོར་རགས་ཙམ་གླེང་ནས་འཛམ་གླིང་སྐྱེ་བོ་ཀུན་ལ་ཁྱལ་དེའི་ཐུན་མོང་མ་ཡིན་པའི་པང་གདན་གྱི་ཐོན་སྐྱེད་དམངས་སྲོལ་དང་གྲོན་སྲོལ་སྐོར་མངོན་པར་བྱ་རྒྱུ་དང་། པང་གདན་རྒྱན་གོས་ལས་རིགས་སྲུང་སྐྱོང་དང་འཕེལ་རྒྱས་གཏོང་ཆེད་དཔྱད་གཞི་མཁོ་འདོན་བྱས་ནས་ལྷོ་ཁའི་གནའ་བོའི་རྒྱན་གོས་སྲུང་སྐྱོང་བྱེད་པའི་རང་རྟོགས་རང་བཞིན་ཆེ་རུ་གཏོང་རྒྱུར་རམ་འདེགས་ཀྱི་ནུས་པ་གང་ལེགས་ཐོན་པ་བྱ་རྒྱུ་ཡིན། གཤམ་དུ་གཙོ་བོ་དཔྱད་རྩོམ་འདིའི་ཞིབ་འཇུག་བྱ་ཡུལ་དང་། བསམ་ཕྱོགས། དེ་བཞིན་ཞིབ་འཇུག་བྱ་གཞི་འདིའི་ཞིབ་འཇུག་གི་གནས་ཚུལ་མདོར་བསྡུས་ངོ་སྤྲོད་བྱ་རྒྱུ་ཡིན། །

དང་པོ། ཞིབ་འཇུག་བྱ་ཡུལ་དང་རྩོམ་གྱི་སྒྲིག་གཞི།

གཅིག ཞིབ་འཇུག་བྱ་ཡུལ།

དཔྱད་རྩོམ་འདིའི་ཞིབ་འཇུག་བྱ་ཡུལ་ནི་བོད་རིགས་ཀྱི་གྱོན་ཆས་ལས་བྱེ་བྲག་པང་གདན་ཡིན། པང་གདན་ནི་ས་ཁོངས་དང་མི་རིགས་ཀྱི་ཁྱད་ཆོས་ལྡན་པའི་བོད་རིགས་ཀྱི་རྒྱན་གོས་ཤིག་ཡིན་པ་དང་གྲགས་ཅན་གྱི་ལྷོ་ཁ་ལྷེ་བདེ་ཞོལ་གྱི་པང་གདན་དེ་ཡང་ཀྲུང་གོའི་དངོས་མིན་རིག་གནས་སྲུང་སྐྱོང་ཁྲིད་ཀྱི་གཙོ་གནད་སྲུང་སྐྱོང་བྱ་ཡུལ་དུ་གྱུར་ཡོད། ད་བར་བོད་ཀྱི་པང་གདན་གྱི་དམངས་སྲོལ་རིག་གནས་སྐོར་ལ་ཞིབ་འཇུག་བྱས་པའི་དཔྱད་འབྲས་ཆ་ཚང་བ་ཞིག་མཇལ་དུ་མེད་པས་དེ་ནི་བློ་ཕམ་

སྐྱེ་དགོས་པ་ཞིག་རེད། འདིར་ལྷོ་ཁ་ལྷེ་བདེ་ཞོལ་གྱི་པང་གདན་རིག་གནས་སྐོར་ལ་ཞིབ་འཇུག་བྱས་པ་བརྒྱུད་དེའི་ཁྱད་ཆོས་ལ་རྒྱུས་ལོན་དང་སྒོག་འདོན་བྱས་ཏེ། པང་གདན་གྱི་རིག་གནས་སྤྱི་དང་ཁྱད་པར་དུ་དེའི་དམངས་སྲོལ་རིག་གནས་སྐོར་ལ་དཔེ་ཞིབ་ཀྱིས་པང་གདན་བཟོ་རྩལ་དང་དེས་བོད་མིའི་གོམས་སྲོལ་དང་འཚོ་བར་ནུས་པ་ཇི་འདྲ་ཐོན་མིན་སྐོར་ལ་ཉམས་ཞིབ་བྱས་ཡོད། དེའི་དམིགས་ཡུལ་ནི་བོད་ཀྱི་འཐག་ལས་ལོ་རྒྱུས་ཀྱི་འབྱུང་ཁུངས་སྟེར་བས་ཁུངས་བཙན་ཞིག་བཙལ་ནས་པང་གདན་གྱི་དུས་ཡུན་རིང་བའི་ལོ་རྒྱུས་སྐོར་ལ་ཞིབ་འཇུག་བྱེད་པའི་སྟོང་ཆ་ཁ་སྐོང་རྒྱུ་དང་། ཕྱོགས་གཞན་ཞིག་ནས་དེའི་པང་གདན་རིག་གནས་ཀྱི་ནང་དོན་ཕུན་སུམ་ཇེ་ཚོགས་སུ་གཏོང་རྒྱུ་དེ་ལགས། དཔྱད་རྩོམ་འདིའི་ནང་པང་གདན་གྱི་འབྱུང་ཁུངས་དང་འཕེལ་འགྱུར། དེ་བཞིན་པང་གདན་འདོགས་པའི་གོམས་སྲོལ་སོགས་ཀྱི་ཐད་ལ་རང་ཉིད་ཀྱི་ལྟ་བ་གསལ་བཏོན་དང་། མཁས་པ་གཞན་གྱི་ཞིབ་འཇུག་གི་རྨང་གཞིའི་ཐོག་ཕྱོགས་འགའ་རེའི་ཐད་རང་གི་འདོད་ཚུལ་གསར་པ་ཕྲུག་པོར་གླེང་ཡོད།།

གཉིས། རྩོམ་གྱི་སྒྲིག་གཞི།

རྩོམ་ཡིག་གི་ནང་དོན་ཁག་དྲུག་ལ་དབྱེ་ཡོད་པ་སྟེ། གླེང་གཞི། དེའི་ནང་གཙོ་བོ་ཞིབ་འཇུག་གི་དམིགས་ཡུལ་དང་དོན་སྙིང་། རྒྱལ་ཁབ་ཕྱི་ནང་གི་ད་ལྟའི་ཞིབ་འཇུག་གནས་བབ་དང་། རིགས་པའི་གཞུང་ལུགས་དང་ཞིབ་འཇུག་བྱ་ཐབས་སྐོར་བསྟན་ཡོད། ལེའུ་དང་པོ། དེའི་ནང་པང་གདན་དང་སྣམ་བུའི་བརྗོད་དོན་འགྲེལ་ཕྱོགས་དང་རབ་དབྱེ་སོགས་ལས་འཕྲོས་ཏེ་པང་གདན་གྱི་འབྱུང་ཁུངས་སྐོར་བཙལ་འཚོལ་བྱས་ཡོད།

ལེའུ་གཉིས་པ། དེའི་ནང་གཙོ་བོ་ལྷོ་ཁ་ས་ཁུལ་གྱི་པང་གདན་བཟོ་རྩལ་བརྒྱུད་རིམ་ལ་རྟོག་ཞིབ་བྱས་ནས་ཐོན་སྐྱེད་ཁྲོད་དུ་མངོན་པའི་དེའི་ཐུན་མོང་མ་ཡིན་པའི་དམངས་སྲོལ་རིག་གནས་ལ་རྟོག་ཞིབ་བྱས་ཐོག་སླན་པའི་གྲགས་པ་ཕྱོགས་བཅུར་ཁྱབ་པའི་ལྷོ་ཁ་ལྕེ་བདེ་ཞོལ་གྱི་པང་གདན་གཞིར་འཛིན་ནས་དེ་ཉིད་བོད་ཀྱི་ཡུལ་ཕྱོགས་གཞན་རྣམས་སུ་སྐད་གྲགས་ཆོད་དགོས་པའི་རྒྱུ་རྐྱེན་གཙོ་བོ་གང་ཡིན་སྐོར་ལ་ཞིབ་འཇུག་བྱས་ཡོད། ལེའུ་གསུམ་པ། དེའི་ནང་བོད་རིགས་བུད་མེད་ཀྱི་མཚོན་རྟགས་ཡིན་པའི་པང་གདན་ནི་དོན་དངོས་སུ་བུད་མེད་ལོ་ཚོད་སླེབ་པའི་སྐབས་སུ་འདོགས་དགོས་མིན་དང་། དུས་ནམ་ཞིག་ལ་པང་གདན་འདོགས་སྲོལ་དར་བ། དེ་བཞིན་ལྷོ་ཁར་ཐུན་མོང་མ་ཡིན་པའི་པང་གདན་རིགས་གང་དག་དར་བ་དང་། དེའི་འབྱུང་རྐྱེན། དེ་བཞིན་པང་གདན་འདོགས་པའི་དམངས་སྲོལ་རབ་དང་རིམ་པ་རྣམས་སྙིས་པར་བྱས་ཡོད། ལེའུ་བཞི་པ། དེའི་ནང་ལྷོ་ཁའི་པང་གདན་གྱི་དམངས་སྲོལ་རིག་གནས་སྲུང་སྐྱོང་དང་འཕེལ་རྒྱས་ཇི་ལྟར་གཏོང་རྒྱུའི་ཐད་ཀྱི་གྲོས་འགོ་ཁག་གཅིག་བཏོན་ཡོད། དེ་ནས་མཐར་མཇུག་བསྡུའི་གཏམ་དང་བཅས་སོ། །

གཉིས་པ། ཞིབ་འཇུག་བྱ་གཞིའི་ད་ལྟའི་གནས་བབ་དང་དམིགས་ཡུལ། དོན་སྙིང་།

གཅིག རྒྱལ་ཁབ་ཕྱི་ནང་གི་ད་ལྟའི་ཞིབ་འཇུག་གནས་བབ་དང་འཕེལ་ཕྱོགས།

མིག་སྔར། རྒྱལ་ཁབ་ཕྱི་ནང་ལ་ཆེད་དུ་པང་གདན་སྐོར་ལ་ཞིབ་འཇུག་བྱེད་མཁན་མཁས་པ་ཕལ་ཆེར་བྱུང་མེད་ལ། དམངས་སྲོལ་རིག་པའི་ཕྱོགས་ནས་པང་གདན་སྐོར་ལ་ཞིབ་འཇུག་བྱེད་མཁན་དེ་བས་ཀྱང་མེད། མཁས་པ་མང་ཆེ་བས་བོད་

རིགས་ཀྱི་རྒྱུན་གོས་སམ་འཁྲིལ་འཐག་དངོས་པོ་གཞན་དག་ལ་ཞིབ་འཇུག་བྱ་སྐབས་ཞོར་དུ་པང་གདན་དང་འབྲེལ་བའི་དམངས་སྲོལ་སྐོར་གླེང་བའམ། ཡང་ན་ཞིབ་འཇུག་མང་ཆེ་བ་སྤྱིའི་ཆ་ནས་ཕྱི་ཚུལ་ཙམ་དུ་ལུས་ཡོད། དེ་ལྟར་པང་གདན་སྐོར་ལ་ངོས་འཛིན་དང་ཞིབ་འཇུག་གཏིང་ཟབ་གནང་བའི་དཔྱད་འབྲས་མེད་པས་དེ་ཉིད་ཀྱི་ཕུན་སུམ་ཚོགས་པའི་དམངས་སྲོལ་རིག་གནས་སྔོག་འདོན་བྱ་ཐུབ་མེད། མིག་སྔར་པང་གདན་དང་འབྲེལ་བའི་སྐོར་ལ་རྒྱལ་ནང་གི་ཞིབ་འཇུག་པས་སྤེལ་བའི་བརྩམས་ཆོས་གཙོ་བོ་ནི་གཤམ་གསལ་ལྟར་ཏེ།

༡ དམངས་སྲོལ་རིག་པའི་ཁྱབ་ཁོངས་ཀྱི་འབྲེལ་ཡོད་ཞིབ་འཇུག་ཐད་སྐུ་ཞབས་ལིའོ་ཀྲུང་ཧྲན་ནི་མིག་སྔར་པང་གདན་དང་སྣམ་བུའི་སྐོར་ལ་ཞིབ་འཇུག་མང་ཤོས་གནང་མཁན་གྱི་གྲས་ཤིག་ཡིན། ཁོང་གིས《བོད་ཀྱི་ཡུལ་སྲོལ་གོམས་གཤིས་》ཞེས་པའི་དེབ་དེའི་ནང་པང་གདན་དང་སྣམ་བུ་ཡི་སྐོར་ལ་རྩོམ་ཡིག་ཁག་ལྔ་ཙམ་སྤེལ་ཡོད། རྩོམ་ཡིག་འདི་དག་ནི་རྩོམ་པ་པོས་ས་གནས་དངོས་སུ་རྟོག་ཞིབ་བྱས་པའི་རྨང་གཞིའི་སྟེང་མཐོང་ཐོས་མྱོང་གསུམ་གྱི་གྲུབ་འབྲས་ལ་བརྟེན་ནས་བོད་ཀྱི་སྣམ་བུའི་འབྱུང་ཁུངས་དང་འཕེལ་རྒྱས་དང་། ལྷོ་ཁ་གོང་དཀར་རྫོང་གི་ལྕེ་བདེ་ཞོལ་དང་རྣམ་རྒྱལ་ཞོལ་གྱི་སྣམ་བུ་ཐོན་སྐྱེད་དང་འབྲེལ་བའི་དམངས་སྲོལ་སོགས་ཀྱི་ནང་དོན་གཙོ་བོར་བཟུང་ནས་དཔྱད་པ་བྱས་ཡོད། འོན་ཀྱང་ཞིབ་འཇུག་གནས་བབ་ཀྱི་ངོས་ནས་བརྗོད་ན་ད་དུང་ཕྱི་ཚུལ་ཙམ་ལས་པང་གདན་དང་འབྲེལ་བའི་རིག་གནས་ཀྱི་གོ་དོན་རྣམས་སྔོག་འདོན་ཐུབ་མེད། དེས་ན་པང་གདན་གྱི་རིག་གནས་སྐོར་ལ་ཞིབ་འཇུག་

གཉིད་ཚུགས་པ་ཞིག་བྱ་དགོས་ན་ངེས་པར་དུ་བོད་ཡིག་གི་དཔྱད་གཞིའི་ཡིག་ཆ་དང་གནའ་རྫས་རྟོག་ཞིབ་ལ་བརྟེན་ནས་ཞིབ་འཇུག་གི་བྱ་བ་སྟར་བས་འཕྲུས་ཚང་དུ་གཏོང་དགོས། ཙུན་ཤིན་གྱི་《བོད་དུ་སྣམ་བུ་དུས་ནམ་ཞིག་ལ་དར་ཡོད་》ཅེས་པའི་རྩོམ་ཡིག་དེ་《བོད་ཀྱི་དམངས་སྲོལ་》ཞེས་པའི་དུས་དེབ་ནང་སྤེལ་ཞིང་། དེའི་ནང་གཙོ་བོ་ལོ་རྒྱུས་ཀྱི་དཔྱད་གཞི་ཁག་ལ་དབྱེ་ཞིབ་བྱས་པ་བརྒྱུད་བོད་ཀྱི་སྣམ་བུ་ནི་ཐུ་སྒོད་བཙན་པོ་སྲོང་བཙན་གྱི་དུས་སྐབས་སུ་བྱུང་བ་ཡིན་པ་དང་། ས་སྐྱ་དང་ཕག་གྲུའི་རྒྱལ་རབས་སྐབས་སྣམ་ལས་ལ་འཕེལ་རྒྱས་ཆེན་པོ་བྱུང་བའི་སྐོར་བརྗོད་འདུག རྩོམ་ཡིག་འདིར་བོད་ཀྱི་པང་གདན་སྐོར་ལ་ཞིབ་འཇུག་བྱེད་པའི་དཔྱད་གཞིའི་རིན་ཐང་ངེས་ཅན་ཞིག་ལྡན་ཡོད། འོན་ཀྱང་ལོ་རྒྱུས་ཀྱི་དཔྱད་གཞིའི་ཡིག་རིགས་དཀོན་པ་དང་མཐོང་ཐོས་སྦྱོང་གྲུབ་ཀྱི་དཔྱད་གཞི་དཀོན་པ། བློ་སེམས་འགུག་པའི་ནུས་པ་ཞན་པ་དང་། ཞིབ་འཇུག་ཀྱང་གཉིད་ཟབ་པོ་དེ་ཙམ་བྱུང་མེད་པར་སྣམ། དེ་བཞིན་མཁྱེན་ལྡན་མ་ཀྲོའུ་རྫིང་ལན་གྱི་《བོད་རིགས་ཀྱི་རྒྱན་གོས་ཀྱི་ཐུན་མོང་མ་ཡིན་པའི་རྒྱུ་ཆ——སྣམ་བུ་》ཞེས་པ་དེའི་ནང་གཙོ་བོ་སྣམ་བུའི་ཁྱད་ཆོས་དང་། བཟོ་སྐྲངས། སྣམ་བུའི་རིགས། དེ་བཞིན་སྣམ་བུའི་འཕེལ་ཕྱོགས་བཅས་ཕྱོགས་གསུམ་གྱི་ཐད་ལ་དཔྱད་བསྡུར་བྱས་ཡོད་པས་དཔྱད་གཞིར་འཛིན་འོས།།

༢ སྒྱུ་རྩལ་རིག་པའི་འབྲེལ་ཡོད་ཁྱབ་ཁོངས་ཀྱི་ཞིབ་འཇུག་སྐོར་ལ་《ཚོན་མདོག་རྣམ་པར་བཀྲ་བའི་བོད་རིགས་ཀྱི་བསླུས་འཐག་》ཅེས་པ་བོད་ལྗོངས་སྒྱུ་རྩལ་ཞིབ་འཇུག[J] 2002:45. " ཐོག་སྤེལ་བའི་དཔྱད་རྩོམ་འདིས་གཙོ་བོ་གནའ་རྫས་རྟོག་ཞིབ་ཀྱི་

དཔྱད་ཡིག་དང་ལོ་རྒྱུས་ཀྱི་དཔྱད་ཡིག་ཁག་ལ་བརྟེན་ནས་བོད་ཀྱི་འཁེལ་འཐག་ལས་རིགས་ནི་ལོ་ངོ་བཞི་སྟོང་ལྔ་སྟོང་གི་སྔོན་རོལ་ནས་བྱུང་བར་སྨྲ་ཞིང་། གནའ་ནས་ད་བར་གྱི་བོད་ཀྱི་འཁེལ་འཐག་ལས་རིགས་འཕེལ་རྒྱས་ཀྱི་གནས་ཚུལ་སྐོར་ཞིབ་ཕྲ་བརྗོད་ཡོད་ལ། དེའི་ནང་བོད་དུ་སྣད་གྲགས་ཡོད་པའི་ལྷེ་བདེ་ཞོལ་གྱི་པང་གདན་དང་དེའི་ཚོན་མདོག་དང་དེ་བཞིན་སྒྱུ་རྩལ་གྱི་སྐོར་བཅས་བསྟན་ཡོད། རྩོམ་ཡིག་དེའི་ནང་སྒྱུ་རྩལ་རིག་པ་དང་མཛེས་དཔྱོད་རིག་པའི་ལམ་ནས་པང་གདན་གྱི་ངོ་མཚར་ཆེ་བའི་བཟོ་རྩལ་གྱི་ཐོན་རྫས་ལ་ཞིབ་འཇུག་བགྱིས་ཡོད་ཅིང་པང་གདན་འདོགས་པའི་དམངས་སྲོལ་དང་ཐད་ཀར་འབྲེལ་བ་དེ་ཙམ་བྱས་མེད་ལ། བོད་རིགས་ཀྱི་འཁེལ་འཐག་ལས་རིགས་ཧྲིལ་པོའི་འབྱུང་ཁུངས་དང་འཕེལ་རྒྱས་སྐོར་གླེང་བ་ཙམ་ལས་སྣམ་བུ་དང་པང་གདན་གྱི་འབྱུང་ཁུངས་དང་འཕེལ་རྒྱས་སྐོར་ཞིབ་ཕྲ་གླེང་མེད། །

༣ དཔལ་འབྱོར་རིག་པའི་ཁྱབ་ཁོངས་ཀྱི་འབྲེལ་ཡོད་ཞིབ་འཇུག་སྐོར་ལ་《བོད་ལ་དམངས་གཙོའི་བཅོས་སྒྱུར་མ་བྱས་སྔོན་གྱི་ལྷོ་ཁ་ས་ཁུལ་གྲོང་གསེབ་ལག་ཤེས་བཟོ་ལས་སྣམ་བུ་དང་པང་གདན་སྐོར་》ཞེས་པ་བོད་ལྗོངས་ཞིབ་འཇུག་[J] 1993:1ཐོག་སྤེལ་བའི་རྩོམ་ཡིག་དེའི་ནང་གཙོ་བོ་བོད་ཞི་བས་བཅིངས་འགྲོལ་མ་བཏང་གོང་གི་ལྷོ་ཁའི་སྣམ་བུ་དང་པང་གདན་གྱི་ལག་ཤེས་བཟོ་ལས་པའི་གཞི་རྩའི་གནས་ཚུལ་དང་ཐོན་སྐྱེད་སྐོར་དང་། སྣམ་བུ་དང་པང་གདན་གྱི་འཁེལ་འཐག་བཟོ་རྩལ་གྱི་བརྒྱུད་རིམ། ཚོས་རྒྱག་མཁན་གྱི་ལས་རིགས་རྩ་འཛུགས། ཐོན་རྫས་ཀྱི་སྣ་ཁ་དང་ཚད་གཞི། རི་མོ། ཐོན་སྐྱེད་ཀྱི་ངོ་བོ་དང་། རྒྱུ་ཆའི་འབྱུང་ཁུངས་དང་དེའི་རིན་གོང་། དེ་བཞིན་ད་ལྟའི་

འཕེལ་རྒྱས་འགྲོ་ཚུལ་སོགས་ཀྱི་གནད་དོན་ཁག་བཀོད་ཡོད། དེ་ལྟར་རྩོམ་པ་པོས་ས་གནས་དངོས་སུ་རྟོག་ཞིབ་གཏིང་ཟབ་དང་། དཔལ་འབྱོར་རིག་པའི་ལམ་ནས་བོད་ལ་བཅིངས་འགྲོལ་མ་བཏང་གོང་ལྷོ་ཁ་ས་ཁུལ་གྱི་ལྷོ་བདེ་ཞོལ་པང་གདན་དང་སྣམ་བུ་ཐོན་སྐྱེད་ཀྱི་གནས་ཚུལ་དངོས་ལ་དཔྱད་བསྡུར་ཞིབ་འཇུག་གནང་འདུག རྩོམ་ཡིག་དེ་ལ་རིག་གཞུང་གི་རིན་ཐང་ཅུང་ཆེ་བས་བོད་རིགས་ཀྱི་པང་གདན་སྣམ་གོས་སྐོར་ལ་དཔྱད་བསྡུར་ཞིབ་འཇུག་བྱ་རྒྱུར་ཕན་པ་ཆེ་བར་སྙམ།།

གོང་གསལ་རྩོམ་ཡིག་དེ་དག་གི་ནང་གཙོ་བོ་བོད་ཀྱི་འཕེལ་འཐག་ལས་རིགས་ཀྱི་འབྱུང་ཁུངས་དང་། རྣམ་གྲངས། བཟོ་རྩལ་གྱི་བརྒྱུད་རིམ། སྤྱོད་སྒོ་གཙོ་བོ། འཕེལ་རྒྱས་ཀྱི་ལོ་རྒྱུས་སྐོར་ལ་ཞིབ་འཇུག་བྱས་ཡོད། རྩོམ་ཡིག་དེ་དག་གི་ནང་དོན་རྒྱ་ཆེ་ཙང་ཞིབ་ཕྲ་དེ་ཙམ་བྱུང་མེད་ཅིང་། རྩོམ་ཡིག་ཕལ་ཆེ་བ་ནི་ངོ་སྤྲོད་རང་བཞིན་དང་ནང་དོན་རགས་བསྡུས་ཙམ་ཡིན། ཁོ་མོའི་དཔྱད་རྩོམ་གྱི་ཞིབ་འཇུག་གི་ཁྱབ་ཁོངས་ནི་བོད་རིགས་ཀྱི་རྒྱན་གོས་ལས་བྱེ་བྲག་པང་གདན་གྱི་སྐོར་དམིགས་སུ་བཟུང་ཞིང་། དེ་ཡང་གཙོ་བོ་ལྷོ་ཁའི་ཐུན་མོང་མ་ཡིན་པའི་ལྷོ་བདེ་ཞོལ་གྱི་པང་གདན་སྐོར་གྱི་དམངས་སྲོལ་དག་བརྗོད་བྱ་གཙོར་བྱས་ནས་དཔྱད་པ་བཏང་ཡོད། རྩོམ་ཡིག་འདིའི་ཞིབ་འཇུག་གི་ཐབས་ལམ་གཙོ་བོ་ནི་གནའ་རྫས་རྟོག་ཞིབ་རིག་པ་དང་། དམངས་སྲོལ་རིག་པ། སེམས་ཁམས་རིག་པ། རིག་གནས་མིའི་རིགས་ཀྱི་རིག་པ་སོགས་ཀྱི་ཞིབ་འཇུག་ཐབས་ལམ་སྤྱད་ནས། པང་གདན་གི་འབྱུང་ཁུངས་དང་འཕེལ་རིམ། དམངས་སྲོལ་གྱི་ནུས་པ། དེ་དག་གི་ཐུན་མོང་མ་ཡིན་པའི་དམངས་སྲོལ་རིག་གནས་བཅས་ཀྱི་སྐོར་ལ་

དཔྱད་ཞིབ་བྱས་ཡོད། ཉེ་བའི་ལོ་ཤས་རིང་རྒྱལ་ནང་དུ་བོད་ཀྱི་འཁིལ་འཐག་སྐོར་ལ་ཞིབ་འཇུག་བྱེད་མཁན་ཇེ་མང་དུ་འགྲོ་བཞིན་ཡོད་མོད། འོན་ཏེ་བོད་རིགས་ཀྱི་པང་གདན་གྱི་སྐོར་ལ་ཕྱི་རྒྱལ་གྱི་ཞིབ་འཇུག་པས་ཆེད་མངགས་ཞིབ་འཇུག་བྱས་ནས་སྤེལ་བའི་རྩོམ་ཡིག་ད་བར་ཁོ་མོའི་མཐོང་ཆོས་སུ་མ་གྱུར། །

གཉིས། ཞིབ་འཇུག་གི་དམིགས་ཡུལ་དང་དོན་སྙིང་།

༡བོད་ཀྱི་གྲོན་གོས་ལས་འདོགས་རྒྱན་པང་གདན་སྐོར་ལ་ཞིབ་འཇུག་བྱས་པ་བརྒྱུད། འཛམ་གླིང་གི་སྐྱེ་བོ་ཀུན་ལ་ལྷོ་ཁ་ས་ཁུལ་གྱི་པང་གདན་གྱི་དམངས་སྲོལ་རིག་གནས་ཀྱི་འབྱུང་ཁུངས་སྐོར་གསལ་ཁ་གཏོད་དེ་བོད་རིགས་ཀྱི་འཁིལ་འཐག་རིག་གནས་རྒྱུད་འཛིན་དང་འཕེལ་རྒྱས་གཏོང་ཆེད་དཔྱད་གཞི་མཁོ་འདོན་བྱས་ཡོད།

༢བོད་ལྗོངས་སུ་སྐད་གྲགས་ཆེ་ཤོས་ཀྱི་ལྷོ་ཁ་ལྷུ་བདེ་ཞོལ་ཁུལ་གྱི་པང་གདན་གྱི་སྐོར་བརྗོད་གཞི་གཙོ་བོར་བྱས་ནས་དེའི་ཐོན་སྐྱེད་ཀྱི་བརྒྱུད་རིམ་ཁྲོད་ཀྱི་དམངས་སྲོལ་དང་མིང་གྲགས་དེ་ཙམ་ཆེན་པོ་བྱུང་བའི་རྒྱུ་རྐྱེན་སྐོར་ལ་ཞིབ་འཇུག་བྱས་ཡོད།

༣ལྷོ་ཁའི་ཐུན་མོང་མ་ཡིན་པའི་པང་གདན་གྱི་གོམས་སྲོལ་ལ་ཞིབ་འཇུག་གིས་པང་གདན་ལས་མངོན་པའི་ས་ཁོངས་རིག་གནས་དང་། དམིགས་བསལ་ཁྱད་ཆོས་ལྡན་པའི་དམངས་སྲོལ་གྱི་ཉམས་འགྱུར། རང་ཉིད་ཀྱི་ཁྱད་ཆོས་ལྡན་པའི་མཛེས་དབྱོད་ལྟ་བ་བཅས་རྟོག་འདོན་གང་ལེགས་བྱས་ན་མི་རིགས་ཀྱི་སྤོབས་སེམས་དང་རང་ཡིད་རང་ཆེས་ཀྱི་བསམ་པ་རྒྱ་ཆེ་རུ་གཏོང་རྒྱུར་ཕན་པ་བསྐྲུན་ཐུབ་ལ། མི་རིགས་ཁག་བར་གྱི་མཐུན་སྒྲིལ་ལ་སྐུལ་འདེད་དང་སྤྲགས་ཕ་ཡུལ་གྱི་པང་གདན་ཐོན་ལས་འཕེལ་རྒྱས

གཏོང་ཆེད་ཐབས་ཇུས་ཐྲན་བུ་ལེགས་སྐྱེས་སུ་འབུལ་ཐུབ་པར་སྙམ།།

༄ཡང་གདན་སྐོར་གྱི་གྲོན་གོས་དམངས་སྲོལ་ལ་ཞིབ་འཇུག་བྱས་པ་བརྒྱུད། སྔར་བས་ལྷག་པའི་སྒོ་ནས་མི་རིགས་ཀྱི་དམངས་སྲོལ་རིག་གནས་ལ་ཞིབ་འཇུག་བྱེད་པའི་ཐབས་ལམ་འགའ་རེ་ཕོང་དུ་ཆུད་ཐུབ་པ་བྱུང་སྟེ་སླད་ཕྱིན་གྱི་དམངས་སྲོལ་རིག་པའི་ཞིབ་འཇུག་བྱ་བར་རྨང་གཞི་བརྟན་པོ་ཞིག་འདིང་ཐུབ་པར་སྙམ།།

གསུམ། ཞིབ་འཇུག་བྱེད་ཐབས་དང་རིག་པའི་གཞུང་ལུགས་སྐོར།

ས་གནས་ས་ཐོག་ཏུ་བསྐྱོད་ནས་བརྟག་དཔྱད་བྱེད་པའི་ཐབས་ལམ་གཙོ་བོར་འཛིན་པ་དང་། ལོ་རྒྱུས་ཀྱི་ཞིབ་འཇུག་བྱ་ཐབས་དང་གཤིབ་སྡུར་བྱ་ཐབས་ཀྱིས་ཟུང་འབྲེལ་བྱས་ཡོད། དེ་ཡང་ཐོག་མར་ཐབས་ལམ་སྣ་ཚོགས་ལ་བརྟེན་ནས་གནའ་རྫས་རྟོག་ཞིབ་སྐོར་གྱི་ཡིག་ཚང་དཔྱད་ཡིག་དང་གནའ་བོའི་ལྡེབས་རིས་སོགས་གང་མང་བསྡུ་རུབ་ཐོག་དཔྱད་གཞིའི་ཡིག་ཆ་དེ་དག་བེད་སྤྱོད་གང་ལེགས་བྱས་ནས་ཕྱོགས་ཡོངས་ཀྱི་ལོ་རྒྱུས་སྐོར་ལ་ཞིབ་འཇུག་བྱས་ཡོད། དེ་ནས་དམངས་ཁྲོད་དུ་བཅར་འདྲི་བྱེད་པ་དང་ཆབས་ཅིག་མང་ཚོགས་ཀྱི་འཚོ་བའི་ཁྲོད་དངོས་སུ་ཞུགས་པ་བརྒྱུད་མཐོང་ཐོས་མྱོང་གྲུབ་ཀྱི་དཔྱད་གཞི་གང་མང་ཐོབ་རྒྱུར་བརྩོན་ལེན་གྱིས་གཤིབ་བསྡུར་གྱི་ལམ་ནས་ཞིབ་འཇུག་བྱས་ཡོད། གནད་དོན་ཁག་ལ་དཔྱེ་ཞིབ་བྱེད་པའི་བརྒྱུད་རིམ་ཁྲོད་ཐོག་མཐའ་བར་གསུམ་དུ་མར་ཁེ་སིའི་རིང་ལུགས་ཀྱི་རྟོད་སྒྲུབ་དངོས་གཙོ་སྨྲ་བ་དང་ལོ་རྒྱུས་དངོས་གཙོ་སྨྲ་བའི་ལྟ་བ་མཐའ་འཁྱོངས་བྱས་ཡོད།

ཞིབ་འཇུག་བྱེད་པའི་རིགས་པའི་གཞུང་ལུགས་ཐད་གཙོ་བོ་དམངས་སྲོལ་རིག

པ་དང་། རིག་གནས་མིའི་རིགས་རིག་པ། སེམས་ཁམས་རིག་པ། རྩོད་སྒྲུབ་དངོས་གཙོ་སྨྲ་བ་དང་ལོ་རྒྱུས་དངོས་གཙོ་སྨྲ་བ་སོགས་ཀྱི་རིགས་ལམ་དང་ལྟ་བ་བེད་སྤྱོད་བྱས་ཡོད། །

ལེའུ་དང་པོ། པང་གདན་ཞེས་པའི་ཐ་སྙད་དང་གོ་དོན། རྣམ་གྲངས།

གྱོན་གོས་ཐོག་མར་བྱུང་བའི་རྒྱུ་རྐྱེན་སྣ་ཚོགས་ཡོད་ཀྱང་གཙོ་བོ་ནི་འཚོ་བའི་དགོས་མཁོའི་ཆེད་དུ་ཡིན། གདོད་མའི་དུས་སུ་གྲང་ངར་འགོག་ཆེད་སྐབས་བདེའི་གྱོན་ཆས་བྱུང་བ་དང་། དེ་རྗེས་སྐྱེ་བོའི་མཛེས་དཔྱོད་དང་སེམས་ཁམས་ཀྱི་དགོས་མཁོ་སྐོང་ཆེད་རིམ་བཞིན་གྱོན་གོས་ཀྱི་ཚོས་མདོག་དང་སྣ་ཁ་ཕུན་སུམ་ཚོགས་སུ་སོང་ཡོད། རང་ཅག་བོད་ཀྱི་སྤྱི་ཚོགས་དཔལ་འབྱོར་དར་རྒྱས་སོང་བ་དང་། ཐོན་སྐྱེད་ལག་རྩལ་གོང་མཐོར་འགྲོ་བ། མི་རིགས་གཞན་དང་རིག་གནས་སྤེལ་རེས་སོགས་བྱེད་པ་དང་བསྟུན་ནས་གྱོན་གོས་ཀྱང་ཕྱི་ཚུལ་གྱི་མཛེས་རྒྱན་ཙམ་ནས་རིམ་བཞིན་རིག་གནས་དང་མཛེས་དཔྱོད་ལྟ་བ་ལ་སོགས་ཀྱི་གོ་དོན་ལྡན་ལ་མི་རིགས་སོ་སོའི་དམིགས་བསལ་ཁྱད་ཆོས་ལྡན་པའི་རིག་གནས་ཀྱི་མཛེས་ཆོས་ཤིག་ཏུ་འགྱུར་ཡོད། པང་གདན་དེ་ཡང་ཀྲུང་ཧྭ་མི་རིགས་ཀྱི་གྱོན་གོས་གཞན་དང་འདྲ་བར་རང་གི་འཕེལ་འགྱུར་འགྲོ་བའི་ལོ་རྒྱུས་ཆུ་སྣ་རིང་པོའི་ནང་དུ་དོན་དངོས་འཚོ་བའི་དགོས་མཁོ་ནས་རིམ་བཞིན་མཛེས་རྒྱན་དང་སྤྱོད་སྒོ་གཉིས་ལྡན་གྱི་དངོས་པོ་ཞིག་ལ་འགྱུར་ཐོག་མཐར་རང་ཅག་བོད་མི་རིགས་ཀྱི་འཚོ་བའི་ནང་མེད་དུ་མི་རུང་བའི་གྱོན་ཆས་གཙོ་གྲས་ཤིག་ཏུ་འགྱུར་ནས་དེ་ཉིད་རང་རྒྱལ་གྱི་མཛེས་ཐུག་རྣམ་པར་བཀྲ་བའི་གྱོན་གོས་རིག་གནས་བང་མཛོད་ནང་གི་ཁྱད་འཕགས་དངོས་མིན་རིག་དངོས་ཤུལ་བཞག་ལ་ཡང་འགྱུར་ཡོད། །

ས་བཅད་དང་པོ། པང་གདན་ཞེས་པའི་ཐ་སྙད་ཀྱི་གོ་དོན་དང་རྣམ་གྲངས་སྐོར།

པང་གདན་ནི་བོད་རིགས་ཀྱི་གྱོན་གོས་ཁྲོད་ཀྱི་མེད་དུ་མི་རུང་བའི་མཛེས་རྒྱན་ཞིག་ཡིན་ལ། བོད་མི་རིགས་རང་ཉིད་ཀྱི་ཁྱད་ཆོས་ལྡན་པའི་རྒྱན་གོས་ཤིག་ཀྱང་ཡིན། དེར་ཚུ་སྣ་ལས་རིང་བའི་ལོ་རྒྱུས་ལྡན་ཡོད་པ་མ་ཟད། སྲུས་ཚད་ལེགས་པ་དང་རྒྱུ་ཆ་བཟང་བ། སྤྱོད་ཡུན་རིང་བ། གྲང་ངར་འགོག་པའི་ནུས་པ་ལྡན་པ། རྒྱུན་དུ་སྤྱོད་སྒོ་ཆེ་བ་སོགས་ཀྱི་ཁྱད་ཆོས་ལྡན་པས་རྒྱ་ཆེའི་བོད་རིགས་མི་དམངས་ཚོས་ཧ་ཅང་དགའ་པོ་བྱེད་ཀྱི་ཡོད། དེ་ལྟར་ལྟོ་ཁའི་པང་གདན་གྱི་སྣན་པའི་གྲགས་པ་བོད་ཀྱི་ཡུལ་གྲུ་ཀུན་དུ་ཁྱབ་ཡོད་ལ། བལ་ཡུལ་དང་འབྲུག་ཡུལ། ལ་དྭགས་ལ་སོགས་པའི་ཕྱི་ཕྱོགས་རྒྱལ་ཁབ་ནང་ཡོད་པའི་བོད་རིགས་སྲུན་ཟླས་ཀྱང་ཧ་ཅང་མཉེས་པོ་གནང་གི་ཡོད། པང་གདན་ཐོན་སྐྱེད་བྱེད་པའི་ལོ་རྒྱུས་འདེད་ན་དེར་ལོ་ངོ་སྟོང་ཕྲག་ལྷག་ཙམ་གྱི་ལོ་རྒྱུས་ལྡན་ཡོད། །

གཅིག པང་གདན་ཞེས་པའི་གོ་དོན།

སྤྱིར་པང་གདན་ཞེས་པ་ནི་བོད་རིགས་བུད་མེད་ཀྱི་རྒྱན་གོས་ཤིག་ཡིན་པ་དང་། དེ་ཡང་“པང”ཞེས་པ་ནི་པང་ཁ་ལ་གོ་བ་དང་“གདན”ཟེར་བ་ནི་པང་ལ་སྲུང་སྐྱོང་བྱེད་པའི་ཁེབས་གདན་ལྟ་བུ་ཡིན་པས་དེ་ལྟར་བརྗོད། དེར་བརྟེན“པང་གདན”ནི་ཐོག་མར་གྱི་པང་པར་དགྲིས་པའི་ཆས་གོས་ཤིག་ནས་རིམ་བཞིན་རྒྱུ་ཆ་ཚོས་མདོག་རྣམ་པར་བཀྲ་བའི་སྣམ་བུ་ལས་གྲུབ་པའི་བོད་རིགས་བུད་མེད་ཀྱི་རྒྱན་གོས་ཤིག་ཡིན།

དབུས་གཙང་ཁུལ་དུ་པང་གདན་ནི་རིང་ཐུང་གཅིག་པ་ཡིན་པའི་སྣམ་བུ་ཁྲ་ཁྲ་སྣམ་པ་གསུམ་ལས་སྒྲུབ་པ་དང་། ཤོད་སྟོལ་ལ་དཀྱིལ་གྱི་སྣམ་པ་དེས་ཁྲིམ་གྱི་ཕ་མཚོན་པ་དང་། གཡས་ངོས་ཀྱི་སྣམ་པ་དེས་ཁྲིམ་གྱི་མ་མཚོན་པ། གཡོན་ངོས་ཀྱི་སྣམ་པ་དེས་བུ་ཚ་མཚོན་གྱི་ཡོད་པར་གྲགས། དུས་ཆེན་སྐབས་སུ་འདོགས་པའི་པང་གདན་གྱི་པང་ཐོད་སྟེ་གཉིས་ལ་གོས་ཆེན་ཟུར་གསུམ་ཆ་གཅིག་ཡོད་པ་དེའི་མཐའ་གཉིས་ཀྱི་རིང་ཚད་ལ་ལིའི་སྨིད་༢༠ཙམ་དང་མཐིལ་གྱི་རིང་ཚད་ལ་ལིའི་སྨིད་༢༧ནས་༣༠ཙམ་ཡོད། དེ་གཉིས་དབར་ལ་མཐོ་གང་ཙམ་གྱི་གོས་ཆེན་གྲུ་བཞི་ནར་མོ་ཞིག་ཡོད་པ་དེ་དག་ཟུར་གསུམ་གཉིས་ཀྱི་དབུས་སུ་བཏང་བ་དེར་སྒྲོག་གདན་ཞེས་འབོད། ཤོད་སྟོལ་ལ་དེ་སྔ་བོད་ས་གནས་སྲིད་གཞུང་གི་དཔོན་རིགས་ཁག་གི་གོ་གནས་ལ་གཞིགས་ཏེ་དེ་དག་གི་ལྒམ་ཚོའི་སྒྲོག་གདན་གྱི་མེ་ཏོག་དང་ཚོས་མདོག་ཀྱང་མི་གཅིག་པར་ཡོད་པར་གྲགས། དེང་དུས་གཟབ་མཚར་སྤྲས་སྐབས་པང་གདན་ལ་སྒྲོག་གདན་འདོགས་པ་ལས་རྒྱུན་གཏན་གྱི་པང་གདན་ལ་སྒྲོག་གདན་འདོགས་སྲོལ་མེད་པ་དང་། གཞན་ཡང་སྔ་མོའི་པང་གདན་ལ་པང་མཐུད་ཅེས་རས་སམ་སྲིན་སྐུད་ཚོན་ཁྲ་སྣ་ཚོགས་ཀྱིས་བཏགས་པའི་གོས་ཆེན་ཞིག་པང་གདན་འོག་ལ་འདོགས་སྲོལ་ཡོད། དེང་དུས་དབུས་གཙང་ཁུལ་ལ་པང་མཐུད་རྒྱག་པའི་སྲོལ་དེ་ཡང་མཐོང་དཀོན་པར་སྣང་། བོད་ཀྱི་ནག་ཆུ་སོགས་འབྲོག་ཁུལ་ཁ་ཤས་ལ་པང་གདན་ནི་ཚོས་སྣ་མི་གཅིག་པའི་རས་སམ་གོས་ཆེན་ཚེམ་དྲུབ་མ་ལས་སྒྲུབ་ཅིང་། པང་མཐུད་ཀྱང་རྒྱག་སྲོལ་ཡོད་ལ་པང་གདན་སྟེང་ལ་རྒྱན་རིས་སྣ་ཚོགས་འདོགས་ཀྱི་ཡོད། དེ་མིན་ཆབ་མདོའི་སྨར་ཁམས་དང་

རྒྱལ་རོང་ཁུལ་ལ་རས་ནག་པོའི་པང་གདན་འདོགས་པ་དང་། ལྷོ་ཁའི་མོན་པ་རིགས་ཀྱིས་རས་དཀར་པོའི་པང་གདན་འདོགས་སྲོལ་ཡོད།།

གཉིས། པང་གདན་གྱི་རྣམ་གྲངས།

པང་གདན་གྱི་རྣམ་གྲངས་སྐོར་ལ། རྒྱུ་ཆ་མི་འདྲ་བའི་སྒོ་ནས་དབྱེ་ན་སི་ཤན་གྱི་པང་གདན་དང་། སྣམ་བུའི་པང་གདན། རས་པང་སོགས་ཡོད་པ་དང་། དེའི་ནང་ནས་སྣམ་བུའི་པང་གདན་ལ་ཡང་སྣམ་བུའི་སྤུས་ཚད་མི་འདྲ་བའི་རྐྱེན་གྱིས་སྣ་ཁ་ཁག་མང་པོ་ཞིག་དབྱེ་སྲོལ་ཡོད་པ་སྟེ། དཔེར་ན། སྣམ་བུ་བྱིང་མའི་པང་གདན། སྣམ་བུ་སྤུ་ཕྲུག་གི་པང་གདན། སྣམ་བུ་ཤད་མའི་པང་གདན་སོགས་ཡོད། ཚོན་ཁྲ་མི་འདྲ་བའི་སྒོ་ནས་དབྱེ་ན་པང་གདན་ཁྲ་ཆེན། པང་གདན་དཀར་ཁྲ་དང་། པང་གདན་ལྗང་ཁྲ། པང་གདན་སྔོ་ཚུང་། པང་གདན་སེར་ཞ(སམ་གྲྭ་སྲུག་མདོག་ཀྱང་ཟེར) པང་གདན་སྣ་གསུམ་སོགས་ཡོད། ལྷོ་ཁའི་པང་གདན་ཐོན་ཁུངས་ལེགས་པའི་ས་ཆ་ནི་དཔེར་ན། གོང་དཀར་དང་གྲ་ནང་སོགས་ལ་ཚོས་མདོག་མི་འདྲ་བར་བརྟེན་ནས་ས་གནས་སོ་སོའི་དབྱེ་སྲོལ་མི་འདྲ་བ་ཡོད་པ་སྟེ། དམར་སེར་ཁྲུང་འཁྲུག དཀར་ཁྲ་དཔེ་གསར། འཇའ་དྲུག་དཔེ་གསར། ནམ་མཁའི་འཇའ་མཚོན། ནམ་མཁའ་འཇའ་ཁྲིད་སོགས་དབྱེ་སྲོལ་མང་པོ་ཞིག་ཡོད་པ་དང་། ད་དུང་སྐད་གྲགས་ཡོད་པའི་འཐག་མཁན་འགའ་ཤས་ཀྱི་མིང་ལ་བརྟེན་ནས་བྱུང་བའི་དཔེ་གསར་པང་གདན་དཔེར་ན་ཚོས་སྒྲོན་ལགས། ཐམས་ཅད་རྡོ་རྗེ། བདེ་ཆེན་མཚོ་སྐྱིད། བཀྲ་ཤིས་སྒྲོལ་མ་སོགས་ཡོད། དེ་སྔའི་བོད་ས་གནས་སྲིད་གཞུང་གི་སྐུ་དྲག་ཁག་གིས་རང་གི་ཚུང་མར་ཐུན་མོང་མ་

ཡིན་པའི་པང་གདན་ཞིག་འཐག་ཆེད་དམིགས་སུ་བཀར་སྟེ་འཐག་མཁན་མཁས་ཅན་གདན་འདྲེན་ཞུས་ནས་ཁྲ་མི་འདྲ་ལ་སྤུས་ཀ་ལེགས་པའི་པང་གདན་བྱུང་ཡོད་པ་སྟེ་དཔེར་ན། ཚ་རོང་དཔེ་གསར་ཞེས་པ་དང་བཤད་སྒྲ་དཔེ་གསར་ཞེས་པ་ལྟ་བུའོ། །

ས་བཅད་གཉིས་པ། པང་གདན་གྱི་ནུས་པ།

པང་གདན་ལ་གྱོན་གོས་ཀྱི་བེད་སྤྱོད་ནུས་པ་ལྡན་ཡོད་པ་མ་ཟད། ད་དུང་དེ་དང་འབྲེལ་བའི་དམངས་སྲོལ་གྱི་ནུས་པ་མང་པོ་ཞིག་ལྡན་ཡོད། །

གཅིག པང་གདན་གྱི་སྤྱོད་སྒོའི་ནུས་པ།

པང་གདན་འདོགས་པའི་སྲོལ་འདི་ཡང་རང་ཅག་བོད་མི་རིགས་རང་ཉིད་ཀྱི་གོམས་སྲོལ་ཞིག་ཡིན་པ་དང་། ལུགས་སྲོལ་འདིས་དོན་དངོས་འཚོ་བའི་ནང་དུ་ནུས་པ་མང་པོ་ཞིག་ཐོན་གྱི་ཡོད་པ་སྟེ། དཔེར་ན། བོད་རིགས་བུད་མེད་ཀྱི་ཕྱུ་པ་མཐུག་ལ་བཀྲུ་མི་བདེ་བ་དང་། དེ་སྣ་ལྟོ་གོས་ཞན་པའི་ཁྲིམ་ཚང་གི་བུད་མེད་མང་ཆེ་བ་ལོ་གཅིག་ལ་ཕྱུ་པ་གཅིག་ཙམ་ལས་མེད་པར་བརྟེན་བཀྲུས་ན་བརྗེས་ལེན་ཡང་མེད། རྒྱུན་གཏན་འཚོ་བའི་ནང་དུ་ཕྱུ་གུ་པང་པར་ཉར་བ་དང་། བལ་ལས་བྱ་བ། མེ་ཤིང་དང་ལྕི་བ་སྒྲུག་པ། ནང་ལས་བྱ་བ་སོགས་ཀྱིས་རྐྱེན་པས་ཕྱུ་པའི་མདུན་ངོས་གཙོག་པ་ཆགས་བདེ་ལ། ཟད་ཐོར་བདེ་བ་སོགས་ཡོད་པས་པང་གདན་གྱིས་ཕྱུ་པའི་མདུན་ངོས་ལ་སྲུང་སྐྱོང་གི་རང་བཞིན་ནུས་པ་ཐོན་ཐུབ། དུས་རྒྱུན་འཚོ་བའི་ནང་དུ་རྒྱ་ཆེའི་ཞིང་འབྲོག་ཁུལ་གྱི་བོད་རིགས་སྐྱེས་མ་ཞིག་ས་ཆ་གང་དུ་སླེབས་ཀྱང་ལྕི་བ་དང་

མི་ཤིང་མཐོང་ན་ལམ་སེང་འཕྱུས་ནས་པང་པའི་ནང་བླུགས་པའི་སྲོལ་བཟང་ཡོད་ལ། དངོས་ཟོག་ཆུང་བ་ཙག་ཅིག་རྣམས་པང་པའི་ནང་བླུགས་པའི་གོམས་གཤིས་ཡོད་པ་སོགས། པང་གདན་ལ་ལུས་དང་བྲལ་མེད་ཀྱི་ཁྱུག་མ་ཞིག་དང་འདྲ་བའི་བེད་སྤྱོད་ནུས་པ་ལྡན་ཡོད་པ་དང་པང་གདན་རྒྱབ་ཀྱིས་ཁ་ལུད་དང་སྣ་ལུད། ལག་པ་སོགས་ཕྱིས་ཆོག་པས་ལག་རས་ཀྱི་ནུས་པ་ཡང་ལྡན་ལ། ཕྱིར་ལས་ཀར་འགྲོ་དུས་པང་གདན་ཕྲུ་གུའི་རྐུབ་གདན་ལ་བཏིང་ཆོག་ཅིང་། ཉི་ཆར་འགོག་པའི་ཉི་གདུགས་སམ་ཆར་ལྭའི་ཚབ་ཀྱང་བྱས་ཆོག པང་གདན་བཟོ་བའི་རྒྱུ་ཆ་སྣམ་བུ་ཁྲ་རིས་ཅན་དེ་ཡང་པང་གདན་ཁོ་ན་བཟོ་བའི་རྒྱུ་ཆ་ཙམ་མ་ཡིན་པར། བོད་མིའི་མགོའི་ཞྭ་ནས་རྐང་པའི་ལྷམ་བར་གྱི་ཆས་གོས་ཅི་རིགས་བཟོས་ཆོག་ལ་གོས་རྒྱན་ལེགས་པོ་ཞིག་ཀྱང་ཡིན། ད་དུང་རྒྱན་མཁོའི་སྣོད་ཆས་དཔེར་ན། ཛ་ཁུག་དང་། རྩམ་ཁུག་སོགས་བཟོ་བའི་རྒྱུ་ཆ་ལེགས་གྲས་ཤིག་ཀྱང་ཡིན། །

བོད་ཞི་བའི་བཅིངས་འགྲོལ་མ་བཏང་གོང་ལ་བོད་ས་གནས་སྲིད་གཞུང་གི་རིམ་པ་བཞི་པ་ཡན་གྱི་དཔོན་རིགས་རྣམས་ཀྱིས་གྱོན་གོས་རྒྱ་ལུའི་ཆས་གོས་ཀྱི་གོས་རྒྱན་སྐེ་ཟན་དེ་ཡང་པང་གདན་གྱི་རྒྱུ་ཆ་ལས་གྲུབ་ཅིང་དེ་སྔའི་བོད་ས་གནས་སྲིད་གཞུང་དཔོན་རིགས་ཀྱི་གོས་རྒྱན་ལ་ཡང་གཙོང་སྲོལ་ཡོད་པ་མ་ཟད་དུས་ཆེན་སྐབས་དགེ་འདུན་པའི་བླ་གམ་རྒྱབ་ངོས་ཀྱི་རྒྱན་ཆར་ཡང་གཙོང་སྲོལ་ཡོད། ལྷོ་ཁའི་ས་ཆ་འགའ་ཤས་ལ་བག་མ་ལེན་མཁན་དང་ལམ་བར་དུ་འཕྲད་ཚེ་ལམ་སེང་རང་ཉིད་ཀྱི་པང་གདན་ནམ་ཡང་ན་པང་གདན་འཐོག་རིལ་ལམ་སྟེང་དུ་བཀྲམས་ནས་འཛོག་སྲོལ་

འདུག དེར་བག་གདན་ཞེས་བཀྲ་ཤིས་པའི་མཚོན་རྟགས་ཞིག་ཡིན་པར་རྩིས་ཏེ་དེའི་སྟེང་བག་རིན་ཞེས་བག་སྟོན་པས་དངུལ་མང་ཉུང་མ་ལྟོས་པ་ཞིག་གཡུག་སྲོལ་ཡོད། གཞན་ཡང་པང་གདན་ནི་ཕ་མ་སྤུན་མཆེད་ལ་ལག་བཏགས་སྤྲོད་ཆེད་ཀྱི་དངོས་པོ་ལེགས་གྲས་ཤིག་དང་། སྔོ་ཁའི་ས་ཆ་རེ་འགར་བུ་མོར་སློང་ཚང་གཏོང་སྐབས་ཡིན་ཅིག་བུ་མོའི་ཨ་མར་པང་གདན་ཞིག་ལག་བཏགས་ལ་སྤྲོད་སྲོལ་ཡོད་པ་དེར་ནུ་རིན་ཞེས་ཟེར། དེ་དག་གི་རྒྱུ་མཚན་ནི་བུ་མོ་ཆུང་སྐྱར་མོ་གང་ཙམ་ནས་རང་མགོ་མ་ཐོན་བར་ཨ་མའི་པང་པའི་ནང་དུ་བྱམས་སྐྱོང་བྱས་ནས་འཚར་ལོངས་བྱུང་བས་མའི་དྲིན་འཇལ་ཆེད་སྤྲད་པ་ཡིན་ཞེས་ཟེར། དེ་མིན་པང་གདན་ལ་ནམ་མཁའི་འཇའ་ཚོན་ལྟ་བུའི་ཡིད་དུ་འོངས་ལ་རྣམ་པར་བཀྲ་བའི་ཚོན་ཁྲ་ལྡན་ཡོད་པས་པང་གདན་དེ་ཉིད་བོད་ཀྱི་མཛེས་རྒྱན་གཙོ་གྲས་ཤིག་ཏུ་གྱུར་ཡོད། དཔེར་ན། བོད་ཀྱི་གནའ་རབས་བྲོ་པ་གཞས་མ་དང་། ལྷ་མོ་འཁྲབ་མཁན་གྱི་གྱོན་ཆས་ཚང་མར་པང་གདན་གྱི་མཛེས་རྒྱན་བཏང་སྲོལ་ཡོད་པ་དང་། དེང་དུས་པང་གདན་ནི་གར་སྟེང་འཁྲབ་སྟོན་པའི་གྱོན་གོས་དང་མཛེས་དཔྱོད་རྒྱུ་ཆ་གཙོ་གྲས་ཤིག་ཏུ་གྱུར་ཡོད་ཁར་པང་གདན་གྱིས་ཁང་པའི་གྲུང་གི་མཛེས་རྒྱན་དང་། པང་གདན་གྱི་གཞི་རྒྱུ་གཙོ་བོའམ་ཁྲ་དེ་དག་བེད་སྤྱད་ནས་རྒྱལ་ནང་དང་རྒྱལ་སྤྱིའི་སྐད་གྲགས་ཡོད་པའི་བཟོ་ཁྱབ་དང་། རྒྱུན་སྤྱོད་དངོས་པོ་འགའ་ཞིག་གི་ཐོག་ལ་ཡང་སྤྱོད་ཀྱི་ཡོད་པ་དང་ད་ཆ་པང་གདན་གྱི་ཚོན་ཁྲ་དངོས་པོ་ཅི་འདྲ་ཞིག་གི་སྟེང་དུ་མཛེས་རྒྱན་ལ་སྤྲས་ན་དེས་རང་བཞིན་དང་བོད་ཀྱི་རིག་གནས་ཀྱི་སྣང་ཚུལ་མངོན་ཐུབ་པ་དཔེར་ན། དེང་དུས་ཀྱི་བོད་དང་འབྲེལ་བའི་དཔེ་དེབ་ཁག་གི་ཁ

ཤོག་དང་། བོད་རིགས་ཀྱི་ཟ་བཏུང་གི་མཛེས་ཐུམ་སོགས་སྟེང་ལ་པང་གདན་གྱི་འཇའ་ཚོན་ལྟ་བུའི་ཚོན་རིས་མང་པོ་མཐོང་རྒྱུ་ཡོད་པ་ལྟ་བུའོ། །

གཉིས། པང་གདན་གྱི་དམངས་སྲོལ་རིག་གནས་ཀྱི་ནུས་པ།

རྒྱན་ཆ་ནི་བོད་རིགས་མི་དམངས་ཀྱི་བསམ་པའི་དཔལ་ཡོན་གྱི་དགོས་མཁོ་གལ་ཆེན་ཞིག་ཡིན་པ་དང་། སྣ་མང་ཕུན་སུམ་ཚོགས་པའི་རྒྱན་ཆ་དག་གིས་ཕོ་མོའི་བདེ་སྐྱིད་ཕུན་སུམ་ཚོགས་པའི་འཚོ་བར་རོལ་རྒྱུའི་འདུན་པ་དང་རང་སོ་སོའི་རིན་ཐང་དང་འདོད་བློ་མངོན་པར་བྱེད་ཀྱི་ཡོད། མཛེས་རྒྱན་གྱི་ཐོག་མའི་འབྱུང་ཁུངས་ནི་དཔའ་ངར་ངོམས་ཆེད་དང་སྐྱེ་བོ་གཞན་གྱི་ཡིད་དབང་འཕྲོག་བྱེད་ཙམ་དང་། རེ་འགའ་ནི་ལྷ་ཀླུ་གཞི་བདག་ཡིད་མགུ་ནས་མི་རྣམས་ཀྱི་ཚེ་སྲོག་དང་། འཚོ་བ་སོགས་ལ་མགོན་སྐྱབས་ཐུབ་ན་སྙམ་པའི་ཆོས་ལུགས་ཀྱི་བསམ་པའི་འདུ་ཤེས་ལས་བྱུང་ཞིང་། ཡང་འགའ་རེ་ནི་རིགས་རྒྱུད་ཚོགས་པའི་མཚོན་རྟགས་སམ་རང་སོ་སོའི་མི་རིགས་ཀྱི་གཏོགས་ཁོངས་དང་གྲལ་རིམ་ལམ་ལུགས་མཚོན་བྱེད་ཀྱི་སྤྱི་ཚོགས་ཀྱི་འདུ་ཤེས་ལས་བྱུང་བ་ཞིག་ཡིན། དུས་ད་ལྟར་ཆ་མཚོན་ན་རྒྱན་ཆ་འདོགས་པ་ནི་བོད་རིགས་མི་དམངས་ཀྱི་རང་སོ་སོའི་རིན་ཐང་དང་སྤྱི་ཚོགས་ཀྱི་གོ་བབས་མཚོན་བྱེད་ཅིག་དང་རང་སོ་སོའི་འབྱོར་པ་དང་མཛེས་སྡུག་ཕྱིར་མངོན་པའི་བྱ་ཐབས་གཙོ་བོ་ཞིག་ཡིན་ན། གཤམ་ལ་བོད་རིགས་བུད་མེད་ཀྱི་མཛེས་སྡུག་རྣམ་པར་བཀྲ་བའི་པང་གདན་གྱི་དམངས་སྲོལ་དང་དེའི་ནུས་པའི་སྐོར་གླེང་བར་བྱའོ། །

༡ སྤྱི་ཚོགས་ཀྱི་སྣང་ཚུལ་མཚོན་པ།

སྤྱི་ཚོགས་རིག་པ་མཁས་ཅན་གྱིས་གསུངས་པ་ལྟར་ན། གྱོན་གོས་ནི་མི་ལོང་ཞིག་དང་འདྲ་བར་དེའི་བཟོ་ལྟ་དང་། ཆོས་མདོག་འགྱུར་བ་སོགས་ལས་སྤྱི་ཚོགས་ཀྱི་སྣང་ཚུལ་འགའ་རེ་མངོན་ཐུབ་ལ། གྱོན་གོས་ཀྱི་རྒྱུད་འཛིན་ནི་ཧ་ཅང་རྙོག་འཛིང་ཆེ་བའི་རིག་གནས་ཀྱི་སྣང་ཚུལ་ཞིག་ཡིན་ཞིང་དེ་དང་མི་རིགས་ཤིག་གི་ལོ་རྒྱུས་དང་རིག་གནས་ཀྱི་དར་འཕེལ་དབར་འབྲེལ་བ་དམ་ཟབ་ལྡན་ཞིང་། དེ་ལས་མི་རིགས་ཤིག་གི་ཤེས་རིག་དང་མཛེས་དཔྱོད་ཀྱི་ལྟ་བ་མངོན་ཐུབ། གྱོན་གོས་རིག་གནས་ནི་ཕྱོགས་བསྡུས་རང་བཞིན་གྱི་རིག་གནས་ཤུལ་བཞག་ཅིག་ཡིན་པས་ང་ཚོས་དེ་ཉིད་སྐབས་བདེའི་གྱོན་ཆས་ཀྱི་རྣམ་པ་ཁོ་ནར་ངོས་འཛིན་བྱ་མི་རུང་། པང་གདན་ཡང་གྱོན་གོས་གཞན་དང་འདྲ་བར་སྤྱི་ཚོགས་ཀྱི་ཕྱོགས་མང་པོ་ཞིག་གི་རྣམ་པར་འགྱུར་བ་སོང་བ་དང་སྒྲུགས་དེའི་རིང་ཐུང་ལ་ཡང་འགྱུར་བ་སོང་ཡོད་ལ། དེ་ལས་དུས་རབས་མི་འདྲ་བའི་ནང་གི་བོད་རིགས་བུད་མེད་ཀྱི་བསམ་བློའི་འགྱུར་བ་དང་། སྤྱི་ཚོགས་ཀྱི་གནས་བབས་མཚོན་ཐུབ། དེ་ཡང་དུས་རབས་ཉི་ཤུའི་ལོ་རབས་སུམ་བཅུ་བཞི་བཅུའི་དུས་ཀྱི་པང་གདན་དང་ལོ་རབས་དགུ་བཅུའི་སྐབས་ཀྱི་པང་གདན་གཉིས་བསྡུར་བ་ཡིན་ན་དེ་གཉིས་ཀྱི་རིང་ཐུང་དང་ཞེང་ཚད་ཁྲ་སོགས་ཀྱི་ཐད་འགྱུར་ལྡོག་ཆེན་པོ་བྱུང་ཡོད།

པང་གདན་ལྟ་བུའི་རྒྱན་གོས་ལས་ལོ་རྒྱུས་དང་སྤྱི་ཚོགས་ཀྱི་འཕོ་འགྱུར་མངོན་ཐུབ་པ་མ་ཟད་ད་དུང་སྤྱི་ཚོགས་འགྱུར་བ་སོང་བ་དང་བསྟུན་ནས་མིའི་བསམ་བློའི་འདུ་ཤེས་ལའང་འགྱུར་བ་སོང་བ་མངོན་ཐུབ། དུས་རབས་ཉི་ཤུའི་ལོ་རབས་སུམ་ཅུ་བཞི་

བཅུའི་སྐབས་པང་གདན་གི་རིང་ཐུང་དེ་ལྟམ་འགེབས་ཐུབ་ཙམ་ཡོད་པ་དང་། སྐབས་དེའི་སྐྱེ་བོ་རྣམས་ཀྱི་བསམ་བློ་ནི་ཉིང་ཞེན་བག་འཁུམས་སུ་སོང་བས་བྱ་དངོས་གསར་པ་དང་ལེན་བྱེད་པའི་བསམ་བློ་མེད་སྟབས་པང་གདན་གྱི་རིང་ཐུང་ཡང་སྔར་རྒྱུན་ལྟར་ཡིན། བོད་ལ་ཞི་བའི་བཅིངས་འགྲོལ་ཐོབ་རྗེས་མི་རྣམས་ཀྱི་བསམ་བློར་བཅིངས་འགྲོལ་ཐོབ་ནས་གྱོན་གོས་ལ་ཡང་འགྱུར་བ་ཕྱིན་ཡོད། དུས་རབས་ཉི་ཤུ་པའི་ལོ་རབས་བརྒྱད་བཅུ་དགུ་བཅུར་སླེབས་སྐབས་རང་རྒྱལ་ལ་ཕྱོགས་ཡོངས་ནས་བསྒྱུར་བཅོས་སྒོ་དབྱེའི་མཛད་ཕྱོགས་ཁག་ལག་བསྟར་དོན་འཁྱོལ་བྱུང་བས་བོད་རིགས་བུད་མེད་ཚོའི་གྱོན་གོས་སྒྲི་དང་ལྷག་པར་དུ་པང་གདན་གྱི་བཟོ་ལྟ་དང་རྣམ་པར་འགྱུར་བ་ཤུགས་ཆེན་སོང་ནས་པང་གདན་རིང་ཐུང་པུས་མོའི་སྟེང་ལ་སླེབས་ཙམ་དང་ཚོན་མདོག་དང་ཁྲ་སྣེ་མང་དུ་སོང་ཡོད། བོད་རིགས་བུད་མེད་ཀྱི་བསམ་བློ་དང་མཛེས་དཔྱོད་ཀྱི་ལྟ་བ་ཡང་དེ་བས་གོང་མཐོར་ཕྱིན་ཡོད། དུས་རབས་ཉེར་གཅིག་ཏུ་སླེབས་པ་དང་སྦྲགས་བོད་མི་དམངས་ཀྱི་དངོས་པོའི་འཚོ་བར་སྔར་ལས་ལྷག་པའི་འཕོ་འགྱུར་བྱུང་སྟེ་རིམ་བཞིན་བསམ་པའི་དཔལ་ཡོན་གྱི་དགོས་མཁོ་ཡང་ཆེ་རུ་ཕྱིན་ནས་པང་གདན་གྱི་བཟོ་ལྟ་དང་རིང་ཐུང་རྣམ་པ་རིགས་འདྲ་མིན་མང་པོ་ཐོན་ཡོད་པ་བཅས་ལས་བོད་རིགས་བུད་མེད་ཀྱི་བསམ་བློའི་འཕྲེར་སོ་དེ་ཡང་སྤྱི་ཚོགས་ཀྱི་ཆབ་སྲིད་དང་དཔལ་འབྱོར། རིག་གནས་སོགས་ཀྱི་འགྱུར་བ་དང་བསྟུན་ནས་འཕོ་འགྱུར་འགྲོ་བཞིན་ཡོད་པ་མཚོན་ཐུབ།།

༢ བུད་མེད་ཀྱི་བརྩེ་དུང་དང་གཉེན་ཀ་མཚོན་པ།

གྱོན་གོས་གྱིས་སྐྱེ་བོའི་སེམས་པའི་སྐྱིད་སྡུག་དང་རང་ཉིད་ཀྱི་གཉེན་ཀ་མཚོན་

པར་བྱེད་ཐུབ་པས་པང་གདན་ལའང་དེ་ལྟ་བུའི་ནུས་པ་ལྡན་ཡོད། མི་རིགས་སོ་སོའི་གྱོན་གོས་ཀྱང་མི་རིགས་དེའི་ཕྱོགས་གང་ཅིའི་ཁྱད་ཆོས་ལ་བརྟེན་ནས་བྱུང་བ་ཞིག་ཡིན་པས་དེ་ཉིད་དེང་རབས་ཀྱི་མི་རྣམས་ཀྱི་བརྩེ་སེམས། གཤིས་ཀ་དང་ཡང་ཡོངས་སུ་མཐུན་ཡོད། པང་གདན་ནི་སྤྱི་ཚོགས་ཀྱི་དོན་དངོས་ཤིག་ཡིན་པས་དེས་སྤྱི་ཚོགས་ཞིག་དང་ཚོགས་པ་ཞིག་གི་དུས་ཚོད་ངེས་གཏན་ཞིག་གི་བསམ་བློ་མཚོན་ཐུབ་ལ་ཚོས་མདོག་རྣམ་པར་བཀྲ་བའི་པང་གདན་གྱི་ཚོས་གཞིའི་རྣམ་པ་དང་། ཁྲ་རྒྱས་ཆེ་ཆུང་སོགས་ལས་གྱོན་མཁན་གྱི་བརྩེ་དུང་དང་། སེམས་ཁམས། བསམ་པའི་ཁྱིར་སོ་དང་། གཤིས་ཀ་སོགས་མཚོན་ཐུབ། དཔེར་ན་རྒྱུན་དུ་ཁ་གསང་ལ་བག་ཡངས་བའི་བུད་མེད་མང་ཆེ་བ་པང་གདན་ཏར་ལ་ཁྲ་ཆེན་འདོགས་སྤྱར་དགའ་བ་དང་། གཤིས་ཀ་འཛམ་ལ་ཁ་ཁུ་སིམ་པའི་བུད་མེད་ཚོས་པང་གདན་ཚོས་གཞི་སྐྱུམ་ལ་ཁྲ་གཙགས་འདོགས་སྤྱར་དགའ། གཞན་ཡང་པང་གདན་ནི་སྐྱེ་བོ་ཞིག་གི་ཡིད་ཀྱི་གདུང་སེམས་མཚོན་པའི་མེ་ལོང་ལྟ་བུ་ཞིག་ཡིན་པ་ནི་རྒྱུན་གཏན་ཚོས་མདོག་ཏར་པོར་དགའ་བའི་བུད་མེད་ཅིག་གིས་བློ་བུར་དུ་ཚོས་གཞི་སྐྱུམ་པའི་པང་གདན་ཞིག་བཏགས་འདུག་ན་སྐབས་དེར་བུད་མེད་དེར་སེམས་སྡུག་ཡོད་པའི་རྟགས་དང་། དེ་ལས་ལྡོག་སྟེ་རྒྱུན་དུ་ཚོས་མདོག་སྐྱུམ་པོ་ཁོ་ན་གྱོན་མཁན་གྱི་བུད་མེད་ཞིག་གིས་བློ་བུར་དུ་ཚོས་མདོག་ཏར་བའི་པང་གདན་ཞིག་བཏགས་ན་དེའི་སེམས་ལ་སྤྲོ་སྣང་ཚད་མེད་སྐྱེས་ཡོད་པའི་བྱ་བ་ཞིག་བྱུང་ཡོད་པ་ཤེས་ཐུབ་པ་ལྟ་བུ་ཡིན། བོད་ཀྱི་ས་ཆ་རེ་འགའ་རང་ཁྱིམ་ལ་མི་ཤི་ཁྱིམ་ཆག་སོགས་བྱུང་ན་ནང་གི་མ་ཡིས་པང་གདན་མི་འདོགས་པ་དང་། ལྷག་

པར་དུ་རང་ཡུལ་གྱི་རྩ་ཆེའི་བླ་མ་རིན་པོ་ཆེ་ལ་སོགས་པ་སྐུ་འདས་པ་ཡིན་ན་སྐྲ་ཤུབ་དང་པང་གདན་གཉིས་ཀ་འདོགས་སྲོལ་མེད། ཤོད་སྲོལ་ལ་"དེ་སྟེ་རྒྱལ་བ་རིན་པོ་ཆེ་དགོངས་པ་རྫོགས་རྗེས་བུད་མེད་ཚང་མས་སྐྲ་ཤུབ་དང་པང་གདན་མི་བཏགས་པར་རང་གི་ཡིད་ནང་གི་སྡུག་བསྔལ་མཚོན་པར་བྱ་གི་ཡོད།"[1]འོན་ཀྱང་དུས་ཆེན་ལ་སོགས་པར་བུད་མེད་མང་ཆེ་བས་པང་གདན་ཁྲ་ཆེན་འདོགས་སྲོལ་ཡོད།

པང་གདན་གྱིས་སྐྱེ་བོ་ཞིག་གི་བཙེ་དུང་མཚོན་ལ་ཁྱིམ་ཚང་ཞིག་དང་སྡེ་ཚོགས་ཞིག་གི་ཚོགས་མིའི་སྐྱིད་སྡུག་གི་རྣམ་པ་ཡང་མཚོན་ཐུབ་པས་མི་རྣམས་ཀྱིས་པང་གདན་ཞེས་པའི་གོས་ཆུང་ངུ་དག་ལ་བརྟེན་ནས་རང་ཉིད་ཀྱི་སེམས་ཁམས་ནང་གི་དུང་བ་རྣམས་ཕྱིར་མངོན་གང་ཐུབ་བྱེད་ཅིང་། བསྡུར་བ་ཆེ་ཞིང་ཚོས་མདོག་རྣམ་པར་བཀྲ་བའི་བོད་ཀྱི་པང་གདན་ལས་བོད་རིགས་མི་དམངས་ཀྱི་གུ་ཡངས་ཤིང་དགའ་སྐྱིད་དཔལ་ལ་རོལ་བའི་འཚོ་བའི་རྣམ་པ་དང་གཞུང་དྲང་ཟོལ་མེད་དང་སེམས་རྩ་འཕོལ་བ། དགྲ་འདུལ་གཉེན་སྐྱོང་ལ་མཁས་པའི་མི་རིགས་ཀྱི་གཤིས་ཀ་མཚོན་ཐུབ་ལ། རང་ཉིད་ཀྱི་འདོད་བློ་དང་སེམས་ཁམས་ཀྱི་དགོས་མཁོ་ཕྱིར་མངོན་ཐུབ་པའི་ཁྱད་ཆོས་མཚོན་ཐུབ།།

༣ བོད་རིགས་བུད་མེད་ཀྱི་ཞོ་བ་ཐང་མཚོན་ཐུབ་པ།

པང་གདན་ནི་བོད་མི་རིགས་ཀྱི་དམིགས་བསལ་མཚོན་རྟགས་མངོན་པའི་གོན་

[1] བྱ་རིགས་པ་བློ་བཟང་རྣམ་རྒྱལ། ཕོ། ལོ་༧༠ ལྷ་ས་གྲོང་ཁྱེར་གྱི་སྲིད་གྲོས་ཀྱི་ཨུ་ཡོན། བཅར་འདྲིའི་དུས་ཚོད་ ༢༠༠༩ལོའི་ཟླ་༡༢ཚེས་༡༡ཉིན། བཅར་འདྲིའི་ས་ཆ་ལྷ་སའི་ཆབ་སྲིད་གྲོས་ཚོགས།

གོས་ཤིག་ཡིན་ལ་དེས་ས་ཁོངས་དེས་གཏན་ཞིག་ནང་གི་མི་སྣ་ཞིག་གི་ཐོབ་ཐང་མངོན་པའི་མཚོན་རྟགས་ཤིག་ཡིན་པ་སྟེ། དཔེར་ན་ལྷོ་ཁར་གལ་སྲིད་པང་གདན་བཏགས་པའི་བུ་མོ་ཆུང་ཆུང་མཐོང་བ་ཡིན་ན་དེ་དག་ནི་འབྲོག་ཁུལ་ནས་ཡིན་པ་ཤེས་ཐུབ་པ་དང་། སྣམ་བུའི་པང་གདན་ཁྲ་ཆེན་བཏགས་མཁན་ཕལ་ཆེ་བ་འབྲོག་ཁུལ་ནས་ཡིན་པ་དང་། ཁྲ་ཆུང་ཞིང་ཚོན་མདོག་སྐྱ་པོ་བཏགས་མཁན་ཕལ་ཆེ་བ་ནི་གྲོང་ཁྱེར་དང་གྲོང་རྡལ་གྱི་བུད་མེད་ཡིན་པ་ཤེས་ཐུབ། པང་གདན་གྱིས་ད་དུང་གྱོན་པ་པོའི་ལོ་ཚད་ཀྱང་ཤེས་ཐུབ་པ་སྟེ་རྒྱུན་དུ་ལོ་ན་ཆུང་བའི་བུད་མེད་རྣམས་ནི་ཚོས་གཞི་ཙུང་ཏར་བའི་པང་གདན་ལ་དགའ་བ་དང་། ལོ་ན་རྒན་པའི་བུད་མེད་ཚོས་ཚོས་གཞི་སྐྱ་བའི་པང་གདན་འདོགས་སྲོལ་དགའ་པོ་ཡོད།།

༩ ས་ཁོངས་རང་བཞིན་གྱི་ཁྱད་ཆོས་མཚོན་པ།

ས་ཆའི་གནས་སྟངས་མི་འདྲ་བའི་རྐྱེན་པས་ས་མཐོའི་བོད་རིགས་མི་དམངས་རྣམས་ནི་དུས་ཡུན་རིང་པོའི་ནང་འགྲིམ་འགྲུལ་སྟབས་མི་བདེ་བའི་བཀག་སྡོམ་རང་བཞིན་གྱི་ས་ཆར་གནས་ཡོད་པ་དང་། དམིགས་བསལ་གྱི་ས་ཁོངས་དེས་དམིགས་བསལ་གྱི་ཁྱད་ཆོས་ལྡན་པའི་གྱོན་ཆས་རིག་གནས་ཤིག་སྐྲིད་སྲིང་བགྱིས་ཡོད། བོད་ཀྱི་གྱོན་གོས་ཀྱི་གྲུབ་ཆ་དང་བཟོ་ལྟ། རི་མོ། རྒྱན་ཆ་སོགས་ཀྱི་གྲུབ་ཚུལ་དང་གོང་འཕེལ་སོགས་ལ་བོད་ཀྱི་རང་བྱུང་ཁོར་ཡུག་དང་། ཐོན་སྐྱེད་དཔལ་རྩོལ། རིག་གནས་སྲོལ་རྒྱུན་སོགས་ཀྱི་ཤུགས་རྐྱེན་ཐེབས་ཡོད་ཅིང་། རྒྱུན་གཏན་གྱི་དཔལ་རྩོལ་ཁྲོད་ནས་ས་གནས་སོ་སོའི་ཁྱད་ཆོས་ལྡན་པའི་སྣ་མང་ཕུན་སུམ་ཚོགས་པའི་གྱོན་གོས་རིག་གནས་དར

འཕེལ་བྱུང་བ་དང་སྤྲུགས། རང་བྱུང་ཁོར་ཡུག་དང་ཡུལ་སྲོལ་གོམས་གཤིས། དཔལ་འབྱོར་རིག་གནས། ཆོས་ལུགས་གོམས་གཤིས་སོགས་ཀྱི་ཤུགས་རྐྱེན་འོག་ས་གནས་ཁག་དང་། དུས་རབས་སོ་སོའི་གྱོན་གོས་ཀྱི་བཟོ་ལྟ་དང་རི་མོ། སྤུས་ཚད། རྒྱན་གྱི་ནུས་པ་སོགས་ལ་བསྒྱུར་བཅོས་ཐེངས་མང་བྱུང་ནས་མཐར་བོད་ནང་ཁུལ་གྱི་ས་གནས་མི་འདྲ་བར་རང་སོ་སོའི་ཁྱད་ཆོས་ལྡན་པའི་གྱོན་གོས་རིགས་འདྲ་མིན་དར་ཡོད། དེ་ཡང་དཔེར་ན་ལྷོ་ཁའི་པང་གདན་ལས་བཟོས་པའི་གྱོན་གོས་ལས་སྐལ་ལྷུགས་རིང་པོ་གྱོན་མཁན་བུད་མེད་ནི་འཕྱོངས་རྒྱས་ནས་ཡིན་པ་དང་། སྐལ་ལྷུགས་དེ་དང་འདྲ་བའི་ཐོག་རྒྱབ་ངོས་ལ་ར་ལྷུགས་བཏང་བ་ནི་ཚ་གསུམ་རྫོང་གི་བུད་མེད་ཡིན་པ་དང་། པང་གདན་གྱིས་རྒྱན་པའི་ལྷ་ཕེབས་གྱོན་མཁན་ནི་གྲ་ནང་ངམ་རྩེས་ཐང་གི་བུད་མེད་ཡིན་པ་ཤེས་ཐུབ་པ་ལྟ་བུའོ། །འོན་ཀྱང་ད་ལྟ་པང་གདན་གྱི་གྱོན་གོས་དེ་རིགས་གྱོན་མཁན་ཧ་ཅང་ཉུང་ཉུང་རེད། དེ་ལྟར་པང་གདན་གྱོན་གོས་ནི་བོད་ཀྱི་གྱོན་གོས་གཞན་དང་འདྲ་བར་བོད་ཀྱི་སྲོལ་རྒྱུན་རིག་གནས་ཀྱི་ཉིང་ཁུ་ལྟ་བུའི་གྲས་ལ་འགྱུར་ཡོད་ལ་དེ་ཉིད་བོད་ཀྱི་རིག་གནས་ཀྱི་ཕྱི་ཚུལ་རྣམ་པའི་མཚོན་བྱེད་གལ་ཆེན་ཞིག་དང་དཔེ་མཚོན་གྱི་མཚོན་རྟགས་སམ་རྟགས་ཐམ་ཞིག་ཏུ་གྱུར་ནས་མི་རིགས་གཞན་དང་དབྱེ་བ་འབྱེད་བྱེད་ཀྱི་ཁྱད་ཆོས་གཙོ་བོ་ཞིག་ཡིན། །

༥ མི་རིགས་ངོས་འཛིན་གྱི་མཚོན་རྟགས།

བོད་ཀྱི་པང་གདན་ནི་གྱོན་གོས་གཞན་ལྟར་མི་རིགས་ཤིག་གི་རང་གཤིས་མངོན་པའི་གལ་ཆེའི་མཚོན་བྱེད་ཅིག་དང་ཕྱི་ཚུལ་གྱི་རྣམ་པའི་མཚོན་ཚུལ་ཞིག་ཡིན། པང་

གདན་འདོགས་མཁན་གྱི་གྲངས་ཉུང་མི་རིགས་མང་པོ་ཞིག་ཡོད་ཀྱང་འཇའ་ཚོན་སྣ་ལྔ་ལྟ་བུའི་ཆོས་མདོག་རྣམ་པར་བཀྲ་བའི་པད་གདན་འདོགས་མཁན་གྱི་བུད་མེད་མཐོང་བ་ཡིན་ན་སྐྱེ་བོ་ཚང་མས་དེ་ནི་བོད་རིགས་ཡིན་པ་ངོས་འཛིན་ཐུབ། ལྷག་པར་དུ་གྱོན་གོས་ཀྱི་མཐའ་རྒྱན་དང་། བཟོ་སྐྲུན་གྱི་མཛེས་རྒྱན། བཙ་ཁྲབ་ནང་གི་པད་གདན་ཁྲ་རྒྱན་སོགས་མཐོང་མ་ཐག་བོད་རིགས་དང་འབྲེལ་བ་ཡོད་པ་བློ་ལ་འཆར་ངེས། པད་གདན་ཆུང་ཆུང་ཞིག་གིས་མི་རིགས་ཤིག་མཚོན་ཐུབ་པ་དེ་ནི་རང་མི་རིགས་ཀྱི་གྱོན་གོས་རིག་གནས་ཙམ་མ་ཡིན་པར་བོད་མི་རིགས་ཡོངས་ཀྱི་བསམ་པའི་ཉམས་འགྱུར་དང་མི་རིགས་ཀྱི་རང་གཤིས་ཀྱང་མཚོན་ཐུབ། གྱོན་གོས་དེ་ལས་ང་ཚོ་བོད་མི་རིགས་ཀྱི་དད་སེམས་དང་། རང་གཤིས། ས་ཁོངས་རིག་གནས་སོགས་ཀྱི་སྐོར་བརྒྱུད་བརྟགས་བྱ་ཐུབ་ལ་པད་གདན་དེ་བཞིན་བོད་རིགས་བུད་མེད་ཀྱི་མཚོན་རྟགས་དངོས་པོ་གཙོ་གྲས་ཤིག་ཏུ་འགྱུར་ཡོད། །

༧ མཛེས་དཔྱོད་ཀྱི་ནུས་པ་ལྡན་ཡོད།

བོད་རིགས་ནི་བསམ་གཞིགས་ཀྱི་ནུས་པ་ཆེས་ཆེར་ལྡན་ལ་སྒྱུ་རྩལ་གྱི་མཛེས་དཔྱོད་མཐོ་བའི་མི་རིགས་ཤིག་ཡིན་པ་ནི་བོད་མི་རིགས་ཀྱི་གྱོན་གོས་རིག་གནས་ཀྱི་མཛེས་རྩལ་ཐོག་ནས་གང་ལེགས་མངོན་ཐུབ། བོད་རིགས་ཀྱི་གྱོན་གོས་མཛེས་རྩལ་ལ་བཟོ་ལྟ་བབ་ཆགས་ཤིང་མཛེས་རྒྱན་གྱི་རྣམ་པར་སྤྲས་ལ་སྤྱོད་སྒོ་ཆེ་བའི་རིན་ཐང་ལྡན་ཡོད། པད་གདན་གྱི་ངོས་ནས་བཤད་ན་ཆོས་མདོག་རྣམ་པར་བཀྲ་ལ་བབ་ཆགས་པའི་ཉམས་འགྱུར་ལྡན་ལ། ཕྲ་ཞིང་ཞིབ་ཚགས་པའི་འཐག་ལས་དང་སྣ་མང་ཕུན་ཚོགས་

ཀྱི་ཆོས་མདོག་ལྡན་པས་ནམ་མཁའི་འཇའ་ཚོན་ལྟར་མཛེས་པར་སྣང་། པང་གདན་གྱི་ཁྲ་ལ་ཁྲ་ཆེན་དང་ཁྲ་ཆུང་ཞེས་ཁག་གཉིས་སུ་དབྱེ་བ་ལས་ཁྲ་ཆེན་ལ་ཐློ་གཞོགས་ཆེ་བའི་རྣམ་པ་ལྡན་ཞིང་། ཁྲ་ཆུང་ནི་ཆོས་གཞི་འདྲ་བ་རྣམས་མཉམ་འདུས་བྱས་པས་འཇམ་ཐིང་ཐིང་གི་རྣམ་པ་ཞིག་ལྡན་ཡོད། དེ་ལྟར་ཆོས་མདོག་དམར་པོ་དང་། སེར་དམར། སེར་པོ། ལྗང་གུ། སྔོ་ནག སྔོན་པོ། ཨ་མེན་ལ་སོགས་ཆོས་སྣ་བཅུ་གྲངས་ཁག་གཞན་ཀྱི་སྒྲ་གདངས་ལྟར་མཐོ་དམའ་མི་འདྲ་བ་བདུན་གྱི་དབྱངས་དང་མཉམ་དུ་སྦྱིབ་ནས་དེ་དག་གི་ཚོར་བ་འདྲ་མིན་པང་གདན་ཐོག་ནས་གསལ་པོའི་ངང་མངོན་པར་བྱེད་ཀྱི་ཡོད། །

མི་རིགས་སོ་སོར་རང་ཉིད་ཀྱིས་ཆོས་གཞི་འདྲ་མིན་ལ་འཛིན་པའི་དགའ་ཕྱོགས་རེ་ཡོད་པ་ལྟར། མི་རིགས་དང་དམངས་སྲོལ་དབར་ལའང་འབྲེལ་ལམ་ཞིག་ངམ་ངམ་ཤུགས་ཀྱིས་ཆགས་ཡོད། བོད་མི་རིགས་ཀྱི་ཀྱོན་གོས་ཆོས་གཞི་སྲེལ་སྟངས་ཐད་གཞི་རྡངས་ལ་སྦྲོ་སེམས་འཕོལ་ཞིང་། རྣམ་པར་བཀྲ་ལ་འགྱུར་དུ་ཐོན་པ་བཅས་སྲེལ་མར་སྤྱོད་པའི་ཁྱད་ཆོས་ལྡན་ཡོད་པ་ནི་བོད་ཀྱི་ཐུན་མོང་མ་ཡིན་པའི་ས་ཁམས་ཁོར་ཡུག་དང་། གནས་ཡུལ་གྱི་ཁྱད་ཆོས་ལྡན་པའི་བོད་ཀྱི་སྲོལ་རྒྱུན་རིག་གནས་དང་འབྲེལ་བ་དམ་ཟབ་ལྡན་ཡོད།

མཚོ་བོད་མཐོ་སྒང་དུ་འཚོ་བའི་བོད་མི་རྣམས་ནི་གནམ་སྔོན་པོ་དང་། སྤྲིན་དཀར་པོ། ཡངས་པའི་རྩྭ་ཐང་། རྡངས་ཤིང་སྔོ་བའི་ཆུ་རྒྱུན་སོགས་ལོངས་སུ་སྤྱོད་བཞིན་ཡོད་པས་མི་རྣམས་ཀྱིས་རང་བྱུང་ཁམས་ལ་ཐུན་མོང་མ་ཡིན་པའི་བརྩེ་སེམས

བཙངས་ནས་ཡོད། དེ་ལྟར་བོད་མི་ཆོས་འཛིན་ཆོན་སྣ་ལྷུར་དགའ་བའི་སེམས་པ་ནི་རང་བྱུང་ཁམས་ལ་དད་སེམས་ཡོད་པ་ཁོ་ན་ཙམ་ནས་བྱུང་བ་ཞིག་མ་ཡིན་པར་དམངས་ཁྲིད་ཀྱི་ཤོད་རྒྱུན་ཞིག་དང་འབྲེལ་བ་དམ་ཟབ་ཡོད་པ་འདི་ལྟ་སྟེ། གནའ་སྔ་མོ་དིང་རིའི་ཁྱུལ་ལ་ཇོ་མོ་ཚེ་རིང་མཆེད་ལྔ་གནས་ཡོད་ཅིང་དེ་དག་ནི་བོད་ཀྱི་བཀའ་རྒྱུད་ཆོས་ལུགས་ཀྱི་སྲུང་མའི་གཙོ་གྲས་ཤིག་ཡིན་པ་དང་། ཤོད་སྒྲོལ་ལ་རི་བོ་ཇོ་མོ་གླང་མའི་འདབས་རོལ་ལ་མཆོད་མདོག་ལྔ་ཅན་ཞིག་ཡོད་པ་དག་གི་ཆོས་གཞི་ཡང་ལྷ་མོ་ལྔ་ཡི་སྐུ་མདོག་དང་གཅིག་མཚུངས་སུ་སྣང་དེ་ལྟར་བོད་མི་ཆོས་རང་ཉིད་ཀྱི་དད་སེམས་དང་དགའ་སྣང་མཚོན་ཆེད་དུས་རྒྱུན་དུ་རང་བྱུང་གི་ཆོས་གཞི་སྤྱོད་རྒྱུར་དགའ་བ་དཔེར་ན་ཆོས་སྣ་ལྔའི་ཀླུང་དར་དང་། དར་ཆོན་སྣ་ལྔ། པང་གདན་ཆོས་གཞི་ལྔ་ལྡན་སོགས་ཡོད། ཐུན་མོང་མ་ཡིན་པའི་མཛེས་དཔྱོད་འདུ་ཤེས་དེ་དག་གིས་བོད་རིགས་ཀྱི་གྱོན་གོས་པང་གདན་ལ་འོད་སྣང་སྤྲིན་ཏེ་སྐྱེ་བོ་ཚོར་ཇོགས་མཐའ་མེད་པའི་ཚེ་སྒྲོག་གི་སྟོབས་ཤུགས་རྒྱས་ཡོད། །

ལེའུ་གཉིས་པ། པང་གདན་གྱི་འབྱུང་ཁུངས་དང་པང་གདན་འདོགས་སྲོལ་གྱི་འཕེལ་འགྱུར།

དངོས་པོ་ཅི་ཞིག་གི་ཐོག་མའི་འབྱུང་ཁུངས་དང་འཕེལ་འགྱུར་སྐོར་གླེང་རྒྱུ་ནི་ཧ་ཅང་རྙོག་འཛིང་ཆེ་བའི་གནད་དོན་ཞིག་ཡིན་ཞིང་། ལྷག་པར་དུ་ནང་པ་སངས་རྒྱས་ཆོས་ལུགས་ཀྱི་ཤན་ཤུགས་ཆེར་ཞུགས་པའི་བོད་ཡུལ་ངོས་ནས་བརྗོད་ན་དམངས་ཁྲོད་ཀྱི་དམངས་སྲོལ་རིག་གནས་ལ་ཞིབ་འཇུག་བྱ་རྒྱུ་ནི་དཀའ་ཚེགས་ཆེ་ལ། གོས་རྒྱན་ཆུང་ཆུང་པང་གདན་ལྟ་བུ་ཞིག་གི་འབྱུང་ཁུངས་སྐོར་ལ་ཞིབ་འཇུག་བྱ་རྒྱུ་ནི་དེ་བས་དཀའ་བའི་བྱ་བ་ཞིག་ཡིན་ཙང་། ད་ལམ་འདིར་གུས་མོས་ཐོག་མར་པང་གདན་རྒྱན་གོས་ཀྱི་རྒྱུ་ཆ་དང་། འཐག་ཁྲི། པང་གདན་འདོགས་སྲོལ་གྱི་འབྱུང་འཕེལ་སྐོར་ནས་དེའི་འབྱུང་ཁུངས་དང་འཕེལ་འགྱུར་གྱི་སྐོར་གླེང་བར་བྱའོ། །

ས་བཅད་དང་པོ། པང་གདན་གྱི་རྒྱུ་ཆ་དང་དེའི་འཕེལ་འགྱུར།

པང་གདན་ལ་གྱོན་གོས་གཞན་དང་འདྲ་བར་རང་གི་ཐུན་མོང་མ་ཡིན་པའི་འབྱུང་ཁུངས་དང་འཕེལ་རིམ་ཞིག་ཀྱང་ཡོད། དེ་ཡང་ལས་ལ་བརྟེན་ཞིང་དཔའ་ངར་ལྡན་པའི་སྔོན་བྱོན་བོད་མི་རྣམས་ཀྱིས་གྲང་ངར་ཆེ་བའི་ས་མཐོའི་ཁོར་ཡུག་འདིའི་སྟེང་དུ་འཚོ་གནས་བྱ་ཆེད་རང་བྱུང་ཁམས་དང་འཐབ་རྩོད་རབ་དང་རིམ་པ་བྱས་ཡོད་ཅིང་།

དེའི་རྒྱུད་རིམ་ནང་དུ་འགྲོ་བ་མིའི་རིགས་གཞན་དང་འདྲ་བར་ངོ་ཚ་དང་གྲང་ངར་འགོག་ཆེད་རང་བྱུང་ཁམས་ཀྱི་རྩི་ཤིང་ལོ་མ་དང་སྲོག་ཆགས་ཀྱི་ལྤགས་པ་ལ་སོགས་བེད་སྤྱད་ནས་གྱོན་གོས་བཟོས་ཡོད་པ་དང་། ཁོང་ཚོས་ངལ་རྩོལ་ལ་བརྟེན་ནས་རང་བྱུང་ཁམས་ཀྱི་གནས་བབས་ལ་བསྒྱུར་བཀོད་དང་ལག་ཤེས་ཡོ་ཆས་ལ་བརྟེན་ནས་འཚོ་བའི་ཆ་རྐྱེན་གསར་བསྐྲུན་བྱེད་པ་དང་ཕྱོགས་མཚུངས། རིམ་བཞིན་སྐབས་བདེའི་འཁེལ་འཐག་ལ་བརྟེན་ནས་རྒྱུན་སྤྱོད་ལག་ཆ་ཞུར་རྫོ་ལྕྭ་བུ་དང་། ཉ་ལས་དྲྭ་བ་ལ་སོགས་དངོས་པོ་འགའ་ཤས་བཟོ་ཤེས་ཡོད། དེ་ནས་ཕྱོགས་བཞིའི་མི་རིགས་གཞན་གྱི་སྔོན་ཐོན་འཁེལ་འཐག་ལག་རྩལ་གྱི་ལེགས་ཆ་རྣམས་སློབ་སྦྱོང་བྱས་ནས། རྩི་ཤིང་གི་ཚི་ལྣ་དང་། སྲོག་ཆགས་ཀྱི་སྤུ་ལ་སོགས་བེད་སྤྱད་ནས་སྐབས་བདེ་ཞིང་གོ་ཆོད་པའི་འཁེལ་འཐག་དངོས་པོ་མང་པོ་ཞིག་འཐག་ལས་བྱས་ཏེ་རིམ་གྱིས་བོད་མི་རིགས་རང་ཉིད་ཀྱི་ཁྱད་ཆོས་ལྡན་པའི་འཁེལ་འཐག་རིག་གནས་ཀྱི་དམངས་སྲོལ་དར་ཁྱབ་བྱུང་ཡོད། ཕྱིས་སུ་ཁོ་ཚོས་རང་བྱུང་ཁམས་ཀྱི་གནམ་དང་། སྤྲིན། ས། ཆུ། རྩི་ཤིང་མེ་ཏོག་ལ་སོགས་པའི་ཚོས་མདོག་ལ་དཔེ་བལྟས་ནས་ཚོས་མདོག་འདྲ་མིན་གྱི་འཐག་ལས་ཐོན་རྫས་ཐོན་སྐྱེད་བྱས་ཡོད་ལ། མི་རྣམས་ཀྱི་མཛེས་དཔྱོད་ཀྱི་འདུ་ཤེས་རིམ་བཞིན་ཇེ་ཆེར་སོང་བ་དང་སྦྲགས་ཚོས་མདོག་རྣམ་པར་བཀྲ་བའི་པང་གདན་གསར་གཏོད་བྱས་ཡོད། འོན་ཀྱང་བོད་ཀྱི་ལོ་རྒྱུས་དཔྱད་གཞིའི་ཡིག་ཆའི་ཁྲོད་གནའ་བོའི་འཁེལ་འཐག་སྐོར་འབོད་པའི་ལོ་རྒྱུས་ཡིག་ཆ་ཉེད་དཀའ་ལ་ལྷག་པར་དུ་པང་གདན་སྐོར་གྱི་ལོ་རྒྱུས་འབོད་པའི་ཡིག་ཆ་དེ་བས་དཀོན་པས། འདིར་པང་གདན་གྱི་ཐོག

མའི་རྒྱུ་ཆ་སྤྱི་སྟམ་བུའི་ལོ་རྒྱུས་སྐོར་བཙལ་ནས་པང་གདན་གྱི་ལོ་རྒྱུས་དང་དེའི་འབྱུང་ཁུངས་སྐོར་གླེང་རྒྱུ་ལས་ཐབས་གཞན་མ་མཆིས་སོ། །

གཅིག སྟམ་བུ་ཞེས་པའི་ཐ་སྙད་ཀྱི་འབྱུང་ཚུལ།

པང་གདན་གྱི་ཐོག་མའི་འབྱུང་ཁུངས་སྐོར་དང་སྟམ་བུའི་དབར་ཁ་བྲལ་ཐབས་མེད་པའི་འབྲེལ་བ་དམ་ཟབ་ཡོད། དེང་དུས་བོད་ལ་དར་ཁྱབ་ཆེ་བའི་པང་གདན་གྱི་རྒྱུ་ཆ་ཐོག་མ་ནི་སྟམ་བུ་ཁྲ་ཁྲ་དེ་ཡིན། དེར་བརྟེན་ང་ཚོས་སྟམ་བུའི་འབྱུང་ཁུངས་བཙལ་ཉིད་ཐུབ་པ་ཡིན་ན་པང་གདན་གྱི་ལོ་རྒྱུས་ཀྱང་རང་བཞིན་ངང་ནས་ཤེས་ཐུབ། བོད་ཀྱི་རིག་གནས་ལ་ནང་པའི་ཆོས་ལུགས་རིག་གནས་ཀྱི་ཤན་ཤུགས་ཆེན་ཐེབས་པའི་རྐྱེན་གྱིས་བོད་ཀྱི་ལོ་རྒྱུས་དཔྱད་གཞིའི་ཡིག་རིགས་ནང་དུ་འཁེལ་འཐག་སྐོར་འཁོད་པའི་ནང་དོན་ཉིད་པར་དཀའ་བས་སྟམ་བུའི་འབྱུང་ཁུངས་སྐོར་ལ་ཡང་རྩོད་གླེང་དང་འདོད་ཚུལ་འདྲ་མིན་འཛིན་བཞིན་ཡོད།

"སྟམ་བུ"ཞེས་པའི་ཐ་སྙད་སྐོར་ལ《བོད་ཀྱི་ཚིག་མཛོད་ཆེན་མོ》ཞེས་པའི་ནང་དུ། "བོད་ཀྱི་སྲོལ་རྒྱུན་གྱི་ལག་ཤེས་ལས་ཐོན་པའི་བལ་སྣུད་ནི་གྱོན་གོས་དང་། ལྷམ། ཞ་མོ་སོགས་བཟོ་བྱེད་ཀྱི་རྒྱུ་ཆ་གཙོ་བོ་ཡིན་ལ། སྟམ་བུར་ཆོས་མདོག་དང་སྣ་ཁ་དེ་ཙམ་མང་པོ་མེད་ཀྱང་། མི་རིགས་ཀྱི་ཁྱད་ཆོས་ཆེན་པོ་ལྡན་ཡོད། སྟམ་བུའི་ཆོས་མདོག་གཞི་དཀར་པོ་ཡིན་པ་དང་། ཞེང་ཚད་ལ་ལིའི་སྨིད་༢༠ནས་༣༠བར་ཡོད། དེས་ཕོ་གོས་བཟོས་ཀྱང་ཚིག་ལ་སྤྱིའི་ཆ་ནས་སྟམ་བུར་ཚོས་ནག་པོ་དང་། དམར་པོ། ལྗང་གུ་ལ་སོགས་རྒྱག་སྲོལ་ཡོད། དེའི་ནང་ནས་དམིགས་བསལ་སྟམ་བུ་ནི་སྟམ་བུ་

ཁྲ་རིས་ཡིན་ཞིང་། དེ་དག་གིས་ཁྲ་ཆེ་ཆུང་མི་འདྲ་བའི་གྱོན་གོས་དང་མཛེས་ཆས་ཡང་བཟོ་ཆོག"[1]ཅེས་འཁོད་ཡོད། འོན་ཀྱང་སྨན་བུར་རྒྱུས་མངའ་དེ་ཙམ་མེད་པའི་སྐྱེ་བོ་དང་མི་རིགས་གཞན་གྱི་མི་རྣམས་ཀྱིས་སྨན་བུའི་རིགས་ལ་གོ་བ་ལེན་སྟངས་འདྲ་མིན་སྣ་ཚོགས་ཡོད་པ་ནི་ཀུན་གྱི་མཐོང་ཆོས་ལྟར་ལགས། མདོར་ན་སྨན་བུ་སྔོན་ལ་བྱུང་བ་དང་" པང་གདན་རྗེས་ལ་བྱུང་བ་ཡིན་པ་ནི་སྨྲོས་ཅི་དགོས།

བོད་ཀྱི་ཡིག་ཚང་ཁྲོད་འཁོལ་འཐག་སྐོར་གྱི་དཔྱད་གཞིའི་ཡིག་རིགས་ཏ་ཙང་མཐོང་དཀོན་ཡང་། ཆོས་འབྱུང་མཁས་པའི་དགའ་སྟོན་ནང་དུ"དྲུག་པ་ཀྲིག་ཀྲིག་འདྲི་ཡི་དབང་བྱས་ཏེ། ལང་ཏང་ལིང་དང་བར་ཁ་ཙུར་རྗོ་འཐེན། །"[2]ཞེས་འཁོད་ཡོད་པ་ནི་བོད་ཀྱི་གནའ་དུས་འཐག་ལས་སྐོར་འཁོད་པ་གཅིག་པུ་དེ་ཡིན། དེ་ལས་ཙུར་རྗོ་ནི་བོད་རིགས་ཀྱི་མེས་པོས་ཆེས་ཐོག་མར་གཏོད་པའི་འཐག་ལས་དངོས་པོའི་གྲས་ཤིག་ཡིན་ཟུང་སྐབས་དེའི་ཙུར་རྗོ་ནི་དེང་དུས་ཀྱི་ཙུར་རྗོ་ལྟ་བུའི་སྤུས་ཚད་ལྡན་མེད་པ་ནི་སྨྲོས་ཅི་འཚལ། དཔྱད་གཞིའི་ཡིག་ཆ་དེ་དག་ལས་བོད་ཀྱི་གདོད་མའི་འཁོལ་འཐག་གི་འབྱུང་ཁུངས་སྐོར་གྱི་ཞིབ་ཕྲའི་ལོ་ཚིགས་ངེས་ཤེས་མ་ཐུབ་ཀྱང་ལོ་རྗེ་སྟོང་ཕྲག་མང་པོའི་སྔོན་རོལ་ནས་རང་ཅག་བོད་རིགས་རང་ཉིད་ལ་སྟབས་བདེའི་འཁོལ་འཐག་ལག་ཤེས་ཡོད་པ་ཤེས་ཐུབ། གཞན་ཡང་ཆབ་མདོ་ཁ་རུབ་རིག་གནས་གནའ

1 ངོན་གྲུབ་དབང་འབུམ་དང་། ཀྲོའུ་རུན་ཉན། ལི་རྟོང་ཅན་སོགས་ཡིན། བོད་ཀྱི་ཚིག་མཛོད་ཆེན་མོ། ལན་ཀྲོའུ། ཀན་སུའུ་མི་དམངས་དཔེ་སྐྲུན་ཁང་། 2003.ཤོག་གྲངས་583ཡིན།

2 དཔའ་བོ་གཙུག་ལག་ཕྲེང་བ། ཆོས་འབྱུང་མཁས་པའི་དགའ་སྟོན། པེ་ཅིན། མི་རིགས་དཔེ་སྐྲུན་ཁང་། 2006.1ཤོག་གྲངས་82

ཤུལ་ལས་“སྒྲུས་ལེགས་རྡུས་པའི་ཁབ་མང་པོ་ཞིག་དང་། རྡུས་པའི་སྒྲུ་གུ། ཡོ་གོ་ལ་སོགས་ཐོན་པ་དེ་དག་ལས་སྐབས་དེའི་མི་ཚོས་སྒྲོག་ཆགས་ཀྱི་ལྷུགས་པ་དང་སྤུ་སོགས་བེད་སྤྱོད་བྱེད་ཐུབ་པ་མ་ཟད། འཐག་ལས་ཀྱང་དར་ཡོད་པ་ཤེས་ཐུབ། རྫ་ཆས་ཤིག་གི་མཐིལ་ངོས་སུ་རས་ཀྱི་རི་མོའི་ཤུལ་མངོན་ཡོད་པ་སྟེ་ཁྲིད་གཞུང་རི་མོ་བརྒྱད་ཀྱིས་ལིའི་སྙིད་ངོས་སློམས་གྲུ་ཞི་མ་གཅིག་ཙམ་ཟིན་ཡོད་པ་དེའི་ཐོག་ནས་འཐག་ལས་ཐོན་རྫས་ཀྱི་སྤུས་ཀ་ཏ་ཅང་ཞན་པ་དང་རྒྱ་ཆ་རྩུབ་ཏྲལ་ཡིན་པ་དེ་ལས་སྐབས་དེའི་འཐག་ལས་ཀྱི་ལག་རྩལ་ཏ་ཅང་རྗེས་ལུས་ཡིན་པ་ཤེས་ཐུབ་”[1]དེ་ལྟར་ཁ་རྡུབ་རིག་གནས་ལས་སྐབས་དེའི་སྐྱེ་བོ་ཚོས་རྒྱ་སྤུན་འཐག་ཐུབ་པ་མ་ཟད། སྤུས་ཀ་ཞན་པའི་འཁིལ་འཐག་དངོས་པོ་ཐོན་སྐྱེད་ཐུབ་ཅིང་། དེ་དག་ལས་བོད་ཀྱི་གདོད་མའི་དུས་ཀྱི་ཆེས་ཐོག་མའི་འཁིལ་འཐག་ལག་རྩལ་མངོན་ཐུབ། བོད་ཀྱི་མེས་པོ་ཁག་གཅིག་འབྲོག་པ་གནས་སྤོས་ཀྱི་འཚོ་བ་ནས་རིམ་བཞིན་ཞིང་རྫོའི་བཅའ་སྡོད་ཀྱི་འཚོ་བ་ལ་རོལ་འགོ་ཚུགས་ཤིང་། རི་དྭགས་རྔོན་རྒྱུ་ནི་ཁོ་ཚོའི་འཚོ་བའི་ཡོང་ཁུངས་གཙོ་གྲས་ཤིག་ཡིན་པ་དང་། ཤ་རིགས་མང་བའི་དུས་སུ་ཤ་ལྷག་མ་རྣམས་འཕྲོ་བརླགས་འགྲོ་མགྱོགས་པར་བརྟེན་སྒྲོག་ཆགས་ཆུང་རིགས་གསོན་པོར་བཟུང་ནས་ཁྱིམ་དུ་གསོས་ཏེ་ཟས་རིགས་དཀོན་པའི་དུས་སུ་བེད་སྤྱོད་བྱ་སྤྲོལ་རིམ་བཞིན་ཆགས་ལ། ངལ་རྩོལ་གྱི་རྒྱུད་རིམ་དེ་ལྟ་བུའི་ནང་དུ་ཕྱུགས་གཅིག་ནས་སྒྲོག་ཆགས་གསོ་ཚགས་བྱེད་ཤེས་པ་བྱུང་ཁར།

1 ཀྲུང་གོ་སྤྱི་ཚོགས་ཚན་རིག་ཁང་གནའ་རྫས་རྟོག་ཞིབ་ཞིབ་འཇུག་སུའོ་ཡི་རྩོམ་སྒྲིག་པ། «ཆབ་མདོ་ཁ་རྡུབ་» [M] པེ་ཅིང་། རིག་དངོས་དཔེ་སྐྲུན་ཁང་གིས་པར་སྐྲུན་བྱས། 1985.1.ཤོག་གྲངས་155.

ཕྱོགས་གཞན་ཞིག་ནས་སྲོག་ཆགས་དེ་རིགས་ཀྱི་སྤུ་བེད་སྤྱད་ནས་འཁེལ་འཐག་བྱེད་པའི་ལག་རྩལ་ཡང་ཤེས། སྐབས་དེའི་གྱོན་གོས་གཙོ་བོ་ནི་སྲོག་ཆགས་ཀྱི་ལྤགས་པ་ཡིན་པ་དང་། འཐག་ལས་ནི་ཞོར་ལས་ཕལ་པ་ཙམ་དང་དེའི་ཁྱབ་ཁོངས་ཀྱང་ཆུང་ཆུང་ཡིན། དེ་ལྟར་ལོ་ངོ་བཞི་སྟོང་ལྔ་སྟོང་ཙམ་གྱི་གོང་རོལ་ལ་བོད་ཀྱི་མེས་པོ་ཚོས་སྤུས་ཀ་ཞན་པའི་འཁེལ་འཐག་དངོས་པོ་ཐོན་སྐྱེད་བྱེད་ཤེས་ཀྱི་ཡོད་པར་གཞིགས་ན། ལོ་ངོ་སྟོང་ཕྲག་མང་པོའི་དངོས་ཡོད་ཐོན་སྐྱེད་ལག་ལེན་ནང་དུ་ཉམས་མྱོང་ཕུན་སུམ་ཚོགས་པོ་གསོག་འཛོག་བྱས་ཡོད་སྐབས་བོད་ཀྱི་འཐག་ལས་ལག་རྩལ་གོང་མཐོར་སོང་ཡོད་ཅིང་། དེ་དང་ཆབས་ཅིག་བོད་ཀྱི་མེས་པོ་ཚོས་མཐའ་འཁོར་གྱི་མི་རིགས་ཁག་དང་འབྲེལ་བ་དམ་ཟབ་ཏུ་སོང་བས་ཕྱི་ཕྱོགས་ཀྱི་འཁེལ་འཐག་ལག་རྩལ་གྱིས་བོད་ཀྱི་འཁེལ་འཐག་ལག་རྩལ་གོང་མཐོར་འགྲོ་བར་ཤུགས་རྐྱེན་ཆེན་པོ་ཐེབས་ཡོད། བོད་ལྗོངས་ས་མཐོའི་མཐའ་བཞིར་ཡུ་རླིང་གི་རིག་གནས་ཆེས་དར་རྒྱས་ཆེ་བའི་ས་ཆ་ཁག་གནས་ཡོད་པ་སྟེ། ཤར་ངོས་ལ་རྨ་ཆུ་དང་འབྲི་ཆུའི་རྒྱུད་ཀྱི་ཤེས་རིག་དང་། ནུབ་ངོས་ནི་ཨི་ཤི་ཡུ་རོང་ཁུལ་གྱི་ཞིང་ལས་ཤེས་རིག བྱང་ངོས་སུ་ཨི་ཤི་ཡ་དབུས་ཁུལ་གྱི་འབྲོག་ལས་ཤེས་རིག ལྷོ་ཕྱོགས་ལ་རྒྱ་གར་གྱི་ཤེས་རིག་བཅས་ཀྱིས་སྐོར་ནས་ཡོད། དེ་ལྟ་བུའི་ཕུན་སུམ་ཚོགས་པའི་ཤེས་རིག་གི་ཁོར་ཡུག་འོག་བོད་ཀྱི་རིག་གནས་དར་སྤེལ་གཏོང་རྒྱུར་ཆ་རྐྱེན་བཟང་པོ་སྨྲུན་ངེས་ཡིན་པ་གོར་མ་ཆག

གནའ་རྫས་རྟོག་ཞིབ་ལས་རྟེད་པ་ལྟར་ན། ཤིན་ཏུང་རྔ་མེད་ཀྱི་ས་འོག་ནས་ཐོན་པའི་ལོ་ངོ་སྟོང་ཕྲག་སུམ་ཙམ་གོང་རོལ་གྱི་བོད་ཀྱི་གནའ་མིའི་དུར་སའི་ཁྲོད་ཀྱི་གྱོན་གོས

ལ་"ཆོས་གཞི་དམར་ལྷང་དང་ནག་པོ་སོགས་ཀྱིས་བརྒྱན་པའི་ཕྱུ་པ་རིང་པོ་ཞིག་ཡོད།"[1] གནའ་བོའི་བང་སོའི་ནང་ནས་རྙེད་པའི་ཆོན་ཁྲ་ཅན་གྱི་གྱོན་གོས་ལས་སྐབས་དེའི་བོད་ཀྱི་མེས་པོ་ཚོའི་འཁེལ་འཐག་ལག་རྩལ་ཡག་པོ་ཡོད་པ་ཤེས་ཐུབ་ལ། ལོ་ངོ་སྟོང་ཕྲག་མང་པོ་ཕྱིན་ཀྱང་ས་འོག་ནས་ཐོན་པའི་སྣམ་བུའི་ཆོས་མདོག་སྔར་བཞིན་མངོན་ཐུབ་པ་དེའི་ཐོག་ནས་སྐབས་དེའི་ཆོས་རྒྱག་པའི་ལག་རྩལ་གྱི་ཚ་ཚད་དང་མེས་པོ་རྣམས་ཀྱི་མཛེས་དཔྱོད་ཀྱི་ནུས་པ་ཇི་འདྲ་ཡོད་པ་ཡང་ཤེས་ཐུབ། གོང་གསལ་དེ་དག་ལས་ སྨིན་དོག་ལ་ཆོས་རྒྱག་པའི་ཐོན་སྐྱེད་ལ་མ་མཐར་ལོ་ངོ་སུམ་སྟོང་ལྷག་ཙམ་གྱི་ལོ་རྒྱུས་ལྡན་ཡོད་ལ། དེ་ནི་བོད་རིགས་མེས་པོ་ཚོས་ཡུན་རིང་གི་ཐོན་སྐྱེད་ངལ་རྩོལ་ནང་གསར་གཏོད་བགྱིས་པ་ཞིག་ཡིན་ཞིང་། དེའི་ཐོག་ནས་ལོ་ངོ་སུམ་སྟོང་ཙམ་གྱི་སྔོན་གྱི་བོད་རིགས་གྱོན་གོས་རིག་གནས་ཀྱི་ཚ་ཚད་ཀྱང་ཚད་མཐོ་པོ་ཞིག་ལ་སླེབས་ཡོད་པ་མངོན་ཐུབ། གཞན་ཡང་པང་གདན་གྱི་ལོ་རྒྱུས་འཕེལ་འགྱུར་ཁྲིད་བོད་ཀྱི་མཐའ་བཞིའི་མི་རིགས་དང་ས་གནས་ཀྱི་སྔོན་ཐོན་ལག་རྩལ་བརྗེ་ལེན་བྱས་ཡོད་ཅིང་། བོད་ཀྱི་མེས་པོ་ཆོས་མཐའ་འཁོར་མི་རིགས་དབར་རིག་གནས་སྤེལ་རེས་བྱས་ནས་བོད་ཀྱི་འཁེལ་འཐག་ལས་རིགས་ཀྱི་འཕེལ་རྒྱས་ཆེད་དུ་ལག་རྩལ་གསར་པ་ནང་འདྲེན་གྱིས་དེ་ཉིད་འཕེལ་རྒྱས་གཏོང་རྒྱུར་བསྐུལ་ཐབས་བྲལ་བའི་ལོ་རྒྱུས་ཀྱི་ནུས་པ་འདོན་སྤེལ་བྱས་ཡོད།

དེང་དུས་ཆོས་སྣ་ལྔ་ཡི་སྣམ་བུར་པང་གདན་ཞེས་བརྗོད་ཀྱང་། རྒྱུ་ཆ་དེ་རིགས་

---

1 ཀྲའོ་རྡེང་། ཅིན་ལིན། 《འཁེལ་འཐག་གནའ་རྫས་རྗེས་ཞིབ་》[M] པེ་ཅིང་། རིག་དངོས་དཔེ་སྐྲུན་ཁང་གིས་པར་སྐྲུན་བྱས། 2007.1.ཤོག་གྲངས་27

ཐོག་མར་གྱོན་གོས་བཟོ་བའི་རྒྱུ་ཆ་གཙོ་བོ་ཞིག་ཡིན་པ་གོང་གསལ་ལས་གསལ་པོ་ཤེས་ཐུབ། པང་གདན་ནི་བོད་ཀྱི་མེས་པོས་ལོ་ངོ་སྟོང་ཕྲག་མང་པོའི་འཚོ་བའི་ཉམས་མྱོང་ཁྲོད་མཐའ་འཁོར་མི་རིགས་གཞན་གྱི་སྔོན་ཐོན་རིག་གནས་ཀྱི་སྙིང་བཅུད་བསྡུ་ལེན་དང་སྲུགས་རང་ཉིད་ཀྱི་ལག་གཉིས་ལ་བརྟེན་ནས་གསར་གཏོད་བྱས་པ་ཞིག་ལས་མི་སྙེར་སུ་འདྲ་ཞིག་གིས་གསར་གཏོད་བྱས་པའམ་ཡང་ན་ས་ཕྱོགས་གཞན་ནས་ནང་འདྲེན་བྱས་པ་ཞིག་རྩ་བ་ནས་མིན། །

གཉིས། བོད་བཙན་པོའི་དུས་ཀྱི་སྣམ་བུའི་འཕེལ་འགྱུར་སྐོར།

བོད་ཀྱི་སྣམ་ཆས་ལ་ལོ་ངོ་སུམ་སྟོང་ལྷག་གི་ལོ་རྒྱུས་ལྡན་ཡོད་ཅིང་བོད་ཀྱི་ལོ་རྒྱུས་དེབ་ཐེར་ཁག་ནང་པང་གདན་གྱི་སྐོར་འཁོད་པ་མཐོང་ལམ་དུ་མ་གྱུར། བོད་བཙན་པོའི་སྐབས་ཀྱི་ལོ་རྒྱུས་ཡིག་ཆའི་ནང་དུ་འཕེལ་འཐབ་ཐོན་སྐྱེད་སྐོར་ཁ་གསལ་འཁོད་པ་མ་མཆིས་ཀྱང་བཙན་པོ་སྲོང་བཙན་དུས་ཀྱི་ཁོད་སུམ་ཅུ་སོ་དྲུག་ནང་འདི་ལྟར་འཁོད་ཡོད་པ་སྟེ། "རྒྱལ་སྲིད་ཀྱི་བྱ་བར་བྱས་རྗེས་བཞག་པའམ་ཡང་ན་བྱ་བ་ངན་པ་བྱས་པ་རྣམས་ལ་གཞུང་ཕྱོགས་དང་། སྤྱི་ཚོགས་ཀྱི་གདེང་འཇོག་བྱེད་སྟངས་ལ་བཟང་པོའི་རྟེན་དང་། ངན་པའི་རྟེན་གྱི་དབྱེ་བ་དྲུག་ཏུ་བཞག་པ་ཞིག་སྟེ། དེ་ཡང་དཔའ་བོའི་རྟེན་དུ་གུང་དང་སྟག་བསྐོན། སྨར་མའི་རྟེན་དུ་མགོ་ཏ་ཕ་ཝུ་བསྐོན། ཡ་རབས་ཀྱི་རྟེན་དུ་ལྷ་ཆོས་བསྐོན། མ་རབས་གཡུང་པོའི་རྟེན་དུ་ཐགས་དང་བོན་བསྐོན། "[1]ཞེས་པ་ལས་བོད་བཙན་པོའི་

[1] ཀྲའོ་རྫིང་། ཅིན་ལིན། འཕེལ་འཐབ་གནའ་རྫས་རྟོག་ཞིབ་[M] པེ་ཅིང་། རིག་དངོས་དཔེ་སྐྲུན་ཁང་གིས་པར་སྐྲུན་བྱས། 2007.6.ཤོག་གྲངས་74

དུས་ལ་འཐག་ལས་ཡོད་པ་ཙམ་མ་ཟད། སྐབས་དེར་ཆེད་ལས་འཁྱིལ་འཐག་པ་ཡོད་པ་ཞིས་ཁར། སྐབས་དེར་འཁྱིལ་འཐག་ལས་རིགས་དེ་ཙམ་དར་པོ་མེད་ཅིང་། སྣམ་གོས་ཀྱང་དེ་བས་དཀོན་པོ་ཡོད་པས་གཙོ་བོ་སྟོག་ཆགས་ཀྱི་ལྤགས་པའི་གྱོན་གོས་སྤྱོད་ཀྱི་ཡོད་པར་སྣང་། ཡང་《ཐང་ཡིག་གསར་རྙིང་》ནང་དུ་རྒྱ་བཟའ་ཨུན་ཤིང་ཀོང་ཇོ་བོད་དུ་ཕེབས་སྐབས་"སྐབས་དེར་བོད་ཀྱི་ཕེབས་བསུར་ཕྱིན་པའི་རྒྱལ་བློན་རྣམས་ཀྱིས་ལུས་ལ་ལྤགས་པའི་གྱོན་གོས་གྱོན……"[1]ཞེས་འཁོད་ཡོད་ཅིང་རྒྱ་བཟའ་གདན་འདྲེན་ཞུ་སྐབས་ཀྱི་རི་མོ་《ཁམས་གསུམ་དབང་འདུས་》ནང་སྐབས་དེར་བོད་ཀྱི་ཕོ་ཉས་དར་དང་གོས་ཆེན་གྱི་གྱོན་ཆས་གྱོན་ཡོད་པའི་སྐོར་འཁོད་ཡོད།

བོད་བཙན་པོའི་དུས་རབས་ནི་མངའ་ཐང་ཡོངས་སྤྱོད་ལྡན་ལ། ཕྱི་ཕྱོགས་ལ་སྒོ་དབྱེ་ཞིང་སྔོན་ཐོན་རིག་གནས་བསྡུ་ལེན་བྱ་རྒྱུར་དགའ་བ། རྒྱལ་ཁམས་རྒྱ་སྐྱེད་གཏོང་མཁས་པའི་དུས་རབས་ཤིག་ཡིན་པས་བོད་ཀྱི་འཐག་ལས་ལག་རྩལ་དེ་ཡང་ཟམ་མི་ཆད་པར་གོང་མཐོར་སོང་ཡོད། ལོ་རྒྱུས་དཔྱད་གཞིའི་ཡིག་རིགས་ནང་འཁོད་པ་ལྟར་ན། བོད་རྗེ་སྲོང་བཙན་སྒམ་པོའི་དུས་སུ"ནུབ་ཕྱོགས་ཏ་ཟིག་དང་། བལ་པོ། ལ་དྭགས་སོགས་ནས་བོད་ཀྱི་སྣམ་ཆས་ལ་མེད་དུ་མི་རུང་བའི་ཆོས་རིགས་རམ་དང་། རྒྱ་སྐྱིག་སྤེ་རྒྱ་ཆོས་སོགས་གཙོ་བོར་བྱས་པའི་སྟོད་ཟྭག་སྣ་ཚོགས་འབྱུང་བའི་ཚོང་སྒོ་ཕྱེ་བ"[2]དེའི་ཐོག་ནས་སྐབས་དེར་བོད་ལ་འཁྱིལ་འཐག

1 ཨོ་ཨུ་དབྱང་ཞིའུ། སུང་ཆི་ཡིས་བྲིས། 《ཐང་ཡིག་གསར་མ་》 ལས་བྱུང་བའི་ཐུ་རྗོད་རྣམ་ཐར་སྡོད་ཆ་[M] བམ་པོ་196 པེ་ཅིན། པེ་ཅིང་དཔེ་ཁང་། 1975.6.ཤོག་གྲངས་74

2 ཆབ་འཕེལ་ཚེ་བརྟན་ཕུན་ཚོགས་དང་། ནོར་བྲང་ཨོ་རྒྱན། ཕུན་ཚོགས་ཚེ་རིང་། བོད་ཀྱི་ལོ་རྒྱུས་

ལག་རྩལ་ཡོད་པ་མ་ཟད་ཚོས་རྒྱག་པའི་ལག་རྩལ་ཡང་ཡོད་པ་ཤེས་ཐུབ་ཅིང་། སྐབས་དེར་འཐག་ལས་ཐོན་སྐྱེད་ལ་མཁོ་བའི་ཚོས་རྒྱུ་ཕྱི་ནས་ནང་འདྲེན་ཡང་བྱེད་ཀྱི་ཡོད། གཞན་ཡང་བོད་ཀྱི་འཁེལ་འཐག་ལག་རྩལ་དེ་བས་གོང་མཐོར་གཏོང་ཆེད་བཙན་པོ་སྲོང་བཙན་སྒམ་པོའི་དུས་སུ་ཆེད་མངགས་ཐང་རྒྱལ་རབས་ནས“དར་འབྲུ་གསོ་མཁན་དང་ཆང་མ། རྗོ་བཟོ་ལ་སོགས་པ་ཞུས་པ་བཞིན་གནང་”[1]ཞེས་འཁོད་པ་ལྟར་སྐབས་དེར་ཐང་རྒྱལ་རབས་ཀྱི་སྔོན་ཐོན་འཐག་ལས་ལག་རྩལ་ནང་འདྲེན་བྱས་ཡོད་ཁར་དར་འབྲུ་གསོ་བའི་ལག་རྩལ་ཡང་ནང་འདྲེན་བྱས་ཡོད་ཅིང་། བོད་ཀྱི་དམངས་སྲོལ་མཁས་པ་དགེ་རྒན་ཆེན་མོ་འཕྲིན་ལས་ཆོས་གྲགས་མཆོག་གིས་གསུངས་པ་ལྟར་ན“དེ་སྔ་བོད་ལ་དམངས་གཙོ་བཅོས་བསྒྱུར་གཏོང་སྐབས། གཙུག་ལག་ཁང་གི་ཇོ་བོའི་སྐུ་མདུན་ནས་ཆོས་རྒྱལ་སྲོང་བཙན་སྒམ་པོ་དང་རྒྱ་བཟའ་ཨུན་ཤིང་ཀོང་ཇོའི་སྣམ་བུའི་ཕྱུ་པ་དང་ལྷམ་ཟོམ་པ། སྐེ་རགས་སོགས་སྟོག་འདོན་བྱས་ཡོད། འོན་ཀྱང་དེ་དག་འཛོག་ཡུན་རིང་བའི་རྐྱེན་གྱིས། རྙིང་རུལ་དུ་འགྱུར་ནས་ལག་ཏུ་ལེན་རྒྱུ་མེད་པར་འགྱུར་ཏེ་ཀུན་བདེ་གླིང་གི་སྒོ་རའི་རྒྱབ་ལ་དབྱུགས་པ་རེད་། ”[2]ཅེས་ཤོད་སྲོལ་ཡོད་པར་གྲགས། རིག་དངོས་དེ་དག་ལས་ཀྱང་ཏ་ལམ་ལོ་ངོ་ཆིག་སྟོང་ལྷག་ཙམ་གྱི་སྔོན་ནས་བོད་དུ་སྣམ་གོས་ཡོད་པ་ར་སྤྲོད་བྱ་ཐུབ།

རགས་རིམ་གཡུ་ཡི་ཕྲེང་བ་[M] ཁྲིན་ཆེན་ཡིན་སོགས་ཀྱིས་བསྒྱུར། བོད་ལྗོངས་བོད་ཡིག་དཔེ་རྙིང་དཔེ་སྐྲུན་ཁང་2004.ཤོག་ངོས་101

1 ཐུ་རྙོད་རྟོགས་བརྗོད་[M](བོད་ཡིག་པར་གཞི)ཟི་ལིང་། མཚོ་སྔོན་མི་རིགས་དཔེ་སྐྲུན་ཁང་། ཤོག་ངོས་ 13

2 འཕྲིན་ལས་ཆོས་གྲགས། ཕོ། ལོ་73 བོད་ལྗོངས་སློབ་ཆེན་གྱི་རབ་འབྱམས་པའི་ཞིབ་འཇུག་སློབ་མའི་སློབ་དཔོན། བཅར་འདྲི་བྱེད་ས། ལྷ་ས། དུས་ཚོད་2010ལོའི་ཟླ་3པ།

དེ་ལྟར་སྔར་ཐང་དང་བལ་པོའི་བཙུན་མོ་གཉིས་བཙན་པོའི་ཁབ་ཏུ་བསུས་པ་དེས། བོད་ཀྱི་འཕེལ་འཐག་ལས་རིགས་དང་ཚོས་རྒྱག་ལག་རྩལ་ལ་སྐུལ་འདེད་ཐེབས་ནས་སྔར་བས་ལྷག་པའི་གོང་འཕེལ་བྱུང་ཡོད་པ་སྟེ། ཐང་རྒྱལ་རབས་ཀྱི་དར་གོས་ལག་རྩལ་གྱི་ཤུགས་རྐྱེན་འོག་བོད་ཀྱི་སྣམ་བུའི་སྤུས་ཚད་དེ་བས་ལེགས་སུ་སོང་བ་དང་། བལ་པོའི་ཚོས་རྒྱག་ལག་རྩལ་གྱི་ཤུགས་རྐྱེན་འོག་བོད་ཀྱི་སྣམ་བུའི་གྲོན་ཆས་ཀྱི་ཚོས་མདོག་དེ་བས་སྣེ་མང་ཕུན་སུམ་ཚོགས་པར་འགྱུར་ཡོད། བོད་ཀྱི་དམིགས་བསལ་གྱི་གྲང་ངར་ཅན་གྱི་ས་མཐོའི་གནམ་གཤིས་ཀྱིས་རྐྱེན་པས་སྐབས་དེར་དར་འབུ་གསོ་ཚགས་དང་དར་གོས་འཐག་པའི་ལག་རྩལ་དེ་ཙམ་དར་འཕེལ་བྱུང་མེད་ཀྱང་། གཞན་ལ་འཕེལ་རྒྱས་ཆེན་པོ་བྱུང་ཡོད། ཡང་《སྔ་བཞེད་》ནང་དུ་ལོ་ཙྪ་བ་སྦ་གསལ་སྣང་གིས་མཁས་ཆེན་ཞི་བ་འཚོ་བོད་དུ་གདན་འདྲེན་ཞུ་སྐབས། "མཁན་པོའི་ཞལ་ནས་སེམས་བསྐྱེད་ཞུས་ན་ཡོན་ཕུལ་ཅིག་གསུངས། དེར་གསེར་དངུལ་ལ་སོགས་པའི་ར་ཆ……སྣམ་གོས་ལ་སོགས་པ་ཉུང་ངོ་འཚལ་མ་ལུས་པར་ཕུལ་"[1]ཞེས་འཁོད་པར་གཞིགས་ན། དུས་རབས་བདུན་པའི་དུས་དཀྱིལ་སྐབས་རང་ཅག་བོད་ལ་སྣམ་བུ་ཟེར་བའི་གྲོན་གོས་ཡོད་པ་མ་ཟད་སྣམ་བུ་དེ་ཡང་རྩ་ཆེའི་འབུལ་རྟེན་ཞིག་ཡིན་པ་ངེས་ཤེས་བྱ་ཐུབ།།

གསུམ། སྣམ་བུ་ལས་ཁག་ཁག་ཏུ་གྱེས་པའི་པང་གདན་གྱི་རྒྱུ་ཆའི་སྐོར།

གོང་གསལ་པང་གདན་སྐོར་གྱི་ལོ་རྒྱུས་ལ་གཞིགས་ན། མིང་དོན་མཚུངས་པའི་པང་གདན་ཞེས་པ་མ་ཐོན་གོང་། པང་གདན་དེ་ཡང་སྣམ་ཆས་ཀྱི་རིགས་གཅིག་ཡིན་

1 སྦ་གསལ་སྣང་། 《སྦ་བཞེད་》 [M] པེ་ཅིན། མི་རིགས་དཔེ་སྐྲུན་ཁང་། 1982.2.ཤོག་གྲངས་11

ཞིང་། ཕྱིས་སུ་དེ་ཉིད་དམིགས་བསལ་གྱི་ཁྱད་ཆོས་ལྡན་པའི་སྣམ་བུའི་རྒྱུ་ཆ་པང་གདན་ཞེས་པར་འགྱུར་བ་རེད། ཕྱི་རྒྱལ་གྱི་མཁས་པ་ལི་ཅི་ཧྲེང་གིས་དུས་རབས་བཅུ་གཅིག་པའི་དུས་དཀྱིལ་ལ་བཞེངས་པའི་གཙང་གི་ཨེ་ཕྱོང་དགོན་པའི་ལྡེབས་རིས་ཐོག་གི་མི་སྣའི་གྱོན་གོས་ལ་དཔྱད་ཞིབ་བྱས་ནས“ལྡེབས་རིས་ཐོག་གི་མི་སྣ་ཚོས་གོང་པ་ཆེ་བའི་ཕྱུ་པ་གྱོན་ཡོད་པ་དང་། དེ་ཚོའི་གྱོན་ཆས……གྱོན་གོས་དེ་ནི་བལ་ལས་བཏགས་པའི་པང་ཁེབས་ཡིན་པ་དང་། དེའི་ཐོག་ལ་ད་དུང་ཚོམ་བུ་མའི་ཚོན་ཁྲ་གྲལ་ལྟར་སྒྲིགས་ནས་འདུག”[1]ཅེས་བསྟན་ཡོད། གོང་གསལ་འདི་དག་ལས་ང་ཚོས་ཧ་ལམ་དུས་རབས་བཅུ་གཅིག་པའི་སྔོན་ཙམ་ནས་བོད་ལ་པང་གདན་འདོགས་པའི་གོམས་སྲོལ་ཆགས་ཟིན་པ་རྟོགས་ཐུབ་ལ། ཚོན་ཁྲ་ཅན་གྱི་སྣམ་བུ་རིམ་བཞིན་པང་གདན་གྱི་རྒྱུ་ཆའི་ཐ་སྙད་དུ་འགྱུར་ནས་ཕྱིས་སུ་རྒྱུ་ཆ་དེ་རིགས་ལ་ཐད་ཀར་པང་གདན་ཞེས་འབོད་ཀྱི་ཡོད། ཁྲ་མེད་པའི་པང་གདན་འདོགས་སྲོལ་དུས་རབས་བཅུ་གཅིག་པར་དབུས་གཙང་ཁུལ་ལ་དར་ཁྱབ་བྱུང་ཞིང་དེའི་སྐོར་ལ་ཚན་གཞན་གྱི་ནང་ཞིབ་པར་གླེང་བར་བྱའོ།། མདོར་ན་གོང་གསལ་ལྟར་པང་གདན་གྱི་རྒྱུ་ཆ་དང་སྣམ་བུའི་དབར་ལ་འབྲེལ་བ་འདི་ལྟར་ཞིག་ཡོད་པ་སྟེ་སྣམ་བུ་ལས་པང་གདན་བྱུང་བ་དང་པང་གདན་ནི་ཚོས་མདོག་གིས་བརྒྱན་པའི་རྒྱུ་སྤུན་ལས་གྲུབ་པའི་བུད་མེད་ཀྱི་རྒྱན་གོས་ཤིག་ཡིན།།

1 ཧང་ག་རིའི་ཞི་སེའར་ཁར་མེ། 《དུས་རབས་བདུན་པ་ནས་བཅུ་གཅིག་པའི་བར་གྱི་བོད་ཀྱི་གྱོན་གོས།》བོད་ལྗོངས་ཞིབ་འཇུག[j]1985.ཤོག་གྲངས་88

བཞི། སྨན་བུའི་ཐོན་ལས་དར་བ་དེས་བང་གདན་སྤུས་ཚད་ལེགས་སུ་འགྲོ་བར་རྒྱང་གཞི་འདིང་ཐུབ་ཡོད།

བོད་སིལ་བུའི་དུས་སུ་བལ་ལས་བཏགས་པའི་གྲྭན་གོས་གང་སར་དར་ཁྱབ་བྱུང་བའི་སྐོར《རྗེ་བཙུན་མི་ལའི་རྣམ་ཐར》ནང་དུ"ཁོང་རྒྱུན་དུ་དབེན་གནས་སུ་སྒོམ་བརྒྱབ་ནས་ཞུགས་སྐབས། ཁོང་གི་གཅུང་མོ་དཔལ་ཏས་ལ་སྣུང་མང་པོ་བརྒྱབ་ནས་ཁོང་བརྙེད་པའི་དུས་སུ་ལུས་གཅེར་བུར་ཡིན་པ་མ་ཟད་ལུས་སྟེང་དུ་ད་དུང་ཟྭ་སྤུ་སྐྱེས་ནས་ཆོས་མདོག་ཀྱང་སྔོན་མོར་འགྱུར་ཡོད་པ་མཐོང་དུས་སུ་གཅུང་མོ་ཡུད་ཙམ་ཏ་ལས་ཧོན་ཐོར་བ་དང་སྨྲགས་ངོ་ཚ་ཆེན་པོ་སྐྱེས་པས་ཁོང་གིས་རང་གི་གཅེན་པོ་ལ་གྲྭན་གོས་ཞིག་བཟོ་ཆེད་དུ་རི་སྣུང་གང་སར་བལ་འཐུ་བར་སོང་ནས་མཐར་སྣམ་བུ་འདོམ་པ་གང་བཏགས་ནས་འཁྱམ་དུ་ཕྱར……"[1]ཞེས་འཁོད་པ་ལས་དུས་རབས་བཅུ་གཅིག་པའི་སྐབས་སུ་བོད་ལ་སྣམ་ལས་དར་ཁྱབ་ཆེན་པོ་བྱུང་ཡོད་ལ་འཐག་ལས་མཁན་ཡང་རིགས་དམའ་བར་བརྩིས་ནས་མཐོང་ཆུང་བྱ་སྤྱོལ་མེད་པ་རྟོགས་ཐུབ།

དུས་རབས་བཅུ་གསུམ་པའི་དུས་དཀྱིལ་དུ་ས་སྐྱ་པཎྜི་ཏ་ཀུན་དགའ་རྒྱལ་མཚན་གྱིས་དབུས་གཙང་ལ་སྤྲིངས་པའི་ཕྱག་ཡིག་ནང་དུ"འདབ་ནོར་ལ་གསེར། དངུལ། གླང་པོ་ཆེའི་མཆེ་བ། མུ་ཏིག་ཆོག་པོ་ཆེ་བ། མཚལ། བཙོད། ཙ་ཏྲ། གི་ཝང་། སྟག་གཟིག་གུང་གསུམ། སྲམ། བོད་སྣམ། དབུས་ཕྲུག་བཟང་པོ། འདི་ན་དེ་ཚོར་

1 སངས་རྒྱས་རྒྱལ་མཚན་གྱིས་བརྩམས། མི་ལ་རས་པའི་རྣམ་ཐར་[M] ལི་ཧྲུ་ལི་ཆན་གྱིས་བསྒྱུར། མི་རིགས་དཔེ་སྐྲུན་ཁང་། 2001.ཤོག་གྲངས་142

དགའ་བ་འདུག”[1]ཅེས་འཁོད་པ་ལས་ང་ཚོས་བོད་སྟམ་དར་སོ་ཆེན་པོ་ཡོད་པ་མ་ཟད། སྐབས་དེའི་ཀྲུང་གོའི་དབར་སྒྱུར་མཁན་མཐོ་ཤོས་ཡིན་པའི་སོག་པོའི་སྐུ་དྲག་ནང་ཁུལ་དུ་ཡང་བོད་ནས་ཐོན་པའི་སྟམ་ཆས་ཀྱི་གྱོན་གོས་དར་སོ་ཆེན་པོ་ཡོད་ཁར། བོད་ནས་ཐོན་པའི་སྟམ་བུའི་རྒྱུ་ཆས་རང་སའི་དགོས་མཁོ་སྐོང་ཐུབ་པ་མ་ཟད། ཉེ་འཁྲིལ་གྱི་ས་ཁུལ་ཁག་ལའང་ཕྱིར་ཚོང་བྱ་ཐུབ་ཀྱི་ཡོད་པ་ཤེས་ཐུབ།

དེ་ལྟར་སྐབས་དེར་མཐོ་རིམ་སྐུ་དྲག་གི་འདོད་པ་སྐོང་ཆེད་ཚོན་ཁྲ་སྣ་ཚོགས་ཀྱི་སྟམ་བུ་ཐོན་སྐྱེད་བྱས་པ་དེས་ཕྱོགས་གཅིག་ནས་སྟམ་བུའི་པང་གདན་གྱི་སྤུས་ཚད་གོང་མཐོར་ཕྱིན་པ་དང་། ཕྱོགས་གཞན་ཞིག་ནས་ཕྱིས་སུ་ཕག་གྲུའི་དུས་སྐབས་སུ་སྟམ་ཆས་ཚོས་མདོག་འདྲ་མིན་སྣ་ཚོགས་ཀྱི་དཔོན་རིགས་གྱོན་གོས་དང་། ལྷ་མོའི་འཁྲབ་ཆས་སོགས་ཀྱི་མཛེས་རྒྱན་ལ་སྤྱོད་རྒྱུར་ཆ་རྐྱེན་བཟང་པོ་བསྐྲུན་ཐུབ་ཡོད།

མིང་རྒྱལ་རབས་ཀྱི་དུས་སུ་བོད་དུ“ཚེ་ལོ་མང་པོ་སྲུད་དེ་ས་གནས་ཁག་ཚང་མར་སོ་སོའི་སྲིད་དབང་འཛུགས་དགོས་པའི”ལམ་ལུགས་དང་གྱོན་གོས་ལ་བསྒྱུར་བཅོས། དེ་མིན་ཐང་སྟོང་རྒྱལ་པོས་བོད་ཀྱི་ཨ་ཅེ་ལྷ་མོའི་འཁྲབ་གཞུང་གསར་དུ་བཏོད་པ་བཅས་ལས་པང་གདན་འཁེལ་འཐག་གི་ལས་རིགས་ལ་སྐུལ་འདེད་བྱུང་ཡོད་ལ། པང་གདན་ལས་བཟོས་པའི་གྱོན་གོས་སྤྱོད་སྲོལ་ལ་གལ་ཆེའི་ནུས་པ་ཐོན་ཡོད། དེ་ལྟར་ཕག་གྲུའི་དུས་སྐབས་ནི་བོད་ཀྱི་སྤྱི་ཚོགས་དེ་བཞིན“རྒན་མོ་གསེར་འཕུར”གྱི་དུས་བདེ་ཞི་འཇགས་ཀྱི་རྣམ་པ་ཞིག་ཡིན་ཞིང་། རྒྱ་ཆེའི་སེར་སྐྱ་མང་ཚོགས་རྣམས་ནི་འཚོ་བ་དགའ་

1 སྤ་གསལ་སྣང་། ཐ་བཞེད། [M] པེ་ཅིན། མི་རིགས་དཔེ་སྐྲུན་ཁང་། 1982.2.ཤོག་གྲངས་11

བདེའི་དཔལ་ལ་རོལ་ཞིང་ཞིང་འབྲོག་ལས་ཀྱི་ཐོན་སྐྱེད་ལ་འཕེལ་རྒྱས་ཆེ་ཙམ་དང་། མི་རིགས་ལག་ཤེས་བཟོ་ལས་དེ་ཡང་འཕེལ་རྒྱས་ཅུང་ཆེ་ཙམ་བྱུང་ཡོད། སྐབས་དེར་བོད་སྤྱི་དང་ལྷག་པར་དུ་ཕག་གྲུའི་སྲིད་དབང་གི་ལྟེ་གནས་དཔེར་ན། སྣེ་གདོང་དང་གྲ་ནང་། གོང་དཀར། རྒྱལ་རྩེ། པ་རྣམ་སོགས་ཀྱི་ཡུལ་ལ་པང་གདན་སོགས་འཐག་བྱེད་ཀྱི་རྒྱུ་ཆ་ཐོན་ལས་བྱ་རྒྱུ་ནི་ཞིང་པའི་གལ་ཆེའི་ཞོར་ལས་ཤིག་ཏུ་འགྱུར་ཡོད། དེ་ལྟར་སྐབས་དེ་དུས་ཞིང་ལས་དལ་བའི་དུས་བལ་ལས་འཁེལ་འཐག་བྱ་རྒྱུ་ནི་ཡར་ཀླུང་གཙང་འགྲམ་གྱི་བོད་མི་རྣམས་ཀྱི་ཡོངས་ཁྱབ་ཞོར་ལས་ཤིག་ཏུ་འགྱུར་ནས་རང་ཁྲིམ་སོ་སོའི་སྣུམ་ཆས་ཀྱི་དགོས་མཁོ་སྐོང་ཐུབ་པ་ཕུད་བོད་ཀྱི་ས་ཕྱོགས་ཁག་གི་ཁྲོམ་ར་རུ་ཚོང་བྱེད་ཀྱི་ཡོད། ཕག་གྲུའི་སྲིད་དབང་སྐབས་ཀྱི་བོད་ལྗོངས་སུ་ཁྲོམ་རའི་ཉོ་ཚོང་ཁག་ཏ་ཅང་འབྲུག་ཅིང་། དབུས་གཙང་ཁུལ་གྱི་ས་ཆ་ཚང་མར་གྲགས་ཅན་གྱི་ཉོ་ཚོང་ཁྲོམ་ར་ཡོད་ཅིང་། ཁྲོམ་ར་དེ་དག་ཆོས་ལུགས་ཀྱི་དུས་ཆེན་དང་དམངས་ཁྲོད་ཀྱི་དུས་ཆེན་སྐབས་ས་ཁུལ་དེ་དག་གི་དཔལ་འབྱོར་བྱེད་སྒོ་སྤེལ་ཡུལ་ལྟེ་གནས་ཤིག་ཏུ་འགྱུར་བ་དཔེར་ན། ཡར་འབྲོག་ཁུལ་གྱི་སྟག་ལུང་ཚོང་འདུས་དང་གོང་དཀར་ཁུལ་གྱི་ལྡེ་བདེ་ཞོལ་ཡར་ལོག་ཚོང་འདུས། གྲ་ནང་ཁུལ་གྱི་བྱམས་པ་གླིང་བྱིན་དྲག་མཆོ་སྣད་ཚོང་འདུས། གྲ་ཕྱི་ཆོས་བརྒྱད་ཚོང་འདུས་སོགས་ཡིན། སྐབས་དེར་པང་གདན་གྱི་ཉོ་ཚོང་ཡང་ཏ་ཅང་འབྲུག་པོ་ཡོད་ཅིང་། ཕག་གྲུའི་དུས་སྐབས་སུ་སྣུམ་ཆས་ཀྱི་ཐོན་སྐྱེད་གྲ་རྒྱས་ཕུན་སུམ་ཚོགས་པོ་དེ་ལྟར་ཡོང་དོན་ནི་གཙོ་བོ་མིང་རྒྱལ་རབས་ཀྱིས་བོད་ལྗོངས་དང་བོད་རིགས་འདུས་སྡོད་ཁུལ་ལ་དོ་དམ་བྱ་སྐབས"ཚོ་ལོ་མང་པོ་སྲིད་དེ་ས་གནས་ཁག་ཚང་

མར་སོ་སོའི་སྲིད་དབང་འཛུགས་དགོས་པའི་"བྱེད་ཕྱོགས་ལག་བསྟར་གནང་བས་བོད་ཁུལ་དུ་རྒྱལ་པོའི་དབུ་བླ་སོགས་རིམ་པར་བྱོན་སྐབས་བླ་ཆེན་དེ་དག་གིས་གོང་མར་གཅིག་རྗེས་གཉིས་མཇུག་དང་རང་རང་སོ་སོའི་གུས་བཀུར་གྱི་བསམ་པ་མཚོན་ཆེད་གོང་མ་ཚང་ལ་རྟ་དང་སྣམ་ཆས། དེ་མིན་རྫ་ཆེའི་ཡུལ་ཟློག་ཐོན་རྫས་སོགས་འབུལ་རྟེན་དུ་གོང་འབུལ་ཞུ་བ་དང་གོང་མ་ཚང་ནས་བླ་སྤྲུལ་ཁག་ལ་གནང་སྦྱིན་དུ་གསེར་དངུལ་དང་ཇ། དར་གོས་སོགས་བསྐུལ་སྐྱོལ་ཡོད།

དུས་རབས་བཅུ་བཞིའི་དུས་དཀྱིལ་གྱི་བོད་ཀྱི་ཕག་མོ་གྲུ་པའི་དུས་སུ་མིང་རྒྱལ་རབས་ཀྱི་གོང་མའི་ཕོ་བྲང་དུ་"འབུལ་རྟེན་གྱི་འབུལ་ལན་ཕུན་སུམ་ཚོགས་པའི་རྐྱེན་གྱིས་༡༣༥༧ནས༡༣༦༧བར་རྟུན་གྱི་ལོར་སློབས་སྐབས་གོང་མ་ཚང་ནང་འགྲོ་འོང་རྒྱུན་ཆད་མེད་པས་འབུལ་ལན་སློག་མི་ཚར་བའི་གནས་ཚུལ་བྱུང་ཡོད་"[1]ཡོད་པར་བརྟག་ན་སྐབས་དེར་བོད་སྣམ་ཕྲུས་དག་ཁག་ནི་འབུལ་རྟེན་གཙོ་གྲས་ཡིན་སྐབས་སྐབས་དེར་དབུས་གཙང་ཁུལ་གྱི་སྣེ་གདོང་རྩེད་ཐེར་དང་། གྲ་ནང་གི་སྣམ་བུ་སྤུ་ཕྲུག ལྷོ་བདེ་ཞོལ་གྱི་ཤད་མ་སོགས་ཀྱི་གྲགས་པ་ཕྱོགས་བཞིར་ཁྱབ་པར་རྒྱང་གཞི་ལེགས་པོ་ཞིག་འདིང་ཐུབ་པ་བྱུང་ཡོད་ཁར། དེས་པང་གདན་འཁེལ་འཐག་གོང་འཕེལ་འགྲོ་བར་སྟར་མེད་ཀྱི་ཐོན་སྐྱེད་ཆ་རྐྱེན་དང་ཁོར་ཡུག་བཟང་པོ་ཞིག་བསྐྲུན་ཡོད་པས་དེ་ནི་ལྷོ་ཁའི་པང་གདན་གྱི་སྣན་པའི་གྲགས་པ་ཕྱོགས་བཞིར་ཁྱབ་པའི་རྒྱུ་རྐྱེན་གཙོ་བོ་

1 དབྱང་ཀྲི་གོ བོད་ས་གནས་ནི་ཀྲུང་གོའི་ཁ་འབྲལ་ཐབས་མེད་པའི་ཆ་ཤས་ཤིག་ཡིན།[M]ལྷ་ས། བོད་ལྗོངས་མི་དམངས་དཔེ་སྐྲུན་ཁང་། 1986. ཤོག་གྲངས་88

ཞིག་ཀྱང་ཡིན།།

ལྔ། པང་གདན་གྱོན་གོས་ཀྱི་མཛེས་རྒྱན་ལ་འགྱུར་རྫེས་དར་འཕེལ་ཆེན་པོ་སོང་བ།

ཕག་གྲུའི་དུས་སུ་བོད་ཀྱི་གྱོན་གོས་ལ་བཅོས་བསྒྱུར་ཆེན་པོ་ཞིག་བྱུང་ཡོད་པ་འདི་ལྟར་སྟེ། "གཅིག་ནི་སྔར་སྲོལ་རྙིང་པ་སླར་གསོ་བྱེད་པ་དང་ཅིག་ཤོས་ནི་གསར་བཟོ་བྱེད་པ་དེ་ཡིན། དེ་ཡང་སྔར་སྲོལ་རྙིང་པར་བསྐྱར་གསོ་བྱེད་པ་ཞེས་པ་ནི་བོད་བཙན་པོའི་དུས་ཀྱི་རྒྱལ་པོའི་ཆས་དང་བློན་ཆེན་གྱི་གྱོན་གོས་སླར་གསོ་བྱས་པ་དེ་ལ་རིན་ཆེན་རྒྱན་གོས་ཞེས་བརྗོད་ཅིང་། གསར་གཏོད་ནི་བོད་ཀྱི་སྲུས་དག་སྣམ་བུས་རྒྱ་ཆ་བྱས་ནས་རྒྱལ་ཆས་སྣ་བདུན་ལ་དཔེ་བལྟས་ནས་གསར་གཏོད་བྱས་པ་དེར་རྒྱལ་སྲས་ཆས་ཞེས་བརྗོད། ལུས་ལ་རྒྱལ་སྲས་ཆས་གོས་གྱོན་པའི་དཔོན་རིགས་ཀྱིས་མགོ་ལ་ཨ་གར་ཟེར་ལ་སེར་ཆེན་འཕོག་ཏོ་ཡང་ཟེར་བའི་ཞྭ་མོ་གྱོན་པ་དང་། སྣམ་བུའི་འཇའ་ཚོན་སྣ་ལྔའི་སྟོད་གོས། སྨད་ལ་སྲུལ་ཅན་གྱི་སྣམ་བུ་ནག་པོའི་ཤམ་ཐབས་གྱོན། རྐུབ་ལ་ཚོན་ཁྲ་སྣ་ལྔའི་བེར་ཆེན་གྱོན་པ་དང་། སྐེད་པར་རིང་ལ་ཞེང་ཚད་ཆེ་བའི་སྣམ་བུའི་སྐེད་རགས་བཅིངས་ནས་དེའི་སྟེ་འཛེར་མདུན་ནས་དཔྱངས་ཡོད། སྐེད་པར་རྒྱ་གྲི་ཕུབ་ཤུབས་བཏགས་པ། རྐང་པར་འགོ་ལྷམ་འཇའ་ཅན་གྱི་ལྷམ་བཅས་གྱོན་ཡོད།"[1]

གོང་གསལ་གྱི་ཆས་གོས་དེ་དག་ཚང་མ་པང་གདན་གྱི་རྒྱུ་ཆས་བཟོས་པ་དང་། ཕྱིས་སུ་སྤྱི་ཚོགས་འཕེལ་རྒྱས་ཀྱི་དགོས་མཁོ་དང་བསྟུན་ནས་པང་གདན་གྱི་རྒྱུ་ཆ་དང་

1 ཤེའོ་ཧྲུང་རྡན། «བོད་ཡུལ་གྱི་དམངས་སྲོལ།» ཀྲུང་གོའི་བོད་རིག་པ་དཔེ་སྐྲུན་ཁང་།[M]པེ་ཅིན། 2008.2.ཤོག་གྲངས་7

སྣམ་པ་སོགས་ལ་འགྱུར་བ་ཆེན་པོ་ཕྱིན་ཡོད་ཀྱང་དེའི་སྲོལ་ལུགས་དག་བོད་ལ་དམངས་གཙོ་བཅོས་བསྒྱུར་མ་བྱས་བར་གནས་ཡོད། མདོར་ན་པང་གདན་གྱི་རྒྱུ་ཆ་ལས་གྲུབ་པའི་སྣམ་ཆས་དེ་རིགས་ལ་བོད་ཀྱི་དཔོན་རིགས་ཚོས་མཉེས་པོ་བྱེད་ལ། དེ་དག་དཔོན་རིགས་ཚོའི་རིན་ཆེན་རྒྱན་གོས་ཀྱི་རྒྱུ་ཆ་གཙོ་བོ་ཞིག་ལ་འགྱུར་ཡོད་ཅིང་། དེས་པང་གདན་གྲོན་ཆས་ཀྱི་འཕེལ་རྒྱས་དང་རྒྱུན་འཛིན་ཐད་ནུས་པ་ངེས་ཅན་ཞིག་ཐོན་ཡོད།

གཞན་ཡང་དུས་རབས་བཅུ་བཞིའི་ནང་དུ་གྲུབ་ཐོབ་ཐང་སྟོང་རྒྱལ་པོས་བོད་ཀྱི་ལྷ་མོའི་འཁྲབ་གཞུང་མ་ལག་ཚ་ཚང་དུ་བཏང་བ་དང་ཆབས་ཅིག་པང་གདན་རྒྱུ་ཆ་དེ་དག་ཡང་ལྷ་མོའི་འཁྲབ་ཆས་ཀྱི་རྒྱུ་ཆ་གཙོ་གྲས་ཤིག་ལ་འགྱུར་ཡོད་པ་དེས་པང་གདན་གྲོན་གོས་དར་སྤེལ་བྱ་རྒྱུར་གར་སྐྱེགས་གསར་པ་ཞིག་གཏོད་ཡོད་ལ། ལྷ་མོའི་གྲོན་ཆས་དེ་དག་ཀྱང་ད་བར་དར་ཁྱབ་བྱུང་ཡོད།

"སྤྱི་ལོའི་དུས་རབས་བཅོ་ལྔའི་དུས་དཀྱིལ་ཏེ་ཏྭ་ལའི་བླ་མ་སྐུ་ཕྲེང་དང་པོ་དགེ་འདུན་གྲུབ་པའི་དུས་ལ། བོད་ཀྱི་འཐག་ལས་ལ་སྔར་བྱུང་མྱོང་མེད་པའི་འཕེལ་རྒྱས་ཀྱི་དོན་ཆེན་གཉིས་བྱུང་ཡོད་པ་ནི། གཅིག་ནི་རྒྱལ་རྩེའི་ཁ་གདན་གྲུམ་ཟེ་ཐོན་པ་དང་། ཤོད་སྲོལ་ལ་རྒྱལ་རྩེ་གམ་པ་སྟེ་དེང་སང་རྒྱལ་རྩེ་གམ་པ་ཤང་གི་འཐག་ལས་མཁན་ཞིག་གིས་ཕྱིང་གདན་གྱི་ཟུང་གཞིའི་སྟེང་ལ་ཁ་གདན་གྲུམ་ཟེ་ཞེས་པ་ཐོན་སྐྱེད་བྱས་པ་དང་། ཅིག་ཤོས་ནི་སྐྱོ་ཁའི་ལྡེ་བདེ་ཞོལ་ལ་ཤད་མའི་པང་གདན་འཐག་ལས་བྱེད་པའི་སྲོལ་དར་བ་དང་། ཚོང་ལས་འགྲོ་འོང་གི་རྒྱུད་རིམ་ནང་དུ་རྒྱ་གར་ནས་དགེ་ལེགས་པང་གདན་ཞེས་པ་ཞིག་བོད་ཀྱི་པང་གདན་ལས་ཁྲ་དང་སྤུས་ཀ་སོགས་མི་གཅིག་པ་དེ་ཐོན་ཡོད་

པ་དེར་དཔེ་བལྟས་ནས་སྤུས་ལེགས་ཤད་མའི་པང་གདན་ཐོན་སྐྱེད་བྱས་ཡོད། ཤོད་སྟོད་ལ་སྡོན་ལ་གཞིས་ཀ་རྩེར་དགེ་ལེགས་པང་གདན་ལ་དཔེ་བལྟས་ནས་པང་གདན་ཐོན་སྐྱེད་བྱས་ཀྱང་སྤུས་ཚད་སོགས་གང་སྤྱིའི་ཐད་དེ་ཙམ་ལེགས་པོ་བྱུང་མེད་ཅིང་། རྗེས་སུ་ལྷོ་ཁ་གོང་དཀར་རྫོང་གི་ལྕེ་བདེ་ཞོལ་གྱི་ཡུལ་མི་རྣམས་ཀྱིས་དེར་དཔེ་བལྟས་ནས་ཐོན་སྐྱེད་བྱས་པས་རྒྱ་གར་དགེ་ལེགས་པང་གདན་ལས་སྤུས་ཀ་ལེགས་པའི་ལྷོ་ཁའི་ཤད་མའི་པང་གདན་ཞེས་པ་ཐོན་སྐྱེད་བྱེད་ཐུབ་པ་བྱུང་ཡོད་པས་"[1]སྤྱི་ལོའི་དུས་རབས་བཅོ་ལྔའི་དུས་དཀྱིལ་ཏེ་རྒྱ་གར་དགེ་ལེགས་པང་གདན་བོད་ལ་མ་དར་གོང་བོད་ལ་ས་སྐྱེས་རྡོ་སྐྱེས་ཀྱི་པང་གདན་ཞིག་དར་ཡོད་པ་ར་སྤྲོད་བྱེད་ཐུབ་ཡོད་ལ། དུས་རབས་བཅུ་གཅིག་པའི་སྐབས་བོད་ལ་པང་གདན་དར་ཡོད་པའི་ལོ་རྒྱུས་དངོས་སུ་མཐུད་ར་སྤྲོད་བྱས་ཡོད། དེ་ལྟར་སྐབས་དེར་བོད་ཀྱི་པང་གདན་དེ་རིགས་ཀྱི་སྤུས་ཚད་དང་ཚོས་གཞི། ཁྲ་སོགས་དགེ་ལེགས་པང་གདན་ལས་ཞན་པ་ཡོད་པས། བོད་ཀྱི་ཁྲིམ་མཚོས་ས་གནས་ནས་སྤུས་ཚད་ལེགས་པའི་པང་གདན་བོད་དུ་མགོ་འདོན་བྱས་པ་དེས་བོད་ཀྱི་པང་གདན་དང་འགྲན་སློང་བྱས་ཡོད། སྐབས་དེར་བོད་ཀྱི་ལག་ཤེས་པ་ཚོས་རང་ཉིད་ཀྱི་ལག་གཉིས་ལ་བརྟེན་ནས་རྒྱ་གར་ནས་དར་བའི་དགེ་ལེགས་པང་གདན་གྱི་དགེ་མཚན་རྣམས་བསྡུ་ལེན་བྱས་ཐོག་རང་ཉིད་ཀྱི་ཁྱད་ཆོས་ལྡན་པའི་སྤུས་ལེགས་པང་གདན་ཐོན་སྐྱེད་བྱས་ཡོད་ཅིང་། ཤོད་སྟོད་ལྟར་ན་དུས་རབས་བཅུ་བདུན་པ་

---

1 ཀྲུང་མིང་། བཀྲ་དགའ། བོད་ཀྱི་ལག་ཤེས་བཟོ་ལས་དང་བཟོ་རྩལ་ཐོན་རྫས། [M]པེ་ཅིན། ཀྲུང་གོའི་བོད་རིག་པ་དཔེ་སྐྲུན་ཁང་། 1996.ཤོག་གྲངས་6

སྔེ་རྒྱལ་དབང་སྐུ་ཕྲེང་ལྔ་པ་བློ་བཟང་རྒྱ་མཚོའི་སྐུ་དུས་སུ་ལྷ་སར་བོད་ཡོངས་ཀྱི་ལག་ཤེས་བཟོ་ལས་ཐོན་རྫས་ཀྱི་འགྲན་ཚོགས་ཞིག་སྤེལ་བ་དང་། སྐབས་དེར་རྒྱལ་རྩེའི་བོད་ཊུམ་དང་། སྟོ་ཁའི་ཞྭ་བདེ་ཞོལ་གྱི་ཤད་མའི་པང་གདན་གཉིས་སྤུས་ཀ་ལེགས་ཤོས་ཀྱི་འཐག་ལས་ཐོན་རྫས་ལ་འདེམས་ཐོན་བྱུང་ཡོད་པ་དེས་དུས་རབས་བཅོ་ལྔའི་གོང་ལ་རང་ཅག་བོད་ལ་པང་གདན་དར་སྤེལ་ཤུགས་ཆེ་བྱུང་ཡོད་པ་དེ་བས་ར་སྤྲོད་ཐུབ།

བཅིངས་གྲོལ་མ་བཏང་གོང་ལ་སྟོ་ཁའི་གྲྭ་ནང་དང་། ཞྭ་བདེ་ཞོལ། སྣེ་གདོང་སོགས་ལ་སྣམ་ལས་གཙོ་བོར་བྱས་ནས་འཚོ་བཞིན་པའི་ཁྱིམ་དུད་ཡོད་པ་དེ་དག་ལ་དུད་ཆུང་ཟེར། ཁོང་ཚོ་ཡང་ཁྲལ་པ་ལྟར་ཞིང་ལས་གཙོ་བོ་བྱེད་པ་དང་འཐག་ལས་ཞོར་དུ་གཉེར་མཁན་ཞིག་མ་ཡིན་པར། གཙོ་བོ་སྣམ་བུ་པང་གདན་གྱི་འཐག་ལས་ལ་བརྟེན་ནས་འཚོ་བར་རོལ་གྱི་ཡོད། དུད་ཚང་སོ་སོ་བྱས་ནས་འཐག་ལས་བྱེད་པ་དང་། ལོ་ལྟར་རང་ཁོངས་ཀྱི་མངའ་བདག་ལ་སྣམ་བུ་དང་པང་གདན་གྱི་ཁྲལ་འཇལ་དགོས་ཀྱི་ཡོད། རྣམ་རྒྱལ་ཞོལ་གྱི་དོལ་གྲོང་ཚོའི་སྐྱིད་པ་ཐང་བཀྲ་ཤིས་རྫོང་གིས་རྒྱལ་དབང་སྐུ་ཕྲེང་རིམ་བྱོན་གྱི་ན་བཟར་མཁོ་བའི་སྣམ་ཆས་འཐག་ལས་བྱེད་ཅིང་། རྒྱལ་དབང་སྐུ་ཕྲེང་ལྔ་པའི་དུས་སུ་ཞྭ་བདེ་ཞོལ་ལ་བོད་ཀྱི་ལོ་རྒྱུས་ཐོག་གི་སྣམ་བུར་ཚོས་རྒྱག་ཡུལ་ལྟེ་གནས་ཨང་དང་པོ་དེ་བཙུགས་པ་དང་། ཆབས་ཅིག་ཚོས་རྒྱག་མཁན་གྱི་ཆེད་མངགས་རྩ་འཛུགས་སྒྲིག་གཞི་ཡང་གསར་འཛུགས་བྱས་ཡོད། དེས"ལོ་ལྟར་བོད་ས་གནས་སྲིད་གཞུང་གི་དཔོན་རིགས་ཀྱི་གྱོན་གོས་བཟོ་ཆས་སྣམ་བུ་སྟུབ་ ༡༥༠༠ ལྷག་ཙམ་ལ་ཚོས་རྒྱག་པ"དང་། དེའི་ནང་ནས་ཏ་ལའི་བླ་མའི་ན་བཟའ་བཟོ་བྱེད་ཀྱི་སྣམ་བུ

སྤྱིབ་བདུན་ཡོད།[1]

དེང་དུས་བོད་ཀྱི་འཁྱིལ་འཐག་ལས་རིགས་ཀྱི་ལག་རྩལ་པ་དཔྱིད་ཀྱི་དཔལ་ཡོན་བཞད་པ་ལྟར་ཕྱོགས་བཞི་མཚམས་བརྒྱད་ལ་དར་ཁྱབ་བྱུང་ཡོད་ལ། ཆོས་མདོག་རྣམ་པར་བཀྲ་བའི་པང་གདན་ཡང་བོད་ཀྱི་ས་ཕྱོགས་གང་སར་དར་འཕེལ་བྱུང་ཞིང་། རིགས་འདྲ་མིན་གྱི་གཞི་རྒྱ་ཆུང་བའི་ཐོན་སྐྱེད་ཁེ་ལས་ཆར་ཤུལ་གྱི་སྨྱུག་རྩ་རྒྱས་པ་ཇི་བཞིན་གོང་འཕེལ་སོང་བ་དང་། པང་གདན་གྱི་ཐོན་རྫས་ཀྱང་ཟམ་མི་ཆད་པར་གསར་གཏོད་ཀྱི་ལམ་བུའི་ཐོག་སྐྱོད་ནས་དེང་དུས་དར་སོ་ཆེ་བའི་ཁ་དཀྱིས་དང་། རྫ་རྨ་ཁེབས། སྟོད་ལྷེབ་སོགས་བཟོ་བའི་རྒྱུ་ཆར་འགྱུར་ཡོད་ལ། པང་གདན་གྱི་ཁྲ་དང་ཆོས་གཞི་ཡང་དེ་སྔའི་འཇའ་ཚོན་ལྟར་རྣམ་པར་བཀྲ་བ་ནས་ད་ལྟའི་ཆོས་གཞི་སྣུམ་པོ་དང་བབ་ཆགས་པོར་འགྱུར་ཡོད། འཐག་ཁྲི་ཡང་ཐོན་རྫས་ཀྱི་དགོས་མཁོ་ལྟར་བསྒྱུར་བཅོས་བྱས་ཡོད་པ་སྟེ། བཏག་ཞེང་སོགས་དེ་སྔ་ལས་ཁ་ཞེང་ཆེ་བ་དང་། སུམ་འཁོར་ཡང་འཁོར་ཚེམས་ཀྱི་འཕྲུལ་འཁོར་ལ་བཟོ་བཅོས་རྒྱབ་ནས་བཟོས་ཡོད། དེ་སྔ་འཐག་མཁན་གཉིས་ལ་སུམ་བུ་དཀྱིས་མཁན་མི་གཅིག་དགོས་ཀྱང་ད་ལྟ་མི་གཅིག་གིས་འཐག་མཁན་ལྔ་ཡིས་ཁ་གཏད་ཅོག་གི་ཡོད། དེང་སང་བོད་རང་ནས་ཐོན་སྐྱེད་བྱས་པའི་པང་གདན་ཕུད། རྒྱ་གར་དང་རྒྱ་ནག་སོགས་ནས་ཐོན་པའི་ སྤུས་ཀ་ཞན་ལ་གོང་ཚད་དམའ་བའི་པང་གདན་གྱིས་བོད་ཀྱི་ཁྲོམ་ར་ཁེངས་སྐབས་བོད་ཀྱི་པང་གདན་ཐོན་

1འཆི་མེད་སྟོབས་རྒྱལ་ལགས། ཟླ་བདེ་ཞོལ་(གྲོང་ཚོ་གཉིས་པ)སྒོ་དར་ཁྲིམ་རྒྱུད་ཀྱི་མི། ཆོས་རྒྱག་མཁན། ལོ་74 བཅར་འདྲི་བྱེད་པའི་དུས་ཚོད་09ལོའི་ཟླ་10ཚེས་5ཉིན།

སྐྱིད་ལ་འགྲན་རྩོད་དང་གོ་སྐབས་གསར་པ་ཞིག་འཕྲད་ཡོད།

མདོར་ན། བོད་ཀྱི་འཐབ་ལས་ལ་ལོ་ངོ་བཞི་སྟོང་སམ་ལྔ་སྟོང་ལྷག་ཙམ་གྱི་ལོ་རྒྱུས་ལྡན་ལ། བོད་ཀྱི་པང་གདན་ཐོན་སྐྱིད་ལའང་ཉུང་མཐར་ལོ་ངོ་ཆིག་སྟོང་ལྷག་ཙམ་གྱི་ལོ་རྒྱུས་ལྡན་ཡོད། ལས་ལ་བརྩོན་ཞིང་དཔའ་ངར་ལྡན་པའི་བོད་རིགས་མི་དམངས་ཀྱིས་རང་ཉིད་ཀྱི་བློ་གྲོས་ལ་བརྟེན་ནས་འཐབ་ལས་རིག་གནས་གསར་གཏོད་བྱས་པ་མ་ཟད། ཕྱོགས་བཞིའི་མི་རིགས་གཞན་གྱི་འཐབ་ལས་ལག་རྩལ་གྱི་ཉིང་ཁུ་རྣམས་བསྡུས་ནས། བོད་རང་ཉིད་ཀྱི་ཁྱད་ཆོས་ལྡན་པའི་རྣམ་བུ་ཁྲ་ཁྲའི་པང་གདན་གསར་གཏོད་བྱས་ཐོག ལོ་ངོ་སྟོང་ཕྲག་མང་པོའི་ནང་དོན་དངོས་ཀྱི་ཐོན་སྐྱེད་ལག་ལེན་ཁྲོད་མུ་མཐུད་གོང་འཕེལ་བཏང་བས་དེ་ནི་བོད་ཀྱི་འཐབ་ལས་རིག་གནས་མེ་ཏོག་ལྷུམ་རྫའི་ནང་གི་རྣམ་པར་བཀྲ་བའི་མེ་ཏོག་ཅིག་དང་། ཀྲུང་གོའི་ཀྱོན་གོས་རིག་གནས་ནང་མཛོད་ཁྲོད་ཀྱི་འོད་སྟོང་རྣམ་པར་འཕྲོ་བའི་མུ་ཏིག་ཅིག་ཡིན།།

ས་བཅད་གཉིས་པ། བོད་ཀྱི་འཐབ་ཁྲིའི་འཕེལ་འགྱུར།

འཁྱིལ་འཐབ་ཐོན་རྫས་ཇི་ལྟར་མཛེས་ཀྱང་དེ་དག་ཚང་མ་ནི་འཐབ་ལས་ལག་ཆར་བརྟེན་ནས་བྱུང་བ་ཤ་སྟག་ཡིན་ལ་འཁྱིལ་འཐབ་ཐོན་རྫས་ཀྱི་འཕོ་འགྱུར་ནི་འཐབ་ལས་ལག་ཆའི་འཕོ་འགྱུར་ལ་བརྟེན་ནས་བྱུང་བས་འཁྱིལ་འཐབ་ཐོན་རྫས་ཀྱི་ལོ་རྒྱུས་རྟོགས་དགོས་ན་འཁྱིལ་འཐབ་ལག་ཆའི་འཕེལ་འགྱུར་གྱི་ལོ་རྒྱུས་ཤེས་དགོས་པ་སྨོས་མེད་ཡིན། བོད་ཀྱི་ལོ་རྒྱུས་དཔྱད་གཞིའི་ཡིག་རིགས་ནང་དེའི་སྐོར་འཁོད་པ་ཏ་ཙང་

ཤུང་བས་ང་ཚོས་དོན་དངོས་འཚོ་བ་དང་སྣ་མོའི་ལྷེབས་རིས་སོགས་ཀྱི་ཐོག་འཁོད་པའི་ནང་དོན་ཕན་ཚུན་ཟུང་འབྲེལ་གྱིས་འདིའི་སྐོར་གྱི་ལོ་རྒྱུས་རགས་ཙམ་འཚོལ་ཞིབ་བྱས་ན་འདི་ལྟ་སྟེ།

གཅིག གདོང་མའི་སྐྱེད་པར་འདོགས་པའི་འཐག་ཁྲི།

བོད་ཀྱི་གདོང་མའི་འཐག་ཁྲིར་འཕེལ་འགྱུར་ཁག་གསུམ་བྱུང་ཡོད་པ་སྟེ་ཆེས་ཐོག་མའི་འཐག་ཁྲིའི་གྲུབ་ཆ་དང་འཐག་སྟངས་ཏ་ཙང་སྟབས་བདེ་ཡིན་ཏེ་དེའི་གྲུབ་ཆ་གཙོ་བོ་ནི་རྒྱུ་འདྲེན་དང་། སྣམ་འདྲེན། བཏག ད་དུང་ཁྲུས་ཁབ་བཅས་ལས་གྲུབ་པ་ཞིག་ཡིན། འཐག་འཐག་པའི་དུས་སུ་ས་ལ་བསྟད་ནས་རྒྱུ་འདྲེན་སྐེད་པར་བཏགས་པ་དང་རྐང་པ་གཉིས་ཀྱིས་སྣམ་འདྲེན་བཀར། དེ་ནས་ཁྲུས་ཁབ་ནང་སྤུན་རྒྱུད་ནས་རྒྱུའི་དབར་ལ་ཕར་ཚུར་བཏང་ནས་བཏག་སོ་མེད་པའི་བཏག་གིས་སྤུན་ལ་བཏག་བཏག་བྱས་ནས་འཐག་གི་ཡོད་པས་འཐག་ཡུན་རིང་ལ་བཏགས་མ་ཡང་སྲབ་ཅིང་རྩལ་བ་ཞིག་ཡོད།

དེ་ལྟར་བཤད་བྱ་དུ་མའི་རིང་ཉམས་མྱོང་ཡང་ཕུན་སུམ་ཛེ་ཚོགས་སུ་ཕྱིན་ནས་འཐག་ལས་ལག་རྩལ་ལ་གོང་འཕེལ་ཆེན་པོ་བྱུང་སྟེ་སྐེད་པར་འདོགས་པའི་འཐག་ཁྲི་རིགས་གཉིས་པ་དེ་བྱུང་ཡོད་འཐག་ཁྲི་དེ་རིགས་དེང་དུས་ཀྱི་མངའ་རིས་དང་། ནག་ཆུ། ཀོང་པོ་སོགས་ཀྱི་ཁུལ་དུ་བེད་སྤྱོད་བྱེད་མུས་ཡིན་པའི་འཐག་ཁྲི་དེ་ཡིན་པ་དང་། དེའི་གྲུབ་ཆ་གཙོ་བོ་ནི་རྒྱུ་འདྲེན་དང་། སྣམ་འདྲེན། གནས། བཏག ད་དུང་སྤུན་དོག་དཀྲིས་པའི་རྒྱུག་པ་བཅས་ཡོད། འཐག་འཐག་པའི་དུས་སུ་འཐག་ཁྲི་མེད་པར་

ཕུར་བུ་རེ་འགའ་ས་སྟེང་དུ་བཏབ་ནས་འཐག་འདྲེན་པ་དང་དེ་ནས་རྐང་པས་རྫོབ་པའི་སར་བཀར་ས་ཞིག་བཟོས་ནས་རྐང་པས་དེ་དག་བཀར་ནས་འཐག་འཐག་གི་ཡོད། གལ་སྲིད་རྒྱ་ལྕུག་ཏུ་སོང་ན་རྒྱུའི་བར་དུ་ཤིང་པང་ལེབ་ཅིག་བརྒྱབ་ནས་དམ་དུ་གཏོང་གི་ཡོད།

དེ་ལྟར་འཐག་ལས་རྒྱུད་རིམ་ནང་དོན་དངོས་ཀྱི་དགོས་མཁོ་དང་བསྟུན་ནས་འཐག་ཁྲིར་རིམ་བཞིན་འགྱུར་བ་ཕྱིན་ནས་དེང་སང་དབུས་གཙང་ཁུལ་གྱི་སློའུ་འཐག་པའི་འཐག་ཁྲི་དང་འདྲ་པོ་ཡོད（རི་མོ2-2ལྟར་།）དེའི་གྲུབ་ཆ་གཙོ་བོ་ནི་འཐག་ཁྲིའི་གཟུགས་རགས་ཙམ་ཐོན་ཡོད་པ་མ་ཟད་རྒྱ་འདྲེན་དང་། སྣམ་འདྲེན། གནས། བཏག ད་དུང་སྤུན་ཏོག་དཀྲིས་པའི་རྒྱུག་པ་ལ་སོགས་ཡོད། འཐག་འཐག་པའི་དུས་སུ་གོང་གསལ་ལྟར་ས་ལ་སྡོད་དགོས་པ་དང་རྐང་པ་གཉིས་ཀྱིས་མདུན་གྱི་རི་གཞི་བཀར་ནས་འཐག་གི་ཡོད། འཐག་ཁྲི་དེའི་དགེ་མཚན་ནི་བཏགས་མའི་རིང་ཐུང་བསྒྱུར་ཐུབ་པ་དེ་ཡིན། ས་གཞི་འཐག་ཁྲི་དེ་དག་ས་ནས་བྲལ་ཐུབ་མེད་ཀྱང་ཆེས་ཐོག་མའི་འཐག་ཁྲིའི་བཟོ་ལྟ་དག་ཐོན་ཡོད་པས་དེ་སྔར་ལྟར་སྐྱེད་པར་འདོགས་པའི་འཐག་ཁྲིའི་ཁོངས་སུ་གཏོགས་ཡོད། འཐག་ཁྲི་དེ་རིགས་ད་བར་ཤུལ་འཛིན་བྱས་ནས་སྦྲ་གུར་དང་སློའུ་ལ་སོགས་འཐག་སྐབས་བེད་སྤྱོད་བྱེད་ཀྱིན་ཡོད།

དེ་ལྟར་ལོ་ངོ་ལྔ་སྟོང་ལྷག་ཙམ་སྔོན་གྱི་ཁ་རུབ་གནའ་ཤུལ་ལས་ཡོག་ཤིང་དང་རུས་ཁབ་རྙེད་པ་དང་ད་དུང་ཛ་སྟོད་ཀྱི་མཐིལ་ངོས་ནས་རྩུབ་ཅིང་རྡུལ་བའི་བཏགས་མའི་རི་མོའི་ཤུལ་ཡོད་པ་ལས་མཐོ་བོད་ཀྱི་གནའ་མིས་སྐབས་བདེའི་འཁེལ་འཐག་གི་

ལག་རྩལ་ཞིབ་པ་མ་ཟད། སྐབས་དེ་དུས་ནས་བོད་ལ་འཁེལ་འཐག་ལག་རྩལ་དར་ཡོད་པ་ཤེས་ཐུབ། གདོད་མའི་སྐྱིད་པར་འདོགས་པའི་འཐག་ཁྲི་ཐོན་པ་ལས་ཀྱོན་གོས་རིག་གནས་གོང་འཕེལ་འགྲོ་བར་ཤུགས་རྐྱེན་ཆེན་པོ་ཐེབས་ཡོད་པ་མ་ཟད་ཀྱོན་གོས་རྒྱུ་ཆ་ཡང་སྣེ་མང་དུ་ཕྱིན་ཡོད། འོན་ཀྱང་སྤུས་ཚད་ཞན་པའི་འཐག་ལས་ཐོན་རྫས་ཀྱིས་གོང་འཕེལ་འགྲོ་བཞིན་པའི་ཀྱོན་གོས་རིག་གནས་དང་སྐྱེ་བོའི་ཡིད་ཀྱི་དགོས་མཁོ་སྐོང་མི་ཐུབ་པས་འཐག་ཁྲི་གོང་འཕེལ་གཏོང་རྒྱུར་བླང་བྱ་དེ་ལས་ཆེ་བ་བཏོན་ཡོད། །

གཉིས། འཕྲེད་ཉལ་འཐག་ཁྲི།

དེ་ལ་ཡང་འཕེལ་རིམ་གཉིས་བརྒྱུད་ཡོད་པ་ལས་གདོད་མའི་སྐྱིད་པར་འདོགས་པའི་འཐག་ཁྲི་དེ་དག་རིམ་བཞིན་མ་ལག་འཁྲུས་ཚང་དུ་སོང་ནས་ཐང་ལ་འཛུག་པའི་འཐག་ཁྲིར་འགྱུར་བ་ཕྱིན་ཏེ་རྩིག་པར་བརྟེན་ནས་འཛུག་པའི་འཕྲེད་ཉལ་འཐག་ཁྲིར་འགྱུར་ཡོད་པ་དང་། དེའི་གྲུབ་ཆ་གཙོ་ནི་འཐག་ཁྲི་གྲུ་བཞི་ནར་མོའི་གཟུགས་དབྱིབས་ལྡན་པ་དང་། དེར་རྐང་པ་ཐུང་ཐུང་གཉིས་ལྡན་པ་དེ་ས་ལ་བཙུགས་པ་དང་རྐང་པ་མེད་པ་དེའི་སྟེང་ལ་རྒྱུ་འདྲེན་དང་། སྣམ་འདྲེན་ཡོད་པ་མ་ཟད་འཐག་རྒྱུ་རང་འདོད་ལྟར་དམ་ལྷུག་གཏོང་ཐུབ་པ། དེར་གོང་གསལ་གི་འཐག་ཁྲིར་མེད་པའི་དགེ་མཚན་ལྡན་ཡོད་པ་སྟེ། གཅིག་ནི་འཐག་པའི་རྒྱུད་རིམ་ནང་དུ་འཐག་ཁྲི་གང་སར་གནས་སྤོས་ཆོག་པ། གཉིས་ནི་བཏགས་མ་དེ་ལས་རིང་བ་དང་སྤུས་ཀ་ལེགས་པ། གསུམ་ནི་འཐག་ཁྲིའི་ལྷུ་ལག་དེ་བས་ཕུན་སུམ་ཚོགས་པ་དང་སྤུས་ཀ་ལེགས་སུ་ཕྱིན་ཡོད་པ་བཅས་ཡིན། དེའི་རྨང་གཞིའི་ཐོག་ལ་འཐག་ཁྲིར་རྐང་པ་བཞི་བཟོས་པ་དང་གནས་

ལག་པས་འཐེན་མི་དགོས་པར་སྟེང་དུ་འཇོག་ས་ཡོད་པ་འོག་ལ་གནས་བརྗེ་བའི་རྐང་གྲབ་ཀྱང་བཟོས་ཡོད། བཏག་ལ་ཡང་སོ་མང་པོ་ཞིག་བཟོས་ནས་རྒྱ་སྟེང་བརྒྱུད་ནས་དེང་དུས་འཐག་ཁྲི་དང་ཁྱད་པར་དེ་ཙམ་མེད་པར་འགྱུར་ཡོད། རྒྱ་ནག་གི་ཁྲིན་ཆིའུ་དུས་སུ་འཕྲེད་ཉལ་འཐག་ཁྲི་བྱུང་ཡོད་ཀྱང་རང་ཅག་བོད་ལ་ག་དུས་ཙམ་ལ་འཐག་ཁྲི་དེ་རིགས་བྱུང་ཡོད་མེད་སྐོར་ད་བར་ཁུངས་བཙན་གྱི་དཔྱད་གཞིའི་ཡིག་ཆ་མེད་མོད། ལོ་རྒྱུས་ཡིག་ཆའི་ནང་འཁོད་པར་གཞིགས་ན་བོད་ཀྱི་འཁེལ་འཐག་ལས་རིགས་ལག་རྩལ་གོང་འཕེལ་གཏོང་ཆེད། བོད་རྗེ་སྲོང་བཙན་སྒམ་པོའི་དུས་སུ་ཐང་རྒྱལ་རབས་ནས"དར་འབུ་གསོ་བ་དང་། ཆང་བསྐོལ་སྟངས། རྗེ་བཟོའི་ལག་རྩལ། ཤོག་བུ་བཟོ་ཐབས་ལ་སོགས་ནང་འདྲེན་བྱས་ཡོད"[1]སྐབས་དེར་ཐང་རྒྱལ་རབས་ནས་བོད་ལ་འཐག་ལས་ལག་རྩལ་ནང་འདྲེན་བྱས་ཡོད་པ་མ་ཟད། དར་འབུ་གསོ་ཚགས་ཀྱི་ལག་རྩལ་ཡང་ནང་འདྲེན་བྱས་ཡོད། འོན་ཀྱང་དུས་ཕྱིས་སུ་ལོ་རྒྱུས་ཡིག་ཆའི་ནང་བོད་དུ་དར་འབུ་གསོ་ཚགས་དང་དར་གོས་འཐག་པ་སོགས་ཀྱི་སྐོར་འཁོད་པ་ཏ་ལམ་མཐོང་ལམ་དུ་མི་སྣང་། ཕྱོགས་གཞན་ཞིག་ནས་བརྗོད་ན་སྐབས་དེར་རྒྱ་བཟའ་གོང་རྫོས་བསྣམས་ཕེབས་པའི་འཐག་ལས་ལག་རྩལ་གྱིས་བོད་ཀྱི་འཐག་ལས་གོང་འཕེལ་ལ་ཤུགས་རྐྱེན་ཆེན་པོ་ཐེབས་ཡོད་པ་མ་ཟད། བོད་བཙན་པོའི་དུས་སུ་འཕྲེད་ཉལ་གྱི་འཐག་ཁྲི་དར་ཡོད་པ་མཚོན་དཔག་བྱ་ཐུབ།

---

1 ཐུ་སྟོད་རྟོགས་བརྗོད་[M](བོད་ཡིག་པར་གཞི)ཟི་ལིང་། མཚོ་སྔོན་མི་རིགས་དཔེ་སྐྲུན་ཁང་། ཤོག་གྲངས་13

ལྷོ་བས་རིས་ཐོག་གི་འཕྲེད་ཉལ་འཐག་ཁྲིའི་སྐོར་ལ་ལྟོ་བདེ་ཞོལ་གྱི་རྗེ་ཕུད་ཆོས་འཁོར་དགོན་གྱི་འདུ་ཁང་སྙིང་པའི་གཡས་ངོས་ཀྱི་དཀྱིལ་འཁོར་ལྷོ་བས་རིས་ཐོག་ལ་ཡུལ་དེའི་ཁྱད་ཆོས་ལྡན་པའི་ཡུལ་སྲོལ་བཀོད་ཡོད་པ་དང་། ལྷག་པར་དུ་ལྷོ་བས་རིས་ཐོག་ཏུ་འཐག་འཐག་བཞིན་པའི་སྐྱེ་བོ་ཞིག་ཡོད་པ་དེའི་འཐག་ཁྲི་ལ་བལྟས་ན་དེ་དག་ནི་དེང་དུས་འཐག་ཁྲི་དང་འཕྲེད་ཉལ་འཐག་ཁྲིའི་བར་བརྒྱལ་གྱི་འཐག་ཁྲི་ཞིག་ཡིན་པས་དེར་ལོ་རྒྱུས་ཞིབ་འཇུག་གི་དོན་སྙིང་ཏ་ཅང་ཆེན་པོ་ལྡན་པར་སྙམ་ཞིང་། འཐག་ཁྲི་དེ་ནི་ཏན་རྒྱལ་རབས་དུས་ཀྱི་"ལུའུ་ཅིའི"ཞེས་པའི་འཐག་ཁྲི་དང་འདྲ་བའི་ཁར་དེར་རྐང་གྲབ་ཡོད་ལ་བེད་སྤྱོད་ཀྱི་ནུས་པ་ཡང་ཆེན་པོ་ལྡན་པ་དང་། དེ་ཉིད་གོང་ཤིའི་ཡུལ་གྱི་སྒྱུག་གསེབ་འཐག་ཁྲི་ལས་སྐབས་བདེ་བ་ཞིག་འདུག འཐག་ཁྲི་དེའི་གྲུབ་ཆ་གཙོ་བོ་ནི་རི་གཞི་དང་། འཐག་ཁྲིའི་གཟུགས། རྒྱུ་འདྲེན། སྣམ་འདྲེན། གནས། རྐང་གྲབ། བཏག སྦྲོན་བུ་ལ་སོགས་དེང་དུས་འཐག་ཁྲི་དང་ཁྱད་པར་དེ་ཙམ་མེད་ལ། གཙོ་བོ་འཐག་ཁྲི་དེ་དག་གཞི་ཁྲོན་ཆེ་ལ་རྐང་པ་བཞི་འཛུགས་པོར་ས་སྟེང་ལ་བཙུགས་ཡོད། དེ་ལྟར་འཐག་ཁྲི་དེ་དག་ཐོན་ནས་བོད་ཀྱི་འཁོལ་འཐག་ལས་རིགས་བྱ་གཞག་སྟར་ལས་དར་རྒྱས་ཕུན་སུམ་ཚོགས་སུ་འགྱུར་བ་དང་ཕྱོགས་མཚུངས་བོད་ཀྱི་སྣམ་བུ་དང་པང་གདན་གྱི་སྙན་པའི་གྲགས་པ་ཕྱོགས་གཞིར་ཁྱབ་རྒྱུར་རྨང་གཞི་ལེགས་པོ་ཞིག་འདིང་ཐུབ་པ་བྱུང་། །

གསུམ། དེང་དུས་ཀྱི་འཐག་ཁྲི།

དེང་རབས་ཀྱི་འཐག་ཁྲི་དེ་དག་ནི་དངོས་ཡོད་འཚོ་བའི་བེད་སྤྱོད་ཀྱི་ཁྱད་དགོས་མཁོར་གཞིགས་ཏེ་འགྱུར་བ་མང་པོ་ཕྱིན་ནས་དེང་དུས་ཀྱི་རྣམ་པར་འགྱུར་ཡོད། དེང་

རབས་འཐག་ཁྲིའི་གྲུབ་ཆ་གཙོ་བོ་ནི་སུག་ལག་བཞི་ཡོད་པའི་འཐག་ཁྲི་དང་དེའི་གྲུབ་ཆ་གཞན་སྒྲོན་བུ། བདག་གནས། རྒྱ་སྒྲིལ། སྣམ་སྒྲིལ། ལྕུགས་ཏར། རྐང་ཀྲབ། འཕོར་ལོ་སོགས་ཡོད། དེ་སྔའི་འཐག་ཁྲི་དང་དེང་དུས་འཐག་ཁྲི་གཉིས་ཀྱི་ཁྱད་པར་གཙོ་བོ་ནི་དེང་དུས་ཀྱི་འཐག་ཁྲི་ཁག་ནི་སྔར་གྱི་འཐག་ཁྲི་ལས་སྐབས་བདེ་ལ་རྐང་པ་བཞི་ལྡུ་བསྒྲིགས་པ་ཡིན་པས་གང་འདོད་ལྟར་ལྡུ་ཐྲལ་ནས་ཡང་བསྐྱར་བསྒྲིགས་ཆོག་པ་དང་། འཐག་ཁྲིའི་གཞི་རྒྱ་ཆུང་བས་ས་ཆ་བཟུང་ཆུང་ཞིང་། འཐག་མཁན་གྱི་གཟུགས་སྟོབས་ཆེ་ཆུང་ལ་དམིགས་ནས་འཐག་ཁྲིའི་མཐོ་དམའ་ཡང་བསྒྱུར་ཆོག་པ། འཐག་ལས་བྱེད་བདེ་ཞིང་། གནས་ཀྱང་གོང་གསལ་ལས་གཉིས་ཀྱི་མང་བས་ཐོན་རྫས་ཀྱང་སྲུས་ཀ་དེ་བས་ལེགས་སུ་ཕྱིན་ཡོད་པ་མ་ཟད་འཐག་ཁྲིའི་ལོགས་སུ་པང་ལེབ་ཅིག་བཞག་ན་རྐུབ་སྟེགས་རང་དགར་ཡོད་པ་ལྟ་བུ་ཡིན། བོད་ཞི་བས་བཅིངས་འགྲོལ་བཏང་དུས་མི་ཚང་རེ་འགར་མི་ཐོག་ལྔ་དྲུག་ཙམ་བརྒྱུད་ནས་བཞག་པའི་འཐག་ཁྲི་ཡོད་པ་དེ་དག་ལ་ཉུང་མཐར་ཡང་ལོ་ངོ་ལྔ་བརྒྱ་དྲུག་བརྒྱ་ལྷག་ཙམ་གྱི་ལོ་རྒྱུས་ལྡན་ཡོད། གཞན་ཡང་ས་སྐྱ་དང་ཕག་གྲུའི་དུས་སྐབས་སུ་བོད་ཀྱི་ས་ཕྱོགས་ཁག་ནས་རྒྱ་ནག་གོང་མར་སྣམ་བུ་སྲུས་ལེགས་འབུལ་རྟེན་དུ་གྲུབ་ཆེད་སྣམ་ཆས་ཀྱི་འཐག་ཁྲིར་བསྒྱུར་བཅོས་ཐེངས་མང་བྱས་ཤིང་བོད་ཀྱི་སྣམ་ལས་ལ་སྔར་མེད་ཀྱི་གོང་འཕེལ་ཤུགས་ཆེ་བྱུང་བ་དང་ལྷོ་ཁའི་སྣམ་བུ་དང་པང་གདན་དེ་ཉིད་འབུལ་རྟེན་དུ་གྱུར་རྒྱུར་ཕན་པ་ཆེན་པོ་ཐོན་ཡོད་ཅིང་། རྒྱལ་དབང་སྐུ་ཕྲེང་དང་པོ་ནས་བཟུང་ལྷོ་ཁའི་ལྕེ་བདེ་ཞོལ་ཤད་མའི་པང་གདན་གྱི་སྣན་པའི་གྲགས་པ་བོད་ཡོངས་ལ་ཁྱབ་པའི་མཚར་གཏམ་དེ་དག་བྱུང་ཡོད། དེང་

དུས་སྤྱི་ཚོགས་ཀྱི་ཁྲིམ་རའི་དགོས་མཁོར་གཞིགས་ནས་འཐག་ཁྲི་ལ་ཡང་བསྒྱུར་བཅོས་ཐེངས་མང་བྱས་ཡོད་པ་དང་། ལྷག་པར་དུ་སྣམ་འཐག་འཕྲུལ་ཆས་༧༧༧དང་༡༡༡༡ལ་སོགས་རྟགས་ཅན་ཐོན་ནས་རྒྱལ་ནང་དང་རྒྱལ་སྤྱིའི་སྣམ་བུའི་དགོས་མཁོ་སྐོང་བཞིན་ཡོད། དེར་བརྟེན་སྤྱི་ཚོགས་གོང་འཕེལ་འགྲོ་བའི་གོམ་སྟབས་དང་བསྟུན་ནས་འཐག་ལས་འཕྲུལ་ཆས་དེ་ཡང་གོང་འཕེལ་གཏོང་རྒྱུ་ནི་ལྡོག་མེད་ཀྱི་འཕེལ་ཕྱོགས་ཤིག་ཡིན། །

ས་བཅད་གསུམ་པ། པང་གདན་འདེགས་སྲོལ་གྱི་འཕེལ་འགྱུར།

ས་འོག་ནས་ཐོན་པའི་གནའ་རྫས་ཁྲོད་ཀྱི་གྱོན་གོས་དང་། བོད་ཀྱི་གནའ་རབས་བྲི་གར་དང་ལྷ་མོའི་འཁྲབ་ཆས། དེ་བཞིན་བོད་ཀྱི་དགོན་སྡེ་རྙིང་པ་ཁག་གི་ལྡེབས་རིས་ཐོག་འཁོད་པའི་པང་གདན་གྱོན་གོས་སོགས་ལ་བལྟས་ན་པང་གདན་ཞེས་པའི་སྣམ་བུའི་རྒྱུ་ཆ་དེ་ཐོག་མར་གྱོན་གོས་བཟོ་བྱེད་ཀྱི་རྒྱུ་ཆ་ཞིག་ཡིན་པ་དང་། ཕྱིས་སུ་རིམ་བཞིན་པང་གདན་བཟོ་བྱེད་ཀྱི་རྒྱུ་ཆར་འགྱུར་ཡོད་པ་མ་ཟད་དབུས་གཙང་ཁུལ་དུ་པང་གདན་འདེགས་པའི་དམངས་སྲོལ་རྒྱ་ཁྱབ་དར་འཕེལ་བྱུང་ཡོད། །

གཅིག པང་གདན་འདེགས་སྲོལ་ཇི་ལྟར་བྱུང་བའི་སྐོར།

བོད་རིགས་བུད་མེད་ཚོས་པང་གདན་འདེགས་པའི་སྲོལ་ནམ་ཞིག་ལ་དར་བའི་སྐོར་ཁ་ཚོན་བཅད་ནས་བརྗོད་དཀའ་ཏུང་། སྐུ་ཞབས་ས་གོང་དབང་འདུས་ཀྱི་《བོད་མིའི་ཡུལ་སྲོལ་གོམས་གཤིས》ཞེས་པའི་ནང་པང་གདན་འདེགས་སྲོལ་སྐོར་ལ་“གཅིག་ནས་པང་གདན་འཆིང་སྲོལ་ནི་གནམ་གཤིས་དང་། འཚོ་བའི་དགོས་མཁོར་གཞིགས་ཏེ་ཆགས་པའི་གོམས་སྲོལ་ཞིག་མིན་ནམ་སྙམ། གཉིས་ནས་བོད་རིགས་བུད་མེད་ཚོ་ནི་

ལས་ལ་བརྟེན་ཞིང་ཁྱིམ་སྐྱོང་མཁས་པའི་སྤྱོད་ཚུལ་བཟང་པོ་ལྡན་པས་པང་གདན་ནི་བླུགས་སྣོད་སྟབས་བདེ་ཞིག་ཡིན།"[1]ཞེས་འཁོད་ཡོད་པ་དེ་ནི་བོད་ཀྱི་དངོས་ཡོད་གནས་ཚུལ་དང་ཡོངས་སུ་མཐུན་ལ། དེ་ཡང་བོད་ཀྱི་བུད་མེད་རྣམས་ནི་ལས་ལ་བརྟེན་ཞིང་ཡ་རབས་སྤྱོད་བཟང་ལྡན་པ་དང་ཞིང་ཁུལ་གྱི་བུད་མེད་ཡིན་ནའང་འབྲུ་འབྲོག་ཁུལ་གྱི་བུད་མེད་ཡིན་ན་ཡང་འདྲ་ཚོགས་སྡུ་ལངས་དང་དགོང་མོ་ཉལ་ངང་ནས་ཁྱིམ་གྱི་ནང་ལས་ཚང་མ་བྱེད་དགོས་ཀྱི་ཡོད་པས་ཕྱུ་པའི་མདུན་ངོས་ཟད་ཐོར་འགྲོ་མགྱོགས་པའི་རྐྱེན་གྱིས་དེའི་ཟློན་སྐྱོར་ལ་སྟབས་བདེའི་པང་ཁེབས་བཟོས་ཤིང་། ཆེས་ཐོག་མའི་པང་གདན་ནི་ཚོས་སྣེ་གཅིག་གི་པང་གདན་ཡིན་ལ། རྒྱུ་ཆ་སྣམ་བུ་ཕལ་པ་སོགས་ལས་བཟོས་པ་ཞ་སྟག་ཡིན། རྗེས་སུ་སྐྱེ་བོ་ཚོའི་མཛེས་དཔྱོད་ལྟ་བའི་དགོས་མཁོ་དང་འཕགས་ལས་ལག་རྩལ་འཕེལ་རྒྱས་སོང་ཡོད། པང་གདན་གྱི་ཁྲ་ཡང་སྣེ་མང་ཕུན་སུམ་ཚོགས་སུ་ཕྱིན་ནས་བོད་རིགས་བུད་མེད་ཀྱི་མེད་དུ་མི་རུང་བའི་མཛེས་རྒྱན་ཞིག་ལ་འགྱུར་ཡོད། དུས་དེ་ནས་བཟུང་པང་གདན་ཟེར་བའི་ཐ་སྙད་དེ་ཡང་སྣམ་བུ་ཁྲ་ཁྲའི་རིགས་ཀྱི་མིང་ལ་འགྱུར་ཡོད་པ་དང་། དོན་དངོས་ཐོག་པང་གདན་ནམ་པང་ཁེབས་འདོགས་སྲོལ་ཡོད་པའི་མི་རིགས་མང་ཆེ་བའི་ནང་དུ་དེ་འདོགས་མཁན་བུད་མེད་ཡིན་པ་ལས་སྐྱེས་པ་ཏ་ལམ་མེད་པར་སྣང་། བསམ་ཡས་དགོན་པའི་ཕག་གྲུའི་སྐབས་ཀྱི་བར་ཁྱམས་ལྡེབས་རིས་ཐོག་གི་གཞས་མའི་པང་གདན་ལ་བལྟས་ན་དེ་དག་ནི་རྒྱུ་ཆ

[1] སེ་གུང་དབང་འདུས། བོད་ཀྱི་དམངས་སྲོལ་རིག་གནས་100བོད་ཡིག [M]པེ་ཅིང་། མི་རིགས་དཔེ་སྐྲུན་ཁང་། 2003.11.ཤོག་གྲངས་144

ཚོས་མདོག་རྣམ་པར་བཀྲ་བའི་གོས་ཆེན་གྱིས་བཟོས་པ་ཡིན་མོད། འོན་ཀྱང་གནའ་བོའི་དུས་སུ་བོད་ཀྱི་དར་གོས་ནི་ས་ཕྱོགས་གཞན་ནས་ནང་འདྲེན་བྱས་པ་ཤ་སྟག་ཡིན་ལ། དབང་དང་རྒྱ་ནོར་ཡོད་པའི་ཁྱིམ་ཚང་ཆེ་གྲས་ཀྱི་བུད་མེད་ལས་ཕལ་པའི་ཁྱིམ་ཚང་གི་བུད་མེད་ལ་དེའི་ཆ་རྐྱེན་མེད་པས་པང་གདན་དེ་ཡང་གོན་ཆས་གཞན་ལྟར་ཐོག་མའི་རྒྱུ་ཆ་ཕལ་པ་ནས་རིམ་བཞིན་དུ་རྒྱུ་ཆ་སྤུས་ལེགས་སྤྱད་ནས་བཟོས་པའི་རྒྱན་གོས་ཤིག་ལ་འགྱུར་ཡོད། །

གཉིས། བོད་ཀྱི་གནའ་བོའི་ལྷེབས་རིས་ཁྲིད་ནས་པང་གདན་གྱི་འབྱུང་ཁུངས་འཚོལ་ཞིབ་བྱེད་པ།

དེ་ཡང་གཙང་གི་ཨེ་ཕུཾ་དགོན་པའི་ལྷེབས་རིས་སྟེང་འཁོད་པའི་སྨམ་བུའི་པང་གདན་བཅིངས་པའི་བུད་མེད་ཀྱི་སྣང་བརྙན་དེ་ལས་སྤྱི་ལོའི་དུས་རབས་བཅུ་གཅིག་པའི་སྐབས་ནས་བོད་ལ་པང་གདན་འཆིང་བའི་གོམས་སྲོལ་ཡོད་པ་ཤེས་ཐུབ་པ་དང་། མངའ་རིས་ཀྱི་མཐོ་གླིང་དགོན་པའི་ས་སྐྱ་འདུ་ཁང་ཞེས་པའི་ནང་ཇོ་ཇོ་དཔལ་ལྡན་ཨ་ཏི་ཤ་བོད་ལ་གདན་འདྲེན་ཞུ་བའི་མཛད་སྒོའི་སྐོར་གྱི་ལྡེབས་རིས་ཤིག་གི་པར་རིས་ནང་དུ་ལུས་ལ་ཕྱུ་པ་ཕུ་མེད་གྱོན་པ་དང་པང་གདན་ཁྲ་ཁྲ་བཏགས་པའི་དབུས་གཙང་གི་བུད་མེད་ཅིག་ཀྱང་མངོན་གསལ་དོད་པོའི་སྒོ་ནས་མཐོང་ཐུབ་པ་བཅས་ལས། ལོ་ངོ་གཅིག་སྟོང་ལྷག་ཙམ་གྱི་སྔོན་ནས་བོད་ལ་ཁྲ་ལྡན་གྱི་པང་གདན་འདོགས་སྲོལ་ཡོད་པ་སྟར་བས་ར་སྤྲོད་བྱེད་ཐུབ།

ཕྲན་གྱིས་ལོ་ཁའི་ས་ཆ་ཁག་ལ་རྟོག་ཞིབ་བྱེད་པར་བསྐྱོད་སྐབས། བསམ་ཡས་དགོན་གྱི་ཐོག་རྩེགས་དང་པོའི་བར་ཁྱམས་ཀྱི་གྱང་ངོས་སུ་འཁོད་པའི་བསམ་ཡས་དགོན་

བཞེངས་གྲུབ་པའི་རྟེན་འབྲེལ་གྱི་མཛད་སྒོའི་ནང་དོན་གྱི་ལྷེབས་རིས་ཤིག་འདུག་ལྷེབས་རིས་དེའི་ནང་དུ་འཁོད་པའི་བྲོ་པ་དང་གཞས་མ་ཚོས་ལུས་ལ་གཟབ་མཆོར་སྤྲས་ཤིང་། བུད་མེད་ཚོས་གོས་ཆེན་གྱི་པང་གདན་བཅིངས་ཡོད་པའི་བཟོ་ལྟ་ནི་དེང་དུས་བོད་ཀྱི་འབྲོག་ཁུལ་བུད་མེད་ཚོས་འདོགས་པའི་འཇར་པང་དང་འདྲ་བར་སྣང་། 《བོད་ཀྱི་རི་མོའི་སྒྱུ་རྩལ》ཞེས་པའི་ནང་ལྷེབས་རིས་དེའི་ལོ་རྒྱུས་སྐོར་ལ"བསམ་ཡས་དགོན་པའི་འདུ་ཁང་བར་ཁྱམས་ཀྱི་ལྷེབས་རིས་ནི་མིང་ལྷ་ཚོང་ཀྲིང་ཏ་ཡོན་ལོར（༧༥༠༨ལོར）བཞེངས་པ་དང་། དེའི་རིག་དངོས་ཀྱི་རིན་ཐང་དང་སྒྱུ་རྩལ་རིན་ཐང་ཧ་ཅང་ཆེན་པོ་ལྡན་ཡོད"ཅེས་འཁོད་འདུག

གཞན་ཡང་བོད་ལྗོངས་སློབ་གྲྭ་ཆེན་མོའི་སྒྱུ་རྩལ་སློབ་གླིང་གི་དགེ་རྒན་ཆེན་མོ་བ་བསྟན་པ་རབ་བརྟན་མཆོག་ནས་ལྷེབས་རིས་དེའི་འབྲི་སྟངས་ལ་བལྟས་ན་བོད་ཀྱི་གནའ་དུས་ལྷེབས་རིས་ཀྱི་འབྲི་སྟངས་ཤིག་དང་། དེ་ནི་ཉུང་མཐར་ཡང་དགའ་ལྡན་ཕོ་བྲང་སྲིད་དབང་གོང་གི་ལྷེབས་རིས་ཤིག་རེད་ཅེས་གསུངས་པ་དེའི་ཐོག་ནས་ཀྱང་ཏ་ལམ་ལོ་ངོ་ལྔ་བརྒྱ་ལྷག་ཙམ་གྱི་གོང་རོལ་ལ་བོད་དུ་དུས་སྟོན་སྐབས་གཟབ་མཆོར་སྤྲས་པའི་རྒྱན་གོས་པང་གདན་དར་ཁྱབ་ཡོད་པ་ཤེས་ཐུབ། པང་གདན་འདི་དག་ནི་དེང་དུས་པང་གདན་གྱི་བཟོ་ལྟ་དང་མི་འདྲ་བས། སྐབས་དེའི་རྒྱལ་པོའི་ཕོ་བྲང་ནང་གི་ཐོག་མའི་དུས་སྟོན་པང་གདན་མིན་ནམ་སྙམ་ལ་རྗེས་སུ་སྐུ་དྲག་ནང་ཁུལ་དུ་དར་ཁྱབ་བྱུང་ནས་རིམ་གྱིས་དམངས་ཁྲོད་ལ་དར་མེད་དམ་སྙམ། ཤོད་སྒྲོལ་ལ་དམངས་གཙོ་བཅོས་བསྒྱུར་མ་བྱས་གོང་ལ་བོད་ཀྱི་སྐུ་དྲག་བུད་མེད་ཚོས་དུས་སྟོན་ལ་དེང་དུས་ནག་ཆུ་ཁུལ་གྱི་

པང་གདན་དང་འདྲ་ལ་གོས་ཆེན་གྱི་སྒྲིལ་བཏང་བ་ཞིག་འདོགས་སྲོལ་ཡོད་སྐད་[1]བསམ་ཡས་དགོན་གྱི་ཐོག་རྩེགས་གཉིས་པའི་བར་ཁྱམས་གྱང་ལྡེབས་ལ་ཁམས་གསུམ་དབང་འདུས་（དགེ་རྒན་བསྟན་པ་རབ་བརྟན་ལགས་ཀྱིས་གསུངས་）ཞེས་པའི་ལྡེབས་རིས་ཁག་གཉིས་ཡོད་པ་དང་། དེ་གཉིས་ནང་གི་མི་སྣ་གཙོ་བོ་ནི་གཡས་ངོས་སུ་ཧྲཱ་ལའི་སྐུ་བརྙན་བཅུ་གཅིག་དང་གཡོན་ངོས་སུ་ཧྲ་ལའི་སྐུ་བརྙན་ལྔ་པ་ཡིན། ལྡེབས་རིས་དེའི་ནང་དོན་ལ་གཞིགས་ན་དེ་ནི་དུས་རབས་བཅུ་བདུན་རྗེས་ལ་བྲིས་པ་གཏན་འཁེལ་བྱས་ནས་བཤད་ཆོག ལྡེབས་རིས་དེའི་གསུང་རབ་ནི་མཆོད་འབུལ་མི་སྣའི་རྒྱན་གོས་ཡིན། མི་སྣ་ཚང་མའི་རྒྱན་གོས་མི་འདྲ་བ་མ་ཟད། རྒྱན་གོས་དེ་དག་ལས་མི་རིགས་དང་། ཡུལ་ཁམས། ཐོབ་ཐང་། རྒྱལ་ཁབ་སོགས་མི་འདྲ་བ་མཚོན་ཐུབ། དེའི་ནང་གི་བོད་རིགས་བུད་མེད་ཚོའི་སྤྲ་སྒྲུག་བཟོ་ལྟ་མི་འདྲ་ཡང་། ཕོ་ཚོའི་པང་གདན་ཚང་མ་གོས་ཆེན་ལས་གྲུབ་པའི་པང་གདན་ཤ་སྟག་ཡིན་པ་དང་། ད་དུང་པང་གདན་སྟེང་ལ་རིན་ཆེན་རྒྱན་ཆ་ཡང་བཏགས་འདུག སྦུ་པའི་སྟེང་ལ་སྤུ་མེད་ཀྱི་སྟེང་བཙག་གྱོན་ཡོད་པ་དང་། དེའི་སྟེང་ལ་རྣམ་པ་མི་འདྲ་བའི་ཟླ་གམ་ལྷེབ་གྱོན་བྱས་འདུག པང་གདན་ཁྲ་ཅན་གྱི་ཟླ་གམ་གྱོན་པ་དག་དེང་དུས་ལྷོ་ཁའི་འཕྱོང་རྒྱས་དང་། རྒྱ་ཚ། ཚུ་གསུམ་སོགས་ཀྱི་བུད་མེད་ཀྱི་ཆས་གོས་དང་། དེ་བཞིན་ཨ་ཅེ་ལྷ་མོའི་འཁྲབ་སྟོན་པའི་ཆས་གོས་སོགས་དང་སྔོའི་ཆ་ནས་འདྲ་པོ་འདུག ཕོ་ཚོའི་པང་གདན་དང་ཐོག་རྩེགས་དང་

1 བྱ་རིགས་པ་བློ་བཟང་རྣམ་རྒྱལ། ཕོ། ལོ་70 བོད་ལྗོངས་ལྷ་ས་གྲོང་ཁྱེར་ཆབ་སྲིད་གྲོས་ཚོགས་ཀྱི་ཨུ་ཡོན། འཚམས་འདྲིའི་དུས་ཚོད་ 2009ལོའི་ཟླ་12ཚེས་11ཉིན། འཚམས་འདྲིའི་ས་ཆ། ལྷ་ས་གྲོང་ཁྱེར་ཆབ་སྲིད་གྲོས་ཚོགས།

པོའི་བར་ཁྲམས་ལྡེབས་རིས་ཐོག་གི་གཞིས་མའི་པང་གདན་དང་གཅིག་མཚུངས་རེད། གཡས་ངོས་ཀྱི་ལྡེབས་རིས་ཐོག་པང་གདན་སྟོད་གོས་གྱོན་པའི་མི་སྣ་ཞིག་འདུག་པ་དེ་དག་ནི་བོད་ཀྱི་ལོ་རྒྱུས་ཐོག་གི་རྒྱལ་ཆས་ཟེར་བ་དེ་རེད། （བྱ་རིགས་བློ་བཟང་རྣམ་རྒྱལ་ལགས་ཀྱིས་གསུངས་པ་ལྟར་ན། ）

ལྷོ་ཁའི་ལྷེ་བདེ་ཞོལ་རྗེ་ཕུད་ཆོས་འཁོར་དགོན་གྱི་དཀྱིལ་འཁོར་རི་མོ་ནི་གཞན་དང་མི་འདྲ་བ་ཞིག་འདུག དེའི་ནང་འཁོད་པའི་མི་སྣ་ཚང་མ་མི་སྐྱ་ཡིན་པ་མ་ཟད། དེ་ལས་ས་གནས་དེ་གའི་འབངས་རྣམས་ཀྱི་འཚོ་བ་དངོས་མཚོན་པར་བྱས་ཡོད། ལུས་ལ་ཕྱུ་པ་ངེ་ཚོས་གྱོན་པ་དང་པང་གདན་ཁྲ་ཆེན་བཏགས་པའི་བུད་མེད་ཅིག་གིས་སོག་ཆས་སྤྲས་པའི་དཔོན་པོ་ཞིག་ལ་མཆོད་ཆང་འབུལ་བཞིན་པའི་སྐོར་བཀོད་འདུག དགོན་དེའི་བྱམས་པ་ལྷ་ཁང་གི་གཡས་ངོས་ལྡེབས་རིས་ཐོག་རྒྱལ་སྲས་ཆས་གོས་གྱོན་པའི་འབུལ་རྟེན་བསྣམས་པའི་མི་སྣ་དེའི་གྱོན་གོས་དེ་ཡིན་ཞིང་། ལྡེབས་རིས་ཐོག་གི་གཡས་ངོས་ནང་འཁོད་པའི་མི་སྣ་སྐྱ་བོ་དེ་གཉིས་པོས་ལུས་ལ་སྣམ་བུ་ལྗང་ནག་གི་ཕྱུ་པ་གྱོན་པ་དང་། དཔུང་པ་གཡས་པའི་སྟེང་ན་པང་གདན་སྣམ་པ་གཉིས་ལས་གྲུབ་པའི་ཟན་རིང་པོ་ཞིག་དཔྱངས་ནས་འདུག གཡས་ངོས་སུ་ད་དུང་ཕྱུ་པ་དཀར་པོ་གྱོན་པ་དང་། པང་གདན་འབོག་རིལ་ལྟར་བྱས་པ་ཞིག་འཁྲིད་ལ་འཁུར་འདུག དགོན་སྡེ་འདི་ནི་༡༠༩༩ལོར་གཏེར་སྟོན་གྲགས་པ་ཡིས་བཞེངས་པ་དང་། དགོན་པའི་ནང་གི་ལྡེབས་རིས་ནང་དོན་ལ་བལྟས་ན་དེ་དག་ཕལ་ཆེ་བ་ནི་ཡོན་རྒྱལ་རབས་ཀྱི་དུས་མཇུག་ཏུ་ཡིན་པ་ངེས་ཤིང་། བྱམས་པ་ལྷ་ཁང་ནང་གི་ལྡེབས་རིས་ཐོག་འཁོད་པའི་

རྒྱལ་སྲས་ཆས་ཀྱི་གྲོན་གོས་དེ་ཡང་བསམ་ཡས་དགོན་གྱི་ཁམས་གསུམ་དབང་འདུས་ལྷ་ཁང་ནང་གི་ལྗིབས་རིས་ལས་ཕྱི་བ་ཡོད་སྐབས་རྒྱལ་སྲས་ཆས་སམ་རིན་ཆེན་གྲོན་གོས་དེ་ལ་ཡང་འཕོ་འགྱུར་ཆེན་པོ་བྱུང་ཡོད་པ་མཚོན་ཐུབ།།

ལེའུ་གསུམ་པ། ལྷོ་ཁའི་ལྷོ་བདེ་ཞོལ་པང་གདན་ཐོན་སྐྱེད་ཀྱི་བཟོ་རྩལ་དང་དམངས་སྲོལ།

ལྷོ་ཁ་ནི་བོད་ཀྱི་རིག་གནས་ཀྱི་འབྱུང་ཁུངས་ཡིན་ཞིང་། ཡངས་ཤིང་རྒྱ་ཆེ་ལ་ས་རྒྱུ་ཤིན་ཏུ་གཤིན་པའི་ས་གཞི་ཆེན་པོ་དེའི་ཐོག་ཏུ་བོད་ཀྱི་ཞིང་ལ་སྔ་བ་སྔར་འབྲུད་ཞིང་དང་གྲོང་ལ་སྔ་བ་ཡར་ཀླུང་སོག་ཁ། ཕོ་བྲང་ལ་སྔ་བ་ཡུམ་བུ་བླ་མཁར། དགོན་སྡེ་ལ་སྔ་བ་བསམ་ཡས་དགོན་སོགས་གནས་ཡོད། ལྷོ་ཁའི་རང་བྱུང་ཐོན་ཁུངས་ཕྱ་ཅང་ཕུན་སུམ་ཚོགས་པོ་ཡོད་པ་སྟེ། དེ་ཡང་ས་རྒྱུ་གཤིན་པོའི་རོང་ས་དང་ཡངས་ཤིང་རྒྱ་ཆེ་བའི་རྩ་ཐང་། ཡ་མཚན་ཆེ་བའི་གྲོག་རོང་དང་མཚོ་མོ། ད་དུང་ཚང་ཚོང་གི་གདོད་མའི་ནགས་ཚལ་སོགས་ཡོད་པ་དེ་དག་ནི་ལྷོ་ཁའི་སྣ་མང་རིག་གནས་ཀྱི་གྲུབ་ཚུལ་ལམ་འཕེལ་འགྱུར་གྱི་རྨང་གཞི་ཞིག་ཡིན། ཡུལ་འདིར་ལོ་རྒྱུས་རིང་བའི་ཞིང་ལས་རིག་གནས་དར་ཁྱབ་ཆེ་ཞིང་། དུས་བཞིའི་དབྱེ་བ་ཕ་ཅང་གསལ་བས་ཞིང་ལས་ཀྱི་བར་གསེང་དུ་ལག་ལས་བྱེད་པའི་དུས་ཕོམ་ཕ་ཅང་མང་པོ་ཡོད་པ་དེས་འཕེལ་འཐག་ལས་རིགས་ལ་ཆ་རྐྱེན་ལེགས་པོ་ཞིག་བསྐྲུན་ནས་ལྷོ་ཁའི་སྣེ་མང་ཕུན་སུམ་ཚོགས་པའི་འཕེལ་འཐག་ལག་ཤེས་རིག་གནས་དར་འཕེལ་གཏོང་རྒྱུར་སྐུལ་འདེད་ཐུབ་ཡོད། འཕེལ་འཐག་ལག་ཤེས་དེ་རིགས་ཀྱིས་མི་རྣམས་ཀྱི་ཞིང་ལས་ཀྱི་བར་གསེང་དུས་ཚོད་འཕྲོ་བརླག་མི་གཏོང་བར་ཁྱིམ་ཚང་གི་ཁོར་ལས་ཡོང་འབབ་གོང་མཐོར་སོང་བས་

ལག་ཤེས་བཟོ་རྩལ་དེ་བཞིན་ཞིང་ཁུལ་དུ་དར་ཁྱབ་ཆེན་པོ་བྱུང་ཡོད། འཐག་ལས་ནི་འཕྲུལ་འཁོར་རང་བཞིན་དང་བསྐྱར་བཟློས་རང་བཞིན་ཤིན་ཏུ་ཆེ་བའི་ལས་ཀ་ཞིག་ཡིན་ཙང་བློ་རིག་བཀྲ་བའི་བོད་རིགས་མི་དམངས་ཚོས་བགྲང་བྱ་དུ་མའི་ངལ་རྩོལ་གྱི་བརྒྱུད་རིམ་ཁྲོད་རང་གི་ཉམས་མྱོང་ཕྱོགས་བསྡོམས་དང་གཞན་ཡུལ་གྱི་ལེགས་ཆ་རྣམས་བསྡུ་ལེན་ལེགས་པར་བྱས་པས་ལྷོ་ཁའི་ལག་ཤེས་འཐག་ལས་ཀྱི་ལག་རྩལ་ཟམ་མི་ཆད་པར་གོང་འཕེལ་སོང་ནས་བོད་ཁུལ་གྱི་པང་གདན་དང་སྣམ་བུ་ཐོན་ཁུལ་གྲགས་ཅན་ཞིག་ཏུ་འགྱུར་ཡོད་པ་དཔེར་ན། གྲ་ནང་གི་སྣམ་བུ་དང་ལྷོ་བདེ་ཞོལ་གྱི་ཤད་མའི་པང་གདན། སྣེ་གདོང་རྩེད་ཐེར་ལྟ་བུ་ཡིན།།

དང་པོ། པང་གདན་བཟོ་བའི་ལག་རྩལ།

ལྷོ་ཁ་ཁུལ་གྱི་སྣམ་བུའི་གྲགས་པ་ནི་སྔར་ནས་བཟུང་ས་ཕྱོགས་གང་སར་ཁྱབ་ཡོད་ཅིང་། ཁུལ་དེའི་སྐྱེ་བོ་ཚོས་ཐོན་སྐྱེད་བྱེད་པའི་བརྒྱུད་རིམ་ནང་དུ་ཉམས་མྱོང་ཕུན་སུམ་ཚོགས་པོ་གསོག་འཇོག་བྱས་ཡོད་ཅིང་། རྒྱུ་ཆ་ལེགས་འདེམས་དང་། རྒྱུ་སྦྱུན་འཁེལ་བ། ཚོས་རྒྱག་པ། འཁེལ་འཐག་པ་ལ་སོགས་ཚང་མར་རང་གི་ཁྱད་ཆོས་ལྡན་པའི་བཟོ་རྩལ་བརྒྱུད་རིམ་ལྡན་ཡོད་ལ། ཐོན་སྐྱེད་ཀྱི་བརྒྱུད་རིམ་ཁྲོད་དུ་ཐུན་མིན་ཁྱད་ཆོས་ལྡན་པའི་ཐོན་སྐྱེད་བྱེད་སྟངས་དང་དམངས་སྲོལ་ཐོན་སྐྱེད་ཅིག་ཆགས་ཡོད། དེ་ལྟར་པང་གདན་ཐོན་སྐྱེད་བྱེད་པའི་ལས་རིམ་དེ་དག་ནི་བོད་ཀྱི་ལག་ཤེས་བཟོ་ལས་ཀྱི་སྲོལ་རྒྱུན་ལག་རྩལ་གསོག་འཇོག་བྱས་པའི་ཉམས་མྱོང་ཞིག་ཡིན་པ་དེས་མི་རིགས་ཀྱི་ཐུན་མོང་མ་ཡིན་པའི་ཁྱད་ཆོས་ལྡན་པའི་བཟོ་རྩལ་ཚུ་ཚད་མཚོན་ཐུབ་ལ་ས་ཁོངས

དེ་གའི་ཐོན་སྐྱེད་དམངས་སྲོལ་ཡང་མཚོན་ཐུབ།

སྤང་གདན་ནི་སྣམ་བུའི་གྲས་ཤིག་ཡིན་ཀྱང་དེ་འཐག་པའི་བརྒྱུད་རིམ་ནི་སྣམ་བུ་གཞན་དང་མི་འདྲ་བར་འཐག་ལས་ཀྱི་སྔོན་ལ་སྤུས་དག་གི་བལ་འདེམས་སྒྲུག་བྱས་ནས་སྤུན་དོག་འཁལ་ཏེ་འཛད་སྤྱོད་པའི་དགོས་མཁོར་གཞིགས་ཏེ་ཆོས་གཞི་དང་བཟོ་ལྟ་བདམས་ནས་སྤང་གདན་འཐག་དགོས། །

གཅིག སྤང་གདན་གྱི་རྒྱུ་ཆ་འདེམས་སྒྲུག་དང་བཟོ་རྩལ་སྐོར།

བོད་ཀྱི་སྲོལ་རྒྱུན་ཐོན་སྐྱེད་བཟོ་རྩལ་ནང་དུ་སྤང་གདན་ནི་བལ་ལས་འཐག་པ་ཞིག་ཡིན་ཞིང་། དེའི་སྤུས་ཀ་ལེགས་ཉེས་ནི་ལག་ཤེས་ཁོ་ན་ཙམ་མ་ཡིན་པར་རྒྱུ་ཆ་འདེམས་སྒྲུག་བྱ་རྒྱུ་དང་འབྲེལ་བ་དམ་ཟབ་ཡོད། འཐག་ལས་ནང་དུ་སྤྱོད་པའི་བལ་ལ་ཡང་རིམ་པ་དབྱེ་སྟངས་མང་པོ་ཞིག་ཡོད་པ་སྟེ། བལ་འབྲིག་པའི་དུས་ཚིགས་མི་འདྲ་བར་གཞིགས་ནས་བལ་ལ་དཔྱིད་བལ་དང་། སྟོན་བལ་ཞེས་རིགས་གཉིས་སུ་དབྱེ་བ་དང་། ཐོན་ཁུངས་ཀྱི་ས་ཁུལ་མི་འདྲ་བར་གཞིགས་ནས་བྱང་བལ་དང་། འབྲོག་བལ། ཡུལ་བལ་ཞེས་གསུམ་ལ་དབྱེ་བ། ཡང་ལུག་གཅིག་གི་གཟུགས་པོའི་སྟེང་གི་བལ་ལ་ཡང་རིགས་མི་འདྲ་བ་དབྱེ་ཚུལ་ཡོད་པ་སྟེ་སྐེ་བལ་དང་། སྒོ་བལ། སྒལ་བལ། རྣང་རལ་སོགས་ཡོད། ལྷོ་ཁའི་ཁུལ་དུ་སྤུས་ལེགས་སྤང་གདན་འཐག་བྱེད་ཀྱི་བལ་ལེགས་ཤོས་ནི་སྟོན་ཁའི་ཡུལ་བལ་ཡིན་པ་དང་། དེ་ནས་ཡར་འབྲོག་ནས་ཐོན་པའི་འབྲོག་བལ་དང་མཐའ་མ་ནི་བྱང་བལ་ཡིན། བྱང་བལ་ནི་ལོ་གཅིག་ལ་ཐེངས་གཅིག་ལས་མི་འབྲེག་པ་དང་བྱང་རྒྱུད་གནམ་གཤིས་གྲང་བས་བལ་རྩུབ་པོ་ཡོད་ཅིང་།

འབྲོག་བལ་དང་བྱང་བལ་གྱི་ཚོ་སྣ་རིང་བ་དང་འོད་མདངས་ཆེ་བ། ལུག་ཅིག་གི་བལ་ལེགས་ཤོས་ནི་སྐེ་བལ་དང་སྒོ་བལ། དེ་ནས་སྐལ་སྙིང་བལ་བཅས་རིམ་པ་ལྟར་ཡིན་ཞིང་། སྤུས་ཚད་ཞན་པའི་བལ་ནི་རྐང་པ་དང་རྐུབ་གཡས་གཡོན་གྱི་བལ་དང་སྤུས་ཀ་ལེགས་ཤོས་ཀྱི་ཤད་མའི་པང་གདན་འཐག་དགོས་ན་ངེས་པར་དུ་ཡུལ་བལ་གྱི་མཛིང་སྙིང་བལ་འདེམས་དགོས།

སྤུས་ལེགས་ཀྱི་བལ་འདམས་རྗེས་སྔོན་ལ་བལ་བཀྲུས་ནས་བལ་ས་རྒྱག་དགོས་པ་དང་། དེ་ནས་བལ་ས་གཙང་མར་བཀྲུས་རྗེས་སྐམ་དགོས་ཤིང་། བལ་སྐམ་པོ་ཆགས་རྗེས་རྒྱག་པས་བརྡབས་ནས་སོབ་སོབ་བཟོས། དེ་ནས་བལ་གསེད་ནས་རྒྱུ་དང་སྤུན་འཁེལ་གྱི་ཡོད། དེ་སྔ་སྦྱུག་གསེབ་ཀྱིས་བལ་གསེད་རྒྱག་ཀྱི་ཡོད་པ་དང་། དེ་ནས་རིམ་བཞིན་ལྕགས་ཤད་རྒྱག་པ་དང་། དེང་དུས་བལ་ཚང་མ་སྒྲོག་གིས་གསེད་ཀྱི་ཡོད། །

གཉིས། རྒྱུ་སྤུན་འཁེལ་རྒྱུ།

རྒྱུ་འཁེལ་སྐབས་ཡོག་ཤིང་གིས་འཁལ་བ་དང་སྤུན་ནི་འཕང་གིས་འཁལ་གྱི་ཡོད། འོན་ཀྱང་རྒྱུ་འཁལ་བའི་བལ་ནི་ཚོ་སྣ་རིང་བའི་བལ་དགོས་པས་ཐད་ཀར་ལུག་རེ་འགའི་བལ་མ་བྲེག་པར་བཞག་ནས་ལོ་བལ་བཟོས་ཏེ་རྒྱུ་བལ་བྱེད་ཀྱི་ཡོད་ལ་རྒྱུ་ནི་རྒྱུན་དུ་ཉམས་མྱོང་ཕུན་སུམ་ཚོགས་པའི་བུད་མེད་ཀྱིས་འཁལ་གྱི་ཡོད་ཅིང་དེའང་ཡར་ལངས་ནས་ཡོག་ཤིང་གིས་ཡོག་ཚར་རྗེས་གྱུ་གུ་བསྒྲིལ་ནས་འཇོག་གི་ཡོད། སྤུན་འཁལ་བའི་བལ་ལ་རེ་བ་དེ་ཙམ་མེད་ལ་སྤུན་འཁལ་ཚར་རྗེས་ཀྱང་གྲུ་གུ་བསྒོགས་ནས་འཇོག་སྲོལ་ཡོད། སྤུས་དག་གི་པང་གདན་བཟོ་བའི་དུས་སུ་བལ་ལེགས་ཤོས་འདེམས་དགོས་ལ་

སྲུན་འཁབ་བའི་ལག་རྩལ་ཡང་ཧ་ཅང་མཁས་པོ་དགོས། སྐད་གྲགས་ཡོད་པའི་པང་གདན་གྱི་ཕ་ཡུལ་ལྷོ་བདེ་ཞོལ་གྱི་ངོས་ནས་བརྗོད་ན་ཤད་མའི་པང་གདན་གྱི་རྒྱ་སྲུན་གྱི་རེ་བ་ཡང་ཧ་ཅང་མཐོ་པོ་ཡོད་དེ། རྒྱ་སྲུན་དེ་དག་སྲུས་ཀ་ཧ་ཅང་ལེགས་ཤིང་སྲོམ་ཕྲ་སྙོམ་ལ་དམ་ལྷོད་སྙོམས་པས་དེང་དུས་སློག་གིས་འཁེལ་བའི་སྲུན་དོག་དང་འགྲན་ཆོག་ལ་བོད་ཀྱི་ས་ཆ་གཞན་དག་ལ་སྲུན་དེ་ལྟ་བུ་མཐོང་བར་དཀོན། ཡང་རྒྱ་སྲུན་གྱི་ཕྲ་སྲོམ་ནི་སི་ཤན་ལྟར་སྙོམ་པོ་ཡོད་པ་དེའི་ཐོག་ནས་ཀྱང་ས་གནས་དེའི་ལག་ཤེས་པའི་རྒྱ་སྲུན་འཁེལ་བའི་ལག་རྩལ་མཐོ་པོ་ཡོད་པ་ཤེས་ཐུབ་ཅིང་། ཕོ་ཚོར་ཡུན་རིང་གི་དོན་དངོས་འཚོ་བའི་ནང་དུ་ཐོན་སྐྱེད་ལག་རྩལ་གྱི་ཉམས་མྱོང་ཕུན་སུམ་ཚོགས་པོ་གསོག་འཛོག་བྱས་ནས་རང་ཉིད་ཀྱི་ཁྱད་ཆོས་ལྡན་པའི་རྒྱ་སྲུན་འཁེལ་བའི་བྱ་ཐབས་དང་ལག་རྩལ་དམིགས་བསལ་ལྡན་ལ། བུད་མེད་ཀྱིས་རྒྱ་སྲུན་མང་ཆེ་བ་འཁབ་ཀྱི་ཡོད་པ་དང་ཕོ་ཚོས་འཁབ་པའི་རྒྱ་སྲུན་གྱི་ཕྲ་སྲོམ་ཡང་སྙོམ་པོ་ཡོད། ཤོད་སྲོལ་ལ་"ཤད་མའི་སྣམ་བུའི་སྲུན་གྱི་ཕྲ་སྲོམ་དང་བུད་མེད་ཀྱི་སྐྲ་རྐང་ལྔ་དྲུག་གཅིག་ཏུ་སྒྲིལ་བ་དང་འདྲ་བས་དེས་བཏགས་པའི་སྣམ་བུས་སྐྱེས་པའི་བལ་སོའི་ཤ་འདྲུད་ཚེ་ཁེབས་ནང་ནས་ཐར་ཐུབ་པའི་ཁྱད་ཡོན་ལྡན་ཡོད"[1] ཅེས་པ་ལས་ཞེང་ཚད་ལེའི་སྨིད་༢༠ལྷག་ཙམ་གྱི་སྣམ་བུ་དེ་དག་སྐྱེས་པའི་མཇུབ་མོ་ཐར་བའི་ཚེ་ཁེབས་ནང་ནས་ཐར་ཐུབ་པ་དེ་ལས་ང་ཚོས་རྒྱ་སྲུན་ཕྲ་མོ་ཇི་འདྲ་ཡོད་པ་ཤེས་ཐུབ་ལ། རྒྱ་སྲུན་གྱི་ཕྲ་སྲོམ་སྙོམ་པོ་དགོས

1 བདེ་ཆེན་དབང་མོ། བུད་མེད། ལོ་70 གྲོང་ཚོ་བཞི་པ། བོད་རྙིང་པའི་སྐྱིད་པ་ཐང་རྫོང་གི་རྒྱ་སྲུན་འཁེལ་མཁན། བཅར་འདྲི་བྱེད་པའི་དུས་ཚོད། 2009.9 ས་གནས། ལྷོ་བདེ་ཞོལ།

པ་ནི་པང་གདན་གྱི་སྦྱུས་ཀ་ལེགས་ཉེས་ཀྱི་འགག་རྩ་ཞིག་ཡིན་པས་རྒྱ་སྤྱན་འཕེལ་རྒྱུའི་ལག་རྩལ་དེ་ཉིད་པང་གདན་འཕེལ་འཐག་གི་ལག་རྩལ་ཁྱེད་མེད་དུ་མི་རུང་བའི་ནུས་པ་ལྡན་ཡོད་ལ། ལྡེ་བདེ་ཞོལ་གྱི་པང་གདན་ས་ཕྱོགས་གང་སར་སྐད་གྲགས་ཆེད་པའི་རྒྱུ་རྐྱེན་གཙོ་བོ་ཡང་དེ་རང་ཡིན། །

གསུམ། ཆོས་རྒྱག་པའི་ལག་རྩལ།

ལྷོ་ཁའི་ལྡེ་བདེ་ཞོལ་གྱི་པང་གདན་འཁལ་འཐག་བྱེད་པའི་བརྒྱུད་རིམ་ནང་དུ་རྒྱ་སྤྱན་འཁལ་བ་དང་ཆོས་རྒྱག་པ་སོགས་ཚང་མར་རང་ཉིད་ཀྱི་ཐུན་མོང་མ་ཡིན་པའི་ཁྱད་ཡོན་ལྡན་ཡོད། ལྷག་པར་དུ་ཆོས་རྒྱག་པའི་བརྒྱུད་རིམ་ནང་དུ་སོ་སོའི་ཁྱད་ཆོས་ལྡན་པའི་རྟུས་གཞི་དང་བྱ་ཐབས་ལྡན་ཡོད།

དེ་ཡང་པང་གདན་ལ་ཆོས་རྒྱག་པའི་སྐབས་འབྲུ་བདེ་བ་དང་ཆོས་རྒྱག་བདེ་བའི་ཆེད་དུ་སྤྱན་དོག་ལ་དོག་མ་ཞེས་གྲུ་གུ་རྣམས་རིང་ཐུང་གཅིག་པའི་སྤྱན་བཟོས་ནས་བཀྲུས་རྗེས་ཆོས་རྒྱག་པ་དང་། དེ་ནས་སླར་ཡང་ཐེངས་གཅིག་བཀྲུ་དགོས། ཁུལ་དེའི་ཆོས་མང་ཆེ་བ་ནི་ས་ཆ་དེ་རང་ནས་ཐོན་པའི་རང་བྱུང་གི་ཆོས་ཡིན་པ་དང་། རེ་འགའ་ཕྱི་རྒྱལ་ལམ་ས་ཕྱོགས་གཞན་ནས་ནང་འདྲེན་བྱ་སྲོལ་ཡོད། བོད་ཀྱི་ས་ཆ་མང་པོ་ཞིག་ལ་སྐབས་བདེའི་ཆེད་དུ་རྩྭ་ས་ནས་རྩས་འགྱུར་གྱི་ཆོས་སྣ་བེད་སྤྱོད་བྱས་ཟིན་རུང་ལྡེ་བདེ་ཞོལ་དུ་ད་བར་རང་བྱུང་གི་ཆོས་བེད་སྤྱོད་བྱེད་བཞིན་ཡོད། ཁུལ་དེར་སྤྱོད་པའི་ཆོས་གཙོ་བོ་སྐར་ཞུགས་དང་། གཞོག་མང་གི་རྩ་བ། ཚོ་ལོ། ཉ་ལོ་ལ་སོགས་ཡོད་ལ་ད་དུང་འཕྲོངས་རྒྱས་དང་རིན་སྤུངས། ལྷོ་བྲག་གི་ས་རྩུའུ་དང་གཞིས་

རྩེའི་ཆོས་ནག བལ་ཡུལ་དང་རྒྱ་གར་ནས་ནང་འདྲེན་བྱས་པའི་རྒྱ་ཆོས་དང་རམས་ཆོས་སོགས་ཀྱང་ཡོད། ཆོས་དེ་དག་བེད་སྤྱོད་བྱས་ཚེ་ཆོས་ཁ་དྭངས་ལ་ཉི་འོད་འོག་དུས་ཡུན་རིང་པོ་གྱོན་ཀྱང་མདོག་མི་འགྱུར་བ་མ་ཟད། ཉི་འོད་འཕོག་པའི་དུས་ཚོད་ཇི་ཙམ་རིང་བའམ་ཆུ་ལ་ཇི་ཙམ་མང་བ་བཀྲུས་ན་དེ་ཙམ་གྱི་ཆོས་མདངས་ཆེ་རུ་སོང་བ་ལ་སོགས་ཀྱི་ཁྱད་ཆོས་ལྡན་ལ། རྫས་འགྱུར་དངོས་པོ་མེད་པས་མིའི་ལུས་ཁམས་དང་ཁོར་ཡུག་ལ་གནོད་པ་མེད་པ་བཅས་ལས་ལྷེ་བདེ་ཞོལ་གྱི་པང་གདན་སྐད་གྲགས་ཆེད་པའི་རྒྱུ་རྐྱེན་གཙོ་གྲས་སུ་འགྱུར་ཡོད།

དེ་ལྟར་ལྷེ་བདེ་ཞོལ་གྱི་པང་གདན་ལ་རྒྱུ་ཆ་སྤུས་ལེགས་དང་ལས་སྣོན་ཞིབ་ཚགས། ཆོས་མདོག་རྣམ་པར་བཀྲ་བ། བཟོ་ལྟ་འདྲ་མིན་ཚང་བ། སྤུས་ཀ་ལེགས་པོ་སོགས་ཀྱི་ཁྱད་ཆོས་ལྡན་པ་དེའི་གྲགས་པ་ཕྱོགས་གང་སར་ཁྱབ་ཡོད། ཁུལ་དེའི་ཆོས་རྒྱག་གི་ལག་རྩལ་ལྡོངས་ཡོངས་ཀྱི་ཨང་དང་པོའི་གྲས་སུ་སླེབས་ཡོད་པ་དེ་ཡང་གཙོ་བོ་ཁོང་ཆོས་སྤྱོད་པའི་རང་བྱུང་གི་ཆོས་རིགས་སྤྱོད་པ་དང་འབྲེལ་བ་ཡོད་ལ་ལྷེ་བདེ་ཞོལ་གྱི་ཐུན་མོང་མ་ཡིན་པའི་ཆུའི་སྤུས་ཚད་དང་འབྲེལ་བ་ཆེན་པོ་ཡོད།

སྔོན་དོག་ལ་ཆོས་སྣེ་མང་རྒྱག་པའི་དུས་སུ་ཆོས་ཁོག་གཅིག་གི་ནང་དུ་རྒྱག་ཐེངས་གཅིག་ལ་ཆོས་སྣ་ངམ་ཆེ་བ་རྒྱག་ཐུབ་ཀྱི་ཡོད། དེ་ཡང་སྔོན་ལ་རམས་ཆོས་དབུར་དགོས་པ་དང་ ཆོས་རྒྱག་ཐེངས་རེར་ཏ་ལམ་བདུན་གཅིག་ཙམ་དབུར་དགོས་ཀྱི་ཡོད། དེའི་སྐོར་ལ་ལྷེ་བདེ་ཞོལ་ལ་གཏམ་དཔེ་འདི་ལྟར་ཞིག་ཡོད་པ་སྟེ།

“ཁྱེད་ལ་དབུར་བའི་སྙིང་རུས་ཡོད་ན། ངས་རི་བོ་ཡོངས་ལ་ཡང་ཆོས་ཁེབས་

ཐུབ་”’[1]ཅེས་པ་དེ་ཡིན། དེའི་གོ་དོན་ནི་སྔིང་རྣུས་ཀྱིས་ཆོས་དབུར་ཚེ་ཧ་ཙམ་ཞིབ་པ་བྱུང་ན་སྨུན་དོག་ཀྱང་དེ་ཙམ་མང་བར་ཆོས་རྒྱུག་ཐུབ་པ་དང་། ཆོས་དེ་དབུར་དུས་ཡས་རྗེ་དང་མས་རྗེའི་དབར་ལ་ཡར་མར་དབུར་དགོས་པ་ལས་ཡས་རྗེས་རྫོག་མི་རུང་། དབུར་དུས་ཆུ་ཏོག་ཙམ་ཏོག་ཙམ་བླུགས་ནས་སྔིང་རྣུས་ཆེན་པོས་ཙུང་མཐར་ཡང་ཉིན་བདུན་གཅིག་དབུར་དགོས། དེ་ནས་པ་རི་ཞེས་པ་ཛ་ལས་བཟོས་པའི་སྣོད་ཅིག་གི་ནང་དུ་ཆོས་དེ་དག་བླུགས་རྗེས་ཚ་ལོ་དང་ས་རྩྭ་སྦྲངས་པའི་ཆུ་དག་དང་མཉམ་བསྲེས་བྱས་ནས་ དྲོད་བཏང་ཚར་རྗེས་ཏ་སྤང་དང་ལུག་གི་རིལ་མའི་དཀྱིལ་དུ་བསྐྱལ་དགོས། དེ་ལྟར་དགོང་མོ་གཅིག་སོང་རྗེས་གཞི་ནས་ཡར་བཏོན་ཏེ་དྲོད་ཚད་མ་ཡལ་གོང་ལ་ཆོས་རྒྱུག་དགོས། ཆོས་ཁོག་དེའི་ནང་ནས་ཙུང་མཐར་ཡང་ཆོས་སྣེ་ཁ་བདུན་ཙམ་ཐོན་གྱི་ཡོད་པ་དེ་དག་ནི་ཆོས་མདོག་སྨུམ་པོ་ནས་སྐྱ་བའི་བར་ཐོན་གྱི་ཡོད་པ་འདི་ལྟ་སྟེ་ཐོག་མར་སྔོ་ནག་དང་། དེ་ནས་སྔོ་དཀར། སེར་པོ། ལྗང་ནག་སྔོ་ལྗང་། ལྗང་སེར་སོགས་ཐོན་ཐུབ། ཡང་ཆོས་ཟིང་སྐྱ་རྒྱབ་དུས་སུ་རྒྱ་ཆོས་ཀྱིས་ཆོས་དམར་པོ་བརྒྱབ་ཚར་རྗེས་གཞི་ནས་གོང་གི་ཆོས་ཁུའི་ནང་དུ་བཙུག་པ་ཡིན་ན་གཞི་ནས་ཟིང་དམར་དང་ཟིང་དཀར་གཉིས་ཐོན་གྱི་ཡོད།ཆོས་རྒྱག་པའི་གོ་རིམ་ནང་དུ་སྨུན་དོག་དཀྲུག་དཀྲུག་ཡང་ཡང་གཏོང་དགོས་པ་དང་། ག་ཚོད་ཀྱིས་མང་བ་དཀྲུགས་ན་དེ་ཙམ་གྱི་ཆོས་ལེན་བདེ་བ་དང་འཐོད་སྐམས་པ་ཡོང་གི་ཡོད། སྨུས་དག་གི་པང་གདན་དང་

[1] སློབ་མ། བུད་མེད། ལོ་59 ལྷེ་བདེ་ཞོལ་གྲོང་རྡལ། བཅར་འདྲི་བྱེད་པའི་དུས་ཚོད། 2009ལོའི་ཟླ་9ཚེས་13ཉིན། ས་གནས་ནི་ལྷེ་བདེ་ཞོལ།

སྣམ་བུར་ཆོས་རྒྱུག་པའི་དུས་ཆོས་ཁོག་དེ་དག་ཉུང་མཐར་ཡང་བདུན་གཅིག་ཙམ་ལུང་ནང་དུ་བསླབ་དགོས་ལ་དཀྲུག་དཀྲུག་ཐེངས་མང་གཏོང་དགོས། ཞོར་དུ་གྲོ་ཞིབ་ཏོག་ཙམ་ཏོག་ཙམ་བླུགས་ནས་ཆོས་ཀྱི་ལྷོ་ཁེངས་པ་བྱེད་དགོས། ཤོད་སྤྱོལ་ལ"ལྷོ་བདེ་ཞོལ་གྱི་ཆོས་དཔོན་གྱིས་ཆོས་རྒྱུག་སྐབས་ཆོས་དཀྲུགས་པའི་ལག་རྩལ་ད་ཅང་མཐོ་པོ་ཡོད་"[1]ཟེར་ཆོས་བརྒྱབ་ཚར་རྗེས་ཆུ་འགྲམ་དུ་འཁྱེར་ནས་བཀྲུས་ཏེ་སྐམ་པ་དང་། ཐབས་དེ་བེད་སྤྱད་ནས་ཆོས་བརྒྱབ་པའི་སྣུམ་དེ་དག་གིས་བཏགས་པའི་པང་གདན་དག་ལོ་ངོ་བཅུ་གྲངས་ལྷག་ཙམ་རིང་ཆར་ཆུ་དང་ཉི་འོད་སོགས་ཕོག་ཀྱང་ཆོས་གཞི་དྭངས་དུ་འགྲོ་བ་ལས་ཆོས་མདོག་འགྱུར་གྱི་མེད། །

ལྷོ་ཁའི་ཁུལ་དུ་ཆོས་རྒྱུག་སྐབས་ཆུའི་སྤུས་ཀ་ལ་ཡང་དང་དོན་ཆེན་པོ་བྱེད་པ་སྟེ། དཔེར་ན། ལྷོ་ཁའི་ཆོས་རྒྱུག་པའི་ཆུ་སྣ་ལེགས་ཤོས་ནི་ལྷོ་བདེ་ཞོལ་གྱི་ཆུ་ཡིན་པ་དང་། ཁུལ་དེའི་ཆུ་ནི་ཡང་ཞིང་བསིལ་བས་ཆོས་རྒྱུག་པའི་ཆུ་ལེགས་ཤོས་ཤིག་ཡིན།

དེའང་རྒྱལ་དབང་སྐུ་ཕྲེང་ལྔ་པའི་དུས་སུ་བོད་ས་གནས་སྲིད་གཞུང་གིས་ལྷོ་ཁའི་སྣམ་བུ་པང་གདན་ཐོན་ཁུངས་ལེགས་པའི་ས་ཆ་ཁག་གི་ཆུའི་སྤུས་ཚད་ལ་བརྟག་དཔྱད་བྱས་པར་གཞིགས་ན་ལྷོ་བདེ་ཞོལ་གྱི་ཆུའི་སྤུས་ཚད་ལེགས་ཤོས་ཡིན་པ་དང་དེའི་ཆུ་དྭངས་བ་དང་བསིལ་བ། གཏེར་རྒྱུ་ཉུང་བ། ད་དུང་སྨུར་ཆ་ཏོག་ཙམ་ཡོད་པ་བཅས་ཀྱི་རྐྱེན་པས་སྣམ་བུ་ཆོས་རྒྱུག་པའི་ཆུ་འཚམས་ཤོས་ཤིག་ཡིན་ཞེས་པའི་ཤོད་

---

[1] མཚམས་གཅོད། བུད་མེད། ལོ་41 ལྷོ་བདེ་ཞོལ་གྲོང་རྡལ། ལྷོ་བདེ་ཞོལ་གྱི་པང་གདན་བཟོ་གྲྭའི་ཆོས་རྒྱུག་མཁན། བཅར་འདྲི་བྱེད་པའི་དུས་ཚོད། 2009ལོའི་ཟླ་9ཚེས་13ཉིན། ས་གནས་ལྷོ་བདེ་ཞོལ།

སྤྱིལ་ཡོད་[1]གཏེར་རྒྱུ་མང་བའི་ཆུས་བལ་འབྲུ་བའམ་ཆོས་བརྒྱབ་པ་ཡིན་ན་དེ་ཙམ་གྱི་གཙང་མ་མི་ཆགས་པའམ་ཆོས་མདངས་ཡག་པོ་ཆགས་པར་འགོག་རྐྱེན་བཟོ་གི་ཡོད། དེར་བརྟེན་ཆུའི་སྤུས་ཀ་ལེགས་པོ་ཡོད་ན་ཆོས་མདངས་ལེགས་པ་དང་། ཆོས་ཁྲ་སྣུམས་པ། ཆོས་མདོག་མི་འགྱུར་བ་སོགས་ཀྱི་དགེ་མཚན་ལྡན་ཡོད། ལྷེ་བདེ་ཞོལ་གྱི་ཆུའི་ཁྲོད་ནས་རྫོང་རྒྱབ་ཆུ་ཕུད་དང་པོ་ཟེར་བའི་ཆུ་མིག་དང་གླུ་གསེས་མཚོའུ་ཞེས་པ་གཉིས་ནས་ཐོན་པའི་ཆུ་ནི་ལེགས་ཤོས་ཡིན་པ་དང་། ཤོད་སྤྱིལ་ལ་ས་ཆ་གཞན་ནས་སླེབས་པའི་མགྲོན་པོས་ཀྱང་ཆུ་ཕུད་དང་པོའི་ཆུ་དེ་ནས་ཏོག་ཙམ་བསྣམས་ཏེ་རང་ཡུལ་ལ་འཁྱེར་ཏེ་ཆོས་ཆུའི་ནང་བླུགས་ན་ཆོས་ཡག་པོ་ལེན་གྱི་ཡོད་ཅེས་ཟེར་ཞིང་། གླུ་གསེས་མཚོའུའི་ནང་དུ་སྣམ་བུར་ཆོས་བརྒྱབ་ཚར་རྗེས་འབྲུ་སྤྱིལ་ཡོད།

དེ་ལྟར་རྒྱུ་སྤུན་ཚང་མ་ཁྲ་སྒྲིག་ཚར་རྗེས་འཐག་འདྲེན་གྱི་ཡོད་པ་སྟེ་རྒྱུ་འདྲེན་དང་སྣམ་སྦྲིལ་དབར་ལ་རང་ལ་དགོས་པའི་རིང་ཐུང་བཞག་ནས་རྒྱུ་རྣམས་ཕར་ཚུར་འཐེན་གྱི་ཡོད། །

བཞི། པད་གདན་གྱི་བཟོ་རྒྱུན་བརྒྱུད་རིམ།

ཐོག་མར་འཐག་ལས་ལག་ཆ་ཁྲ་སྒྲིག་བྱ་དགོས་ཤིང་། འཐག་ཁྲིའི་སྐོར་གོང་དུ་བརྗོད་ཟིན་པས་འདིར་བརྗོད་པར་མི་བྱའོ། དེ་རྗེས་འཐག་འདྲེན་དགོས་པ་དང་དེའང་མི་གཉིས་སམ་གསུམ་གྱིས་ས་ཆ་རྒྱ་ཆེ་ས་ཞིག་བཙལ་ནས་མི་གཅིག་གིས་གནད་ནང་དུ་

1 བསོད་ནམས་དབང་གྲགས། ཕོ། ལོ་59 ལྷེ་བདེ་ཞོལ་གྲོང་རྡལ། བཅར་འདྲི་བྱེད་པའི་དུས་ཚོད། 09ལོའི་ཟླ་9ཚེས་13ཉིན། ས་གནས་ལྷེ་བདེ་ཞོལ།

རྒྱ་སྐྱེ་རེ་རེ་བརྒྱུད་པ་དང་། གཞན་གཉིས་ཀྱིས་སྣམ་བུའི་རིང་ཚད་ཀྱི་བར་ཐག་དབར་རྒྱ་འདྲེན་ནས་སྐྱེ་གཞན་དེ་དག་རྒྱ་སྒྲིལ་ལ་བཀོན་ནས་རྒྱ་ཚང་མ་འདྲེན་པར་བྱེད། རྒྱ་དྲངས་ཚར་རྗེས་ཤུགས་ཆེ་བ་ཞིག་གིས་ཁ་ནས་ཆུ་གཏོར་གྱིན་ག་ལེར་རྒྱ་སྒྲིལ་ཐོག་ལ་དཀྲི་ཡི་ཡོད། ཆུ་གཏོར་བའི་རྒྱུ་མཚན་ནི་རྒྱ་འབྱར་པོ་དང་སློམས་པོ་ཡོང་ཆེད་ཡིན། ཐྲུན་དོག་ནི་སོམ་འཁོར་གྱིས་ལིའི་རྩིད་15གཡས་གཡོན་གྱི་སྦྲུག་མའི་སྟེང་ལ་འགྲོན་བུའི་ནང་གཞོང་ཙམ་དཀྲིས་ནས་འཛོག་གི་ཡོད།

མཐར་འཐག་ཁྲིའི་སྟེང་ལ་བསྡད་ནས་རྐང་པས་རྐང་ཁྲབ་མནན་པ་དང་། ལག་གཅིག་གིས་འགྲོན་བུ་འཕྱིར་བ་དང་གཞན་དེས་བཏགས་འཕྱིར་ནས་ལག་གཉིས་བརྗེ་རེས་དང་སྣམ་བུ་འཐག་གི་ཡོད། སྒྲོམ་བུ་གཡུག་སྟངས་གཅིག་ལ་བཏགས་རེ་བཏབ་ནས་བཏགས་བཏགས་ཞེས་པའི་སྐད་སྒྲ་ཐོན་པ་དང་རྐང་ཁྲབ་མནན་ནས་རྒྱ་ཡར་མར་བརྗེས་ཀྱི་ཡོད།

པང་གདན་བཏགས་ཚར་རྗེས་འབྲུ་གི་ཡོད། སྲོལ་རྒྱུན་དུ་པང་གདན་ཤིང་གི་གཞོང་པའི་ནང་དུ་བླུགས་པ་དང་ཆུ་ཚ་པོའི་ནང་སུ་གུ་དང་ཤིང་ཡོ་འདབ་ལྷགས་པ་སྦྲངས་པ་བརྒྱབ་ནས་འཆག་ཉིན་ཕྱེད་ཙམ་འཆག་གི་ཡོད། སྔོན་ལ་རྐང་པས་འཆག་འཆགས་པ་དང་། གཙང་མ་འཆག་རྗེས་བཙིར་ནས་འཐེན་པ་དང་སྦྲགས་མེ་ཤུར་ཐེངས་གཅིག་བཏང་ནས་སྟེང་གི་སྤུ་ངན་རྣམས་འཚོགས་སུ་འཇུག་གི་ཡོད། གཞོང་པ་ལེགས་ཤོས་ནི་སྟར་ཤིང་ཡིན་པ་དང་། ཤིང་གི་གཞོང་པའི་ནང་དུ་བཀྲུ་དགོས་དོན་ནི་ལྕགས་དང་ཟངས་ལ་སོགས་པའི་ནང་གི་བཙའ་དང་སྟོ་སོགས་མི་འགོ་བའི་ཆེད་དུ་

ཡིན། འབྲུད་རྫས་ལ་སྲུག་པ་དང་ཡོ་འབོག་བེད་སྤྱོད་བྱ་དོན་ནི་དྲིག་པ་དག་ཆེད་དང་གཅིག ཡང་གདན་མཁྲིགས་པོ་ཆགས་ཆེད་དང་གཉིས། སྤུ་རྣམས་གྲལ་འགྲིག་པོ་ཡོང་ཆེད་དང་གསུམ་བཅས་ཡིན། བཀྲུས་ཚར་བའི་ཡང་གདན་མ་སྐམ་སྔོན་ལ་རྗེ་ཡིས་མནན་དགོས་པ་དང་དེ་ནི་ཆུ་བཙིར་བདེ་བ་དང་ཧྲེང་པོ་ཆགས་ཆེད་ཡིན། དེ་ལྟར་ཆུ་ཚོད་གཅིག་ཙམ་སོང་རྗེས་ས་ཁོད་སྙོམས་པའི་གནས་ཤིག་ལ་བཀྲམ་ནས་བསྐམ་དགོས། ཡང་གདན་བསྐམས་རྗེས་སྐམས་འཇོགས་སོགས་ཀྱི་སྟེང་དུ་དཔྱངས་ནས་བལ་གསེད་ཙུང་ཙམ་བརྒྱབ་ནས་སྤུ་ངན་རྣམས་བྲད་ཅིང་། དེ་ནས་སྣམ་བུ་བརྡབས་ཏེ་སྤུ་ངན་རྣམས་ལངས་སུ་བཙུག་རྗེས་རྡེམ་རྩེ་བརྒྱབ་ནས་སྣམ་བུ་གཙང་མ་བཟོ་གི་ཡོད། འོན་ཀྱང་དེང་དུས་དེ་ལྟ་བུ་རྙོག་འཛིང་མེད་པར་ཆུ་གྲང་མོར་བཀྲུས་ན་ཆོག།

དེ་རྗེས་རང་འདོད་ལྟར་ཡང་གདན་ནམ་གྱོན་གོས་བཟོས་ན་ཆོག ཡང་གདན་བཟོ་དུས་རིང་ཐུང་ཀུང་ཁྲི་ཕྱེད་ག་ཙམ་བྱས་པ་གསུམ་བྲིག་རྗེས་དབུས་ཀྱི་སྣམ་པ་གཅིག་དེ་ཁ་ཕྱོགས་བསྒྱུར་ནས་ཚོན་ཁྲ་རྣམས་རང་བཞིན་སྤྲེལ་རྗེས་བཙེམས་པ་དང་། དེ་ནས་སྒྲོག་གདན་དང་ཡང་བཏགས་འཚེམ་དགོས། ཡང་གདན་རྒྱུ་ཆས་ཡང་གདན་ཙམ་མ་ཟད་གྱོན་གོས་གཞན་གྱི་མཛེས་རྒྱན་དང་ད་དུང་འཚོ་བའི་ནང་སྤྱོད་བྱེད་ཀྱི་དངོས་པོ་མང་པོ་ཞིག་ཀྱང་བཟོས་ཆོག་པས་ཡང་གདན་ནི་བོད་རིགས་འཚོ་བའི་ནང་དུ་མེད་དུ་མི་རུང་བའི་མཛེས་རྒྱན་གྱི་རྒྱུ་ཆ་ཞིག་ཏུ་གྱུར་ཡོད། །

གཉིས་པ། ལྷོ་བདེ་ཞོལ་གྱི་པང་གདན་འཐག་ལས་ཀྱི་དངོས་མིན་རིག་གནས་ཤུལ་བཞག་འཛིན་སྐྱོར།

ཕུལ་དུ་བྱུང་བའི་བཟོ་རྩལ་ཐོན་རྫས་ཚང་མ་བཟོ་རྩལ་མཁས་ཅན་ལ་བརྟེན་ནས་བྱུང་བ་ཤ་སྟག་ཡིན་པ་ལྟར། ལྷོ་བདེ་ཞོལ་གྱི་པང་གདན་དེ་ཡང་ལྷོ་བདེ་ཞོལ་གྲོང་རྡལ་མང་ཚོགས་ཀྱི་ལག་རྩལ་ལ་བརྟེན་ནས་བྱུང་བ་ཞིག་ཡིན་ཞིང་། དེའི་ཁྲོད་ལག་ཤེས་པ་འགའ་རེའི་རྩལ་ནི་ཁྱད་དུ་འཕགས་པ་ཞིག་ཡོད་པ་དང་། འཁྱིལ་འཐག་ཆོས་རྒྱུག་གི་ལག་རྩལ་ཅི་ཡིན་ཟེར་ན། ལྷོ་བདེ་ཞོལ་རང་གི་ཐུན་མོང་མ་ཡིན་པའི་ལག་ཤེས་བཟོ་རྩལ་ཞིག་ཏུ་གྱུར་ནས་ལག་རྩལ་དེ་རིགས་ཀྱི་རྒྱུད་འཛིན་པ་ཚོས་ལོ་རྒྱུས་ཀྱི་ཆུ་རྒྱུན་རིང་མོའི་ཁྲོད་ལྷོ་བདེ་ཞོལ་གྱི་པང་གདན་གྱི་ལག་རྩལ་རྒྱུད་འཛིན་དང་འཕེལ་རྒྱས་ཆེད་དུ་ལེགས་སྐྱེས་ངེས་ཅན་ཕུལ་ཡོད།།

གཅིག ལྷོ་བདེ་ཞོལ་པང་གདན་གྱི་འཁྱིལ་འཐག་ལག་རྩལ་གྱི་རྒྱུད་འཛིན་མཁན།

སྐལ་བཟང་། ཕོ། 1956ལོའི་ཟླ་8པར་སྐྱེས། ལྷོ་ཁ་གྲོང་ཁྱེར་གོང་དཀར་རྫོང་ལྷོ་བདེ་ཞོལ་གྲོང་རྡལ་ལྷོ་བདེ་ཞོལ་གྲོང་ལྷན་གྱི་ཚོགས་ཆུང་དགུ་པའི་ཁོངས་མི་ཡིན་ཞིང་། 1963ལོའི་ཟླ་7པ་ནས་1966ལོའི་ཟླ་4པའི་བར་ལྷོ་བདེ་ཞོལ་དམངས་བཙུགས་སློབ་ཆུང་དུ་བསྐྱོད། 1967ལོ་ནས་བཟུང་ཁྱིམ་དུ་ཞིང་ལས་གཉེར་འགོ་ཚུགས་པ་དང་། དེའི་རིང་དམངས་ཁྲོད་ཀྱི་ལག་རྩལ་པ་རྣམ་གྲགས་ཟླ་བའི་སློབ་སྟོན་འོག་པང་གདན་འཐག་སྟངས་སློབ་སྦྱོང་བྱས། 2002ལོར་ཁོང་གིས་གོང་དཀར་རྫོང་ལྷོ་བདེ་ཞོལ་སྐལ་བཟང་མི་རིགས་བལ་ལས་ལས་སྟོན་བཟོ་གྲྭ་བཙུགས་ནས་ཉེ་འཁོར་གྱི་ཁྱིམ་ཚང་དབུལ་པོའི་

ནང་ནས་ལས་སྣུག་གཉེན་ནུ་བསྟུས་ཏེ་པང་གདན་འཐག་རྩལ་བསླབས་ཤིང་། སྐལ་བཟང་རྟགས་ཅན་གྱི་ཚོང་རྟགས་ཐོ་འགོད་བྱས་པ་དང་། 2006ལོའི་ཟླ་12པར། སྐལ་བཟང་རྒྱལ་སྲིད་སྤྱི་ཁྱབ་ཁང་གི་རྒྱལ་ཁབ་རིམ་པའི་དུས་རིམ་དང་པོའི་དངོས་མིན་རིག་གནས་ཤུལ་བཞག་རྣམ་གྲངས་ཀྱི་ཁག་དང་པོའི་དཔེ་མཚོན་རྒྱུད་འཛིན་པར་གཏན་འཁེལ་བྱས་ཤིང་། 2010ལོར་ཚེ་ལས་འདས། དཀར་རིལ། མོ། 1963ལོའི་ཟླ་11པར་སྐྱེས། ལྷོ་ཁ་གྲོང་ཁྱེར་གོང་དཀར་རྫོང་ལྷེ་བདེ་ཞོལ་གྲོང་རྡལ་གྲོང་ལྷན་གྱི་ཚོགས་ཆུང་9པའི་མི། སྐལ་བཟང་གི་བཟའ་ཟླ་ཡིན།1971ལོའི་ཟླ་9པ་ནས་1976ལོའི་བར་ལྷེ་བདེ་ཞོལ་དམངས་བཙུགས་སློབ་ཆུང་དུ་སློབ་གྲྭར་བསྐྱོད་ཅིང་། 1977ལོ་ནས་ད་བར་ཁྱིམ་དུ་ཞིང་ལས་བྱེད་པ་དང་། ལོང་གིས་ལོ་12ནས་བཟུང་ལག་རྩལ་མཁས་པ་རྒན་གྲས་ཀྱི་སློབ་སྟོན་འོག་པང་གདན་འཐག་རྩལ་སྦྱངས་པ་དང་། 2002ལོར་བཟའ་ཟླ་སྐལ་བཟང་དང་མཉམ་དུ་ལྷེ་བདེ་ཞོལ་སྐལ་བཟང་མི་རིགས་ལག་ཤེས་ལས་སྒྲོན་བཟོ་གྲྭ་བཙུགས་ནས་ཐོན་སྐྱེད་ཀྱི་གཞི་ཁྲོན་སྟེང་ལས་ཆེ་རུ་བཏང་ཡོད། 2014ལོའི་ཟླ་དང་པོར་དཀར་རིལ་རང་སྐྱོང་ལྗོངས་མི་དམངས་སྲིད་གཞུང་གིས་དུས་རིམ་གསུམ་པའི་རང་སྐྱོང་ལྗོངས་རིམ་པའི་དངོས་མིན་རིག་གནས་ཤུལ་བཞག་རྣམ་གྲངས་ཀྱི་དཔེ་མཚོན་རང་བཞིན་གྱི་རྒྱུད་འཛིན་པར་གཏན་འཁེལ་བྱས་པ་རེད། 2006ལོར་ལྷེ་བདེ་ཞོལ་གྱི་པང་གདན་གྱི་བསླས་འཐག་ལག་རྩལ་དེ་ཉིད་རྒྱལ་སྲིད་སྤྱི་ཁྱབ་ཁང་གིས་སྐབས་དང་པོའི་རྒྱལ་ཁབ་རིམ་པའི་དངོས་མིན་རིག་གནས་ཤུལ་བཞག་ཏུ་གཏན་འཁེལ་བྱས་པ་དང་། 2014ལོར་རང་སྐྱོང་ལྗོངས་མི་དམངས་སྲིད་གཞུང་གིས"བོད་ཀྱི་དམངས་ཁྲོད་རིག་གནས་སྒྱུ་རྩལ་

གྱི་ཕ་ཡུལ”ཞེས་པའི་མཚན་སྙན་གནང་བ་རེད།

གཉིས། ལྷོ་བདེ་ཞོལ་པ་ཐང་གདན་གྱི་ཆོས་རྒྱུག་མཁན་ལག་རྩལ་བའི་རྒྱུད་འཛིན་མཁན།

པ་སངས། མོ། 1962ལོར་སྐྱེས། གོང་དཀར་ལྷོ་བདེ་ཞོལ་འདུར་ཤག་ཁྲིམ་རྒྱུད་ཀྱི་རྒྱུད་འཛིན་མཁན་མི་རབས་དྲུག་པ་ཡིན་པ་དང་། ལྷོ་བདེ་ཞོལ་དོལ་ལྷ་རྗེ་ལྷུན་གྲུབ་རྫོང་ཆོས་རྒྱུག་ཁང་གི་གཙོ་གཉེར་བ་མི་རབས་རིམ་བྱུང་ཚང་མ་ཁྲིམ་རྒྱུད་དེའི་མིས་འགན་འཁུར་གྱི་ཡོད། ཧ་ལའི་ཟླ་མ་སྐུ་ཕྲེང་ལྔ་པ་ནས་བཟུང་། ལྷོ་བདེ་ཞོལ་དུ་བོད་ཀྱི་ལོ་རྒྱུས་ཐོག་གི་ཆོས་རྒྱུག་སའི་ལྟེ་གནས་ཨང་དང་པོ་སྟེ་“དོལ་ལྷ་རྗེ་ལྷུན་གྲུབ་རྫོང་”ཞེས་པ་དངོས་སུ་བཙུགས་པ་མ་ཟད། དེའི་སྒྲིག་གཞི་ཡང་ཆེད་མངགས་བཙུགས་ཡོད། རྩ་འཛུགས་སྒྲིག་གཞི་འདི་ནི་བཀའ་ཤག་ནས་ཆེད་དུ་མངགས་པའི་སྲིད་གཞུང་གི་དཔོན་རིགས་ཤིག་གི་འོག ས་གནས་དེ་གར་སྐད་གྲགས་ལྡན་པའི་ཁྲིམ་རྒྱུད“འདུར་ཤག”གིས་གཙོ་གཉེར་བྱེད་པའི་འོག་ཏུ་ཆོས་རྒྱུག་མཁན་ལས་བཟོ་བ་མི་18ཡོད་པ་དེ་དག་གིས་གཙོ་བོ་ཆོས་རྫས་བསྐྱུ་ལེན་དང་དབྱེ་འབྱེད། ཆོས་རྫས་ཉོ་སྒྲུབ། ཆོས་རྫས་བསྐྱུ་ཉར་དང་སྤེལ་རེས། རི་མོ་འཆར་བཀོད་བཅས་བྱེད་ཀྱི་ཡོད། དེར་མཁོ་བའི་ཆོས་རྫས་ཚང་མ་བཀའ་ཤག་སྲིད་གཞུང་གིས་ས་གནས་སོ་སོ་ནས་ཁྲལ་བསྡུའི་རྣམ་པའི་ཐོག་ནས་བསྡུ་ལེན་བྱས་ཏེ་ལྷོ་བདེ་ཞོལ་གྱི་ཆོས་རྒྱུག་ཁང་དུ་དབོར་འདྲེན་བྱེད་ཅིང་། ད་བར་ཁུངས་འདེད་ཐུབ་པའི་རྒྱུད་འཛིན་པ་དྲུག་ཡོད་པ་སྟེ། གཙོ་འགན་འཁུར་མཁན་ཨང་དང་པོ་བྱམས་པ་རྒྱལ་མཚན། (1643-1706) དང་། མི་རབས་གཉིས་པ་དོན་གྲུབ་ཕུན་ཚོགས་དང་ཚེ་རིང་རྒྱལ་མཚན། (1706ལོ་ནས་1760ལོ་བར་) མི་རབས་གསུམ་པ་

བཀྲ་ཤིས་ཕུན་ཚོགས།(1760ལོ་) མི་རབས་བཞི་པ་ལྷག་གྲུབ་ཚེ་རིང་དང་པད་མ་དངོས་གྲུབ། (ལོ་རབས་མི་གསལ) མི་རབས་ལྔ་པ་རྒྱལ་རོང་དཀར་རི་(1915ལོ་ནས་1995ལོ་བར)བཅས་དང་། མི་རབས་དེ་དག་གིས་ཆོས་རྒྱག་པའི་ལག་རྩལ་ཕུན་སུམ་ཚོགས་པོ་གསོག་འཇོག་བྱས་ནས་ལྕོ་ཁའི་སྣམ་བུ་དང་ལྷོ་བདེ་ཞོལ་གྱི་པང་གདན་གྱི་སྙན་གྲགས་རྒྱས་ཆེད་ལེགས་སྐྱེས་ཧ་ཅང་ཆེན་པོ་ཕུལ་ཡོད།

2016ལོར་ཆོས་རྒྱག་པའི་ལག་རྩལ་དེར་གྲོང་ཁྱེར་སྲིད་གཞུང་གི་ཁས་ལེན་ཐོབ་ནས་གྲོང་ཁྱེར་རིམ་པའི་དངོས་མེད་རིག་གནས་ཤུལ་བཞག་ལ་གཏན་འཁེལ་བྱས་པ་དང་འབྲེལ་ལྕོ་ཁ་གྲོང་ཁྱེར་གྱི་དངོས་མེད་རིག་གནས་ཤུལ་བཞག་གི་མིང་གཞུང་ནང་བཙུག་པ་རེད། 2018ལོར་ལྷོ་བདེ་ཞོལ་གྱི་སློལ་རྒྱུན་ཆོས་རྒྱག་ལག་རྩལ་སྤར་བས་རྒྱུད་འཛིན་བྱ་ཆེད། ལྷོ་བདེ་ཞོལ་དུ་གོང་དཀར་རྫོང་རྣམ་སྲས་སྣམ་བུ་ཆོས་རྒྱག་ཆེད་ལས་མཉམ་ལས་ཁང་ཞེས་པ་བཙུགས་ཤིང་། 2019ལོར་དེ་སྔའི་ལྷོ་བདེ་ཞོལ་གྱི་པང་གདན་མཉམ་ལས་ཁང་དང་མཉམ་དུ་ལྕོ་ཁ་གྲོང་ཁྱེར་ལྷོ་བདེ་ཞོལ་གྱི་པང་གདན་གྱི་ལག་རྩལ་སྤར་བས་དར་འཕེལ་གཏོང་ཆེད་འབད་འཐབ་བྱ་བཞིན་ཡོད། །

གསུམ་པ། པང་གདན་ཐོན་སྐྱེད་དང་ཕྱིར་ཚོང་གི་དམངས་སྲོལ།

གོང་དུ་བལ་འབྲིག་པ་ནས་རྒྱ་སྤུན་འཁེལ་བ་དང་། ཆོས་རྒྱག་པ། བཀྲུ་བ། སྐྱོན་གོས་བཟོ་བ་སོགས་ཀྱི་བརྒྱུད་རིམ་ཁག་བཀོད་ཡོད་པ་དེ་དག་སོ་སོར་རང་ཉིད་ཀྱི་ཁྱད་ཆོས་ལྡན་པའི་དམངས་སྲོལ་རེ་ཡོད་ལ་ལྷག་པར་དུ་པང་གདན་འཐག་ལས་ཀྱི་རྒྱུད་འཛིན་དང་ཚོང་ལས་བྱེད་ཕྱོགས་ཐད་ལ་ཡང་རང་ཉིད་ཀྱི་ཁྱད་ཆོས་ལྡན་པའི་

དམངས་སྒྲོལ་ལྡན་ཡོད།།

གཅིག བལ་བྲིགས་སྐབས་ཀྱི་དམངས་སྒྲོལ།

ལྷོ་ཁའི་དམངས་ཁྲོད་དུ་དམངས་གླུ་སྙན་པོ་འདི་འདྲ་ཞིག་དར་ཁྱབ་བྱུང་ཡོད་པ་སྟེ།

"དེ་རིང་ཚེས་པ་བཅོ་ལྔའི་དུས་བཟང་རེད། སང་ཉིན་གཡང་དཀར་ལུག་གི་བལ་བྲེག་རེད། བྲེག་མཁན་ཡོད་ལ་གེ་སར་རྒྱལ་པོ་ཡོད། སུག་ཐིག་ཡོད་ལ་སྟུང་སྐྱུད་གསུམ་རིལ་ཡོད། བལ་གྲི་ཡོད་ལ་ལི་གྲི་ངར་མ་ཡོད། འབྲེག་གདན་ཡོད་ལ་ཕྱུ་ར་རྣམ་བརྒྱད་ཡོད། ཇར་ཇོ་ཡོད་ལ་དགའ་ལྡན་ཕྱུག་ཇར་ཡོད། ཇར་ཆུ་ཡོད་ལ་ཨ་རག་བདུད་རྩི་ཡོད། གཞོག་དེ་གཡས་པས་འབྲེག་བཞིན་འབྲེག་པའི་དུས། ལྷོ་ཕྱིན་རྣམས་ཚོ་བྱང་ལ་འགྲོ་བ་འདྲ། གཞོག་དེ་གཡོན་མས་འབྲེག་བཞིན་འབྲེག་པའི་དུས། བྱང་ཕྱིན་རྣམས་ཚོ་ལྷོ་ལ་འགྲོ་བ་འདྲ། སྟོད་ཁ་སྨད་ཁ་ཕྱེ་ནས་བཏང་ཙ་ན། འགྲོས་ཆེན་ཏ་ལ་ཏ་སྒ་བཙུགས་པ་འདྲ། རྟམ་དེ་ཁ་ལ་བྲིགས་ནས་བཏང་ཙ་ན། བྱ་མོ་དཀར་པོ་ཚང་ནས་ཐོན་པ་འདྲ། གཡང་མོ་ལུག་དེ་ལྷས་ནས་གློད་ཙ་ན། དུང་ཕྲེང་ནང་ལ་ཐི་གུ་བརྒྱུད་པ་འདྲ། སྤང་སྟོད་གུ་བཞི་ཡི་ལ་སླེབས་ཙ་ན། སྤང་སྟོད་ཡ་གི་ཁ་བས་སྐབས་པ་འདྲ། ཨ་ཅེ་རྒྱ་བཟའ་བོད་ལ་སྐྱུ་དྲིན་ཆེ"[1]ཞེས་ལེན་སྒྲོལ་ཡོད། གནས་དེ་ལ་ང་ཚོས་བལ་བྲིགས་པའི་སྔོན་ལ་ཚེས་བཟང་དུས་བཟང་ཞིག་འདེམས་དགོས་པ་དང་བལ་བྲེག་མཁན་དེ་ཡང་མི་གང་བྱུང་ཞིག་མ་ཡིན་པར་བློ་གྲོས་དང་སྙིང་སྟོབས་ཆེ་བ་

1 བསོད་ནམས་གཡུ་སྒྲོན་ལགས། བུད་མེད། ལོ་67 ལྷོ་ཁ་གྲ་ནང་རྫོང་གྲ་ཕྱི་ཤང་འཇུ་སྨད་གྲོང་ཚོ། 2009ལོའི་ཟླ་8ཚེས་20ཉིན། ས་གནས་འཇུ་སྨད་གྲོང་ཚོ།

གེ་སར་རྒྱལ་པོ་དང་འདྲ་བ་ཞིག་དགོས་ཞིང་། བལ་འབྲིག་པའི་དུས་སུ་ཡང་སྔོན་ལ་གཞོག་གཡས་ནས་གཡོན་དང་སྟེང་ནས་འོག་བར་དུ་བྲེགས་དགོས་པ་ཤེས་ཐུབ་པ་དང་། བལ་བྲེགས་ཚར་རྗེས་དབྱེ་བ་འབྱེད་བདེ་བའི་ཆེད་དུ་ལུག་སོ་སོར་བལ་རྒྱབ་བརྒྱབ་ནས་འཇོག་ལ། ད་དུང་ལྷོ་ཁའི་དམངས་ཁྲོད་དུ་ད་བར་བལ་འབྲིག་པའི་མཛད་སྒོ་སྲོལ་གྱི་ཡོད་པ་དང་། ཞིང་ཁུལ་དུ་ལོ་གཅིག་ནང་དུ་བལ་ཐེངས་མ་གཉིས་འབྲིག་གི་ཡོད་པ་སྟེ་བོད་ཟླ་བཞི་པ་དང་བོད་ཟླ་བདུན་པའི་སྐབས་སུ་ཡིན། དབྱར་དུས་སུ་ལུག་གི་སྐལ་སྟེང་དུ་ཆར་གོས་ཞེས་བལ་ཧྲག་ཙམ་འཇོག་སྲོལ་ཡོད་པ་དང་། འབྲོག་ཁུལ་དུ་བལ་ཐེངས་གཅིག་ལས་འབྲིག་གི་མེད། བལ་མ་བྲེགས་གོང་དུ་གྲིའམ་རྫམ་ཅེ་ལུག་གི་སུག་ལག་སྔོམ་བྱེད་ཀྱི་ཐག་པ་སོགས་གྲ་སྒྲིག་ཨང་གསར་དང་། བལ་བྲེག་དུས་ཁྲིམ་ཚང་ཚང་མ་ནས་ཁུར་བ་（ལྷོ་ཁའི་ཞིང་ཁུལ་དུ་གྲོ་ཆ་ད་རའི་ནང་དུ་བཏབ་ནས་བསྣལ་བའི་སྲོལ་རྒྱུན་གྱི་བག་ལེབ་ཅིག་སྟེ། ལོ་གསར་དབྱར་སྐྱིད་དང་དུས་ཆེན་གལ་ཆེ་བ་རྣམས་ལ་དགོས་ངེས་ཀྱི་བཟའ་བཅའ་ཞིག）དང་ཆང་སོགས་བཟའ་བཅའ་མང་པོ་ཞིག་འཁྱེར་ནས་ཡོང་བ་དང་། ས་སྟོང་རྒྱ་ཆེ་ས་ཞིག་བདམས་ནས་གླུ་ལེན་བཞིན་བལ་འབྲིག་པ་དང་། བལ་བཟང་ཤོས་ཀྱི་ལུག་གཅིག་མཇུག་མཐར་འཇོག་སྲོལ་ཡོད། དེ་མིན་ལོ་བལ་ཞེས་ལུག་འགའ་ཤས་ཀྱི་བལ་འབྲིག་གི་མེད་པ་དེ་ནི་གཙོ་བོ་རྒྱུ་འཕེལ་བྱེད་ཀྱི་བལ་དུ་སྤྱོད་ཅིང་། བལ་ཁག་བྲེགས་ཚར་རྗེས་ཚང་མ་མཉམ་འཛོམས་བྱས་ནས་སྔོན་ལ་ལུག་རྫི་ལ་ཆང་བཀྱག་པ་དང་སྦྲགས་དེའི་དབུ་ལ་ཡལ་སེ་བརྒྱབ་ནས་བཀྲ་ཤིས་ཡར་འཛོགས་ཞེས་ཐུགས་རྗེ་ལེགས་འབུལ་ཞུ་བ་དང་། མཐའ་མར་ཆང་འཐུང་བ་དང་གླུ་ལེན་པ་ཞབས་བྲོ་རྒྱག་པ་

སོགས་བྱས་ནས་ནམ་ཕྱེད་བར་དུ་སྤོད་སྤྲོ་ཡོད་ཅིང་། བལ་འབྲིག་པའི་སྐོར་ལ་ཨེ་བདེ་ཞོལ་གྱི་རྫོ་ཕུ་ཆོས་འཁོར་དགོན་གྱི་ལོ་རྒྱུས་རིས་ཐོག་ལ་གསལ་པོར་བཀོད་ཡོད་པ་དེའི་ཐོག་ནས་དམངས་སྤྲོ་དེར་ལོ་རྒྱུས་ཡུན་རིང་ལྡན་ཡོད་པ་ཤེས་ཐུབ། །

གཉིས། རྒྱུ་སྐུན་འཁེལ་བའི་ལག་རྩལ་དང་དམངས་སྲོལ།

ལྷོ་ཁའི་ཁུལ་ལ་རྒྱུ་སྤུན་འཁེལ་རྒྱུ་ནི་བུད་མེད་ཁོ་ནའི་ལས་ཀ་མ་ཡིན་པར་ཕོ་མོ་ རྒན་གཞོན་ཚང་མས་བྱེད་པའི་ལས་ཀ་ཞིག་ཡིན། ཞིང་ལས་ཀྱི་ལས་བྲེལ་ཆུང་བའི་དུས་ཚོད་ནང་ཕོ་མོ་རྒན་གཞོན་ཚང་མས་ཡོག་ལས་བྱེད་ཅིང་། གང་ལྟར་ལྷོ་ཁའི་ཞིང་ཁུལ་དུ་ལམ་ལ་འགྲོ་མཁན་དང་སྐད་ཆ་ཤོད་ནས་སྡོད་མཁན་སོགས་སྐྱེ་བོ་ཚང་མས་རྟག་ཏུ་ཡོག་ཤིང་འཁྱེར་ནས་འཁེལ་ལས་བྱེད་ལ། རྒྱུ་སྤུན་སྣ་ཚོགས་འཁེལ་བ་དེ་ཡང་སྤུས་ཚད་ལྡན་པ་ཞིག་ཡོང་གི་ཡོད།

པང་གདན་དང་སྣམ་བུའི་ཐོན་ཁུངས་ཕུན་སུམ་ཚོགས་པའི་ཁུལ་གྲ་ནང་དང་གོང་དཀར་སོགས་ཀྱི་ཁུལ་ལ་ཉིན་མོ་ལས་བྲེལ་ཆེ་བས་བལ་ལས་མང་ཆེ་བ་དགོང་མོ་བྱེད་ཀྱི་ཡོད། དེ་ཡང་གྲོང་ཚོ་རེ་འགར་བུད་མེད་ཚོས་རང་སྒྲུལ་ངང་ནས་སྒྲིག་འཛུགས་བཟོས་ནས་ཁྱིམ་ཚང་ཁག་ལ་རེས་མོས་ཀྱིས་དགོང་མོ་བལ་ལས་བྱེད་པ་དང་། བལ་ལས་བྱེད་སྐབས་ཕན་ཚུན་སྒྲུང་ཤོད་པ་དང་གབ་ཚིག་འཚོལ་བ། ཚིག་རྒྱུག་རྒྱུག་པ་སོགས་བྱེད་ཀྱི་ཡོད། ལྷག་པར་དུ་ཨེ་བདེ་ཞོལ་གྱི་བུད་མེད་ཚོ་སྙོ་མོའི་སྙོ་ཕྱོགས་ཞེས་པའི་དམངས་གཞས་གཏོང་རྒྱུར་དགའ་པོ་ཡོད་པ་སྟེ། དེ་ཡང་བུད་མེད་གཅིག་གིས་སྨུ་བླངས་ནས་འདྲི་བ་གཏོང་བ་དང་གཞན་ཚོས་མཉམ་དུ་ལན་འདེབས་ཀྱི་ཡོད།

དེའི་ནང་དོན་གཙོ་བོ་ནི་གྲོང་ཚོའི་ནང་གི་ཁྱིམ་ཚང་ག་གེ་མོ་ཞིག་གི་གནས་ཡུལ་དང་། སྣོ་ཕྱོགས། ཁྱིམ་གྱི་མི་གྲངས་སོགས་བཤད་ནས་མཐར་ཁྱིམ་ཚང་སུ་ཡིན་པ་འཚོལ་རྒྱུ་དེ་ཡིན། དེ་ལྟར་སྔེ་མང་ཕུན་སུམ་ཚོགས་པའི་བྱེད་སྒོའི་ཁྲོད་དུ་དགའ་སྤྲོའི་ངང་ལས་ཀ་ཚང་མ་བྱས་ཚར་གྱི་ཡོད་ལ་སྐྱུང་གཏམ་སྐན་པོའམ་ཚིག་རྒྱུག་ལ་དབྱིངས་ཞུགས་ན་ནམ་ལངས་པ་ཡང་མི་ཚོར་ཟེར་སྲོལ་ཡོད། ལྷ་ཁའི་གྲོང་ཚོ་རེ་འགར་དབྱར་དུས་ཞིང་ལས་དལ་བའི་སྐབས་སུ་ཉིན་ལྟོ་འཁྱེར་ནས་བལ་ལས་བྱ་མཁན་རྣམས་ས་ཆ་ཞིག་ལ་འདུས་ནས་བལ་ལས་བྱེད་པ་དཔེར་ན། གྲ་ནང་རྫོང་ཞོ་ར་གྲོང་ཚོར་ལྷ་བུ་ཞིང་ལས་ཁུང་བའི་དུས་སུ་གྲོག་རོང་གི་གཡས་གཡོན་གཉིས་ཀྱི་གྲོང་མི་རྣམས་སོ་སོའི་གྲོག་རོང་སྟེང་དུ་འཛོམས་ནས་བལ་ལས་བྱེད་ཀྱིན་ཚིག་རྒྱུག་འགྲན་བསྡུར་བྱེད་པ་དང་། གལ་སྲིད་དེ་རིང་རྒྱལ་ཕམ་ཐག་ཆོད་མེད་ན་སང་ཉིན་ཡང་བསྐྱར་སླ་མཐུད་རྒྱུག་གི་ཡོད། དེ་ལྟ་བུའི་སྤྲོ་སྣང་གི་ཁྲོད་དུ་རང་ཁྱིམ་གི་བལ་ལས་ཚར་བ་དང་ཆབས་ཅིག་ཚིག་རྒྱུག་ཁྲོད་དུ་དགའ་སྤྲོའི་སྣང་བ་སྐྱིན་ཐུབ་ལ། གྲོང་ཚོ་གཉིས་ཀྱི་མཛའ་མཐུན་ཡང་ཇེ་ཟབ་ཏུ་འགྲོ་གི་ཡོད། དེ་ལྟར་ལས་ལ་བརྩོན་ཞིང་བློ་གྲོས་ལྡན་པའི་ལྷ་ཁའི་མང་ཚོགས་ཚོས་གནའ་དུས་ནས་ལས་ཀའི་ངལ་དུབ་ཁྲོད་དུ་བདེ་སྐྱིད་ཀྱི་འཚོ་བར་རོལ་ཐུབ་པའི་ཐབས་ཤེས་བཟང་པོ་ཞིག་རྙེད་ནས་རང་གི་བློ་གྲོས་ལ་བརྟེན་ནས་ངལ་དུབ་ཆེ་བའི་ངལ་རྩོལ་གྱི་ཁྲོད་དུ་དགའ་བདེའི་དཔལ་ལ་རོལ་བཞིན་ཡོད།

གསུམ། འཐག་འཐག་པའི་ལག་རྩལ་དང་དེའི་རྒྱུད་འཛིན་གྱི་དམངས་སྲོལ།

ལྷ་ཁའི་གྲ་ནང་དང་གོང་དཀར་རྫོང་ལ་ཁྱིམ་ཚང་མང་ཆེ་བར་འཐག་ཁྲི་ཡོད་

པ་མ་ཟད་ཁྲིམ་ཚང་རེ་འགར་འཐག་ཁྲི་གཉིས་གསུམ་ཡོད། ཞིང་ལས་ལས་བྲེལ་ཆུང་བའི་སྐབས་སུ་གྲོང་ཚོའི་ནང་དུ་གང་སར་འཐག་འཐག་པའི་སྐད་སྒྲས་ཁེངས་ཤིང་། པང་གདན་དང་སྣམ་བུ་འཐག་པའི་བརྒྱུད་རིམ་སྐོར་དམངས་གཞས་ཤིག་གི་ཐོག་ནས་མཚོན་པར་བྱས་ཡོད་པ་འདི་ལྟ་སྟེ།

གཡས་སུ་དེ་ནས་བཏག་མགོའི་རྒྱག་ཕྱོགས་གཅིག་གཉིས་གསུམ།

གཡོན་སུ་དེ་ནས་སྤྲོམ་བུའི་གཡུག་ཕྱོགས་བཞི་ལྔ་དྲུག

སྟེང་སུ་དེ་ནས་འཁོར་ལོའི་འཁྲིལ་ཕྱོགས་གཅིག་གཉིས་གསུམ།

འོག་སུ་དེ་ནས་རྐང་གྲབ་མནན་ཕྱོགས་བཞི་ལྔ་དྲུག

གཡོན་སུ་དེ་ནས་སོན་བུའི་ཞོག་ཕྱོགས་གཅིག་གཉིས་གསུམ།

གཡས་སུ་དེ་ནས་སྣམ་བུའི་སྒྲིད་ཕྱོགས་བཞི་ལྔ་དྲུག

རྒྱབ་སུ་དེ་ཙ་རྒྱུ་སྒྲིལ་བཞུགས།

མདུན་སུ་དེ་ཙ་སྣམ་སྒྲིལ་བཞུགས།

རྒྱུ་སྒྲིལ་སྣམ་སྒྲིལ་གཉིས་ཀ་ཁ་གདན་ཚོག་ལ་གནས་བཞག་རེད།།[1]ཅེས་པའི་དམངས་གཞས་ལྟ་བུར་མཚོན་ན་འདིའི་ནང་ལྷོ་ཁའི་སྣམ་བུ་པང་གདན་འཐག་པའི་བརྒྱུད་རིམ་དང་འཐག་ཁྲིའི་གྲུབ་ཆ་བེད་སྤྱོད་ཇི་ལྟར་བྱ་ཚུལ་སྐོར་བསྟན་ཡོད། སྣམ་བུ་དང་པང་གདན་འཐག་པ་མཐོང་སྨྱོང་ཡོད་པའི་མི་ཞིག་གི་ངོས་ནས་བརྗོད་ན་

1 ཨོ་རྒྱན་རྡོ་རྗེས་གཙོ་སྒྲིག་བྱས་པའི་ལྷོ་ཁའི་དམངས་གཞས་ཕྱོགས་བསྒྲིགས། ལྷ་ས། བོད་ལྗོངས་མི་དམངས་དཔེ་སྐྲུན་ཁང་། 1995.ཤོག་གྲངས་221

དམངས་གཞས་དེ་ཉིད་ཐོས་པ་ཙམ་གྱིས་རང་གི་མིག་ལམ་དུ་དེའི་རྣམ་པ་དངོས་སུ་འཆར་བ་ལྟར་སྣང་ཐུབ། འཁྲབ་ལས་ནི་ཡང་སྐོར་བསྐྱར་སྐོར་གྱི་ལས་ཀ་ཞིག་ཡིན་པས་དེའི་ཁྲོད་ལག་ཤེས་པ་ཚོར་སྦྱོ་བ་འཕེལ་ཆེད་ཁོང་ཚོས་འཁྲབ་ལས་དང་གོམ་སྟབས་མཚུངས་པའི་ལས་གཞས་བརྩམས་ཡོད། ལྷོ་ཁ་ཁུལ་དུ་འཁྲབ་ལས་ལག་ཤེས་རྣམས་མི་རབས་སྔ་མས་ཕྱི་རབས་པ་རྣམས་ལ་བརྒྱུད་སྤྲོད་བྱེད་པའི་སྲོལ་རྒྱུན་ཞིག་ཡོད། དེ་ཡང་ཤོད་སྲོལ་དུ་ལྷོ་བདེ་ཞོལ་ལ་ཕྲུ་གུ་ལོ་བཅུ་བཞི་བཅོ་ལྔར་སླེབས་རྗེས་འཁྲབ་ལས་སློབ་པ་དང་གཟུགས་སྟོབས་ཆུང་བ་རྣམས་རྐང་ཀྲབ་ལ་མི་སྟོབས་པས་འཁྲབ་ཁྲིའི་རྐང་པ་བླུགས་སའི་ས་སྔོང་བྲུད་པའམ་ཡང་ན་འཁྲབ་ཁྲིའི་རྐང་པ་ཐུང་དུ་གཏོང་སྲོལ་ཡོད་ཟེར།[1]དེ་ལྟར་མི་རྣམས་ཀྱིས་རང་ཉིད་ཀྱི་མེས་པོས་བཞག་པའི་འཁྲབ་ལས་ལག་རྩལ་རྒྱུད་འཛིན་བྱ་ཆེད། ཐབས་བརྒྱ་ཇུས་སྟོང་དང་ལག་ཤེས་རང་གི་བུ་ཕྲུག་ལ་བསླབ་ཐབས་བྱེད་ཀྱི་ཡོད། ལྷོ་བདེ་ཞོལ་ཁུལ་དུ་འཁྲབ་ལས་བསླབ་ཚུལ་དེ་འདྲ་ཞིག་ཡོད་པ་སྟེ། ཐོག་མར་འཁྲབ་ལས་སྦྱོང་སྐབས་རྐང་པ་ནོར་ཉེན་ཆེ་བས་དགེ་རྒན་རྣམ་པས་ཐབས་ཤེས་བཟང་པོ་ཞིག་བཏང་ཡོད་པ་ནི་འཁྲབ་སྦྱོང་མཁན་དེའི་རྐང་པ་ཡ་གཅིག་ལ་ལྕམ་ཟོམ་པ་གཡོག་པ་དང་ཡ་གཞན་དེར་པ་སྣམ་གཡོག་ནས་དགེ་རྒན་གྱིས་ཟོམ་པ་ཟེར་ན་ཟོམ་པ་གྱོན་པའི་རྐང་པ་འགྱུགས་པ་དང་པ་སྣམ་ཟེར་ན་པ་སྣམ་གྱོན་པའི་རྐང་པ་དག་འགྱུགས་སྲོལ་ཡོད།[2]གོང་གསལ་གྱི་སློབ་ཁྲིད་བྱ་ཐབས་དེ་ལས་ལྷོ་ཁའི་མི་

1 མཚམས་གཙོད། བུད་མེད། ལོ་41ཡིན། ལྷོ་བདེ་ཞོལ་གྲོང་རྡལ། ལྷོ་བདེ་ཞོལ་གྱི་པང་གདན་བཟོ་གྲྭའི་ཚོས་རྒྱག་པའི་བཟོ་པ། བཅར་འདྲི་བྱེད་པའི་དུས་ཚོད། 2009ལོའི་ཟླ་9ཚེས་13ཉིན། ས་གནས་ལྷོ་བདེ་ཞོལ།

2 སྒྲོལ་མ། བུད་མེད། ལོ་59 ལྷོ་བདེ་ཞོལ་གྲོང་རྡལ། བཅར་འདྲི་བྱེད་པའི་དུས་ཚོད། 2009ལོའི་ཟླ་

དམངས་རྣམས་ཀྱི་བློ་རིག་མཚོན་ཐུབ་པ་དང་དེས་ཐོག་མར་འཐག་ལས་སྦྱོང་མཁན་ཞིག་གི་ངོས་ནས་བརྗོད་ན་བདེ་བླག་ངང་ནས་འཐག་ལས་ལ་འཇུག་ཐུབ་ཅིང་། དེ་ལྟར་ལོ་ངོ་ཉི་ཤུར་སོན་སྐབས་འཐག་ལས་མཆོག་ཏུ་འགྱུར་བ་ཆགས་ཐུབ། བཙིངས་འགྲོལ་མ་བཏང་གོང་དུ་ཁུལ་དེའི་ཕལ་པའི་ཁྱིམ་ཚང་གི་བུ་ཕྲུག་རྣམས་ཆུང་དུས་ནས་འཐག་ལས་སྦྱངས་པས་ནར་སོན་པའི་དུས་སུ་འཐག་ལས་འབྱོང་པོར་འགྱུར་གྱི་ཡོད། དེང་དུས་བུ་ཕྲུག་མང་ཆེ་བ་སློབ་གྲྭར་བསྐྱོད་དགོས་པས་གཞོན་ནུའི་དུས་སུ་གཞི་ནས་འཐག་ལས་སྦྱོང་གི་ཡོད།

བོད་མི་དམངས་ཀྱིས་རང་ཉིད་ཀྱི་བློ་གྲོས་ལ་བརྟེན་ནས་མེས་པོས་བཞག་པའི་འཐག་ལས་ལག་རྩལ་བརྒྱུད་སྲོད་ཀྱིས་རང་ཉིད་ཀྱི་མི་རབས་ཕྱི་མ་རྣམས་ཀྱིས་རྩ་ཆེའི་ལག་རྩལ་དེ་ཉིད་རྒྱུད་འཛིན་དང་དར་སྤེལ་བཏང་སྟེ་མི་རིགས་ཀྱི་དམིགས་བསལ་ཁྱད་ཆོས་ལྡན་པའི་ནོར་བུ་དེ་ཉིད་ཀྱི་གཟི་བྱིན་འབར་བཞིན་ཡོད།།

བཞི། ཚོས་རྒྱག་པའི་ལག་རྩལ།

ལྷོ་ཁའི་ཡུལ་ལུང་མང་ཆེ་བར་ཚོས་བཟང་དུས་བཟང་སྐབས་སུ་ཚོས་རྒྱག་པའི་སྲོལ་ཡོད་པ་དཔེར་ན་རེས་གཟའ་ཕུར་བུའམ་པ་སངས་ལ་ཚོས་རྒྱག་པ་ལྟ་བུ་ཡིན། ལྷོ་ཁའི་ཞོལ་སོགས་ས་ཆ་རེ་འགར་ཚོས་མང་པོ་རྒྱག་སྐབས་འཛུགས་སྟོན་རྒྱ་ཆེན་པོ་བཤམས་སྲོལ་ཡོད་པ་དཔེར་ན། བོད་ལ་བཙིངས་འགྲོལ་མ་བཏང་གོང་དུ་ལྷོ་ཁའི་ཞོལ་ཁུལ་གྱི་ཚོས་རྒྱག་ལྟེ་གནས་སུ་བོད་ཟླ་བརྒྱད་པའི་ཟླ་དཀྱིལ་ལ་ཚོས་ཆ་བཟང་བའི་དུས་

9ཚེས་13ཉིན། ས་གནས་ནི་ལྷོ་ཁའི་ཞོལ།

ཚོད་བདམས་ནས་ཚོས་རྒྱག་པའི་ཚ་ག་སྲེལ་གྱི་ཡོད་པ་སྟེ། "ཉིན་དེར་ཚུ་ཕུད་དང་པོ་ཞིས་པའི་ཚུ་མིག་གི་མཐའ་འཁོར་དུ་རྫ་ཕུ་ཚོས་འཁོར་དགོན་གྱི་དགེ་འདུན་པས་ཚོས་ཀློག་པ་དང་གཟབ་མཚོར་སྤྲས་པའི་གྲོང་མི་ཚོས་བསང་བཏང་བ་དང་དེ་རྗེས་ཚོས་རྒྱག་འགོ་ཚུགས་ཀྱི་ཡོད། ཚོས་དང་པོ་ནི་རྒྱལ་བ་རིམ་བྱོན་གྱི་ན་བཟའ་བཟོ་བའི་སྣམ་བུ་ཤད་མ་སྨུག་བདུན་ཡིན་པ་དང་། དེ་ནས་བོད་ས་གནས་སྲིད་གཞུང་གི་དཔོན་རིགས་ཚོའི་སྣམ་བུར་ཚོས་རྒྱག་གི་ཡོད།"[1] "ཚོས་དང་པོ་དེ་བརྒྱབ་ཚར་རྗེས་རྒྱན་ཆ་སྤྲས་པའི་རྟ་ཞིག་ལ་བསྐྱོན་ནས་ནུབ་ངོས་ཀྱི་སླ་གསེས་མཚོའུ་ཡི་ནང་དུ་བཀྲུ་བར་བསྐྱོད་ཀྱི་ཡོད། ཤོད་སྲོལ་ལ་"ལམ་བར་དུ་ས་དཀར་གྱིས་རི་མོ་བཀྲ་ཤིས་རྟགས་བརྒྱད་འབྲི་བ་དང་ལམ་འགྲམ་དུ་སྐྱེ་བོ་ཕོ་མོ་ཚང་མས་གཟབ་མཚོར་ལེགས་པར་སྤྲས་ནས་བསང་བཏང་ནས་ཕེབས་སྐྱེལ་ཞུ་བ། སྣམ་བུ་སྐྱེལ་མཁན་གྱི་རྟའི་སྟེ་ཁྲིད་མཁན་ནི་ལུས་ལ་གཟབ་མཚོར་གྱིས་བརྒྱན་པའི་ཕ་འཇོམས་མ་འཇོམས་ཀྱི་བྱིས་པ་གཉིས་ཡིན་པ་དང་། དེའི་རྗེས་ལ་རྫོང་དཔོན་དང་ཚོས་རྒྱག་མཁན་སྒྲིག་འཛུགས་ཀྱི་ཚོགས་མི་བཅོ་བརྒྱད། དེ་མིན་དགོན་སྡེའི་གྲྭ་བཙུན་དང་ཡུལ་མི་བཅས་ཡོད་"[2] ལྗོ་ཁའི་ཁུལ་དུ་ཚོས་རྒྱག་པའི་དུས་འཛོམ་བྱ་མང་པོ་ཞིག་ཡོད་པ་སྟེ། ཚོས་རྒྱག་སྐབས་ཕྱི་མི་གང་བྱུང་ཁྲིམ་དུ་ཡོང་མི་ཚོག་ཅིང་། ཚོས་རྒྱག་སྐབས་གསང་བ་བྱེད་ཀྱི་ཡོད།

1 འཆི་མེད་སྟོབས་རྒྱལ། ལྷེ་བདེ་ཞོལ་(གྲོང་ཚོ་གཉིས་པ)སྣོ་དར་ཁྲིམ་རྒྱུད་ཀྱི་མི། སྔོ་ཚོགས་རྙིང་པའི་སྐབས་ཀྱི་ཚོས་རྒྱག་མཁན། ལོ་74ཡིན། བཅར་འདྲི་བྱེད་པའི་དུས་ཚོད། 09ལོའི་ཟླ་10ཚེས་5ཉིན་བཅར་འདྲི་བྱ་ཡུལ་ནི་ལྷེ་བདེ་ཞོལ།

2 པ་སངས། ཕོ། ལོ་60ཡིན། ལྷེ་བདེ་ཞོལ་གྲོང་རྡལ། (རིག་གནས་ཡོད)བཅར་འདྲི་བྱེད་པའི་དུས་ཚོད། 09ལོའི་ཟླ་9ཚེས་13ཉིན་གྱི་ས་གནས། ལྷེ་བདེ་ཞོལ་ཡིན།

༄། སྣམ་འཚོང་ཀྱི་ཚུལ་དང་དམངས་སྲོལ།

ལྷོ་ཁའི་ཁུལ་དུ་སྣམ་ཚོང་པ་མང་པོ་ཞིག་ཡོད་པ་དེ་དག་གཙོ་བོ་སྣམ་ཚོང་རྒྱབ་ནས་འཚོ་བ་ཕྱིད་པ་བྱེད་ཀྱི་ཡོད། ཁོ་ཚོས་རྒྱུན་དུ་གྲོང་ཚོ་གང་སར་སྣམ་བུ་བསྡུ་ཉོ་བྱེད་པར་འགྲོ་བ་དང་། དེ་ལྟར་སྣམ་བུ་མང་པོ་ཞིག་གསོག་འཇོག་བྱས་རྗེས་གཞི་ནས་ལས་སྟོན་བྱས་ཏེ་ཐོན་རྫས་འདྲ་མིན་བཟོས་ནས་འབྲོག་ཁུལ་དང་འབྲུག་ཡུལ། བལ་ཡུལ། རྒྱ་གར་ལ་སོགས་པར་འཚོང་བར་འགྲོ་གི་ཡོད།

དེ་སྔ་དམངས་ཁྲོད་ལ་སྣམ་བུའི་འཇལ་བྱེད་ཚད་གཞི་གཙོ་བོ་འདོམ་པ་དང་། ཁྲུ། སོར་མོ་བཅས་ཀྱིས་འཇལ་གྱི་ཡོད། དེར་བརྟེན་སྣམ་བུ་ཉོ་མཁན་ཚོས་ཁེ་བཟང་ཆེ་ཙམ་ཡོང་ཆེད་གཟུགས་སྟོབས་ཆེ་བའི་མི་ཞིག་མཉམ་དུ་འཁྲིད་ནས་འདོམ་པ་འཇལ་དུ་འཇུག་གི་ཡོད་ཅིང་། བརྒྱད་དང་བཅུ་དྲུག་ཉི་ཤུ་བཞི། །ཕྱོགས་ལ་འགྲོ་བའི་སྐར་མ་མེད། །ཅེས་ཚེས་པ་བརྒྱད་དང་། བཅུ་དྲུག ཉི་ཤུ་བཞི་སོགས་དང་དེ་མིན་རང་གི་གཤེད་གཟའ་སོགས་ལ་ཕྱི་ཕྱོགས་སུ་ཚོང་རྒྱག་པར་ཐོན་སྲོལ་མེད་པར། ཟླ་ཚེས་བཟང་པོའི་སྐབས་ཕྱི་ཕྱོགས་ལ་ཐོན་གྱི་ཡོད། ཕྱོགས་ལ་མ་ཐོན་གོང་དུ་བཀྲ་ཤིས་པའི་རྟེན་འབྲེལ་མཚོན་ཆེད་བཟའ་བཏུང་ཡོངས་སྤྱོད་རྒྱས་པར་བྱེད་པ་དང་སྒྲུགས་ཐོན་མ་ཐག་ཁྱིམ་གྱི་ཨ་མས་ཐོག་བསང་བཏང་ནས་བྱ་བ་ལམ་ལྷོངས་ཡོང་བའི་སྨོན་ལམ་འདེབས་ཀྱི་ཡོད།

གྲ་ནང་རྒྱུད་ཀྱི་སྣམ་འཚོང་པ་རྣམས་ཕྱོགས་ལ་མ་ཐོན་གོང་སྔོན་ལ་ངེས་པར་དུ་གྲ་ཐང་དགོན་པའི་ཞ་བློན་སྤུང་མར་ཞུགས་སྐྱེམས་འབུལ་བར་འགྲོ་སྲོལ་ཡོད། གཞན་

ཡང་དག་རྒྱུན་ལ་བོད་ཀྱི་གྲགས་ཅན་ཚོང་དཔོན་ནོར་བུ་བཟང་པོས་ཡར་ཀླུང་གཙང་པོའི་གཡས་གཡོན་ལ་ཚོང་ལས་ཡུན་རིང་བརྒྱབ་ནས་ལྷེ་བདེ་ཞོལ་གྱི་པང་གདན་ལྷ་སར་བཙོངས་པ་དང་དེ་ནས་ལྷ་སའི་ཚོང་ཟོག་སྒེ་མང་ཚུར་འཁྱེར་ཡོང་སྐེ་ས་གནས་གཉིས་ཀྱི་ཚོང་ལས་དར་རྒྱས་ཡོང་བར་བྱས་རྗེས་རླབས་ཆེན་བཞག་ཡོད་པ་དང་། ཕྱིས་སུ་ཁོང་གི་ཚོང་ལས་དར་འཕེལ་བྱུང་ནས་བོད་ཀྱི་ས་ཆ་གང་སར་ཁྱབ་པ་མ་ཟད་ཐ་ན་“སྟོད་རྒྱ་གར་དང་སྨད་རྒྱ་ནག ཤར་དར་རྩེ་མདོ།”བཅས་ལ་སྐད་གྲགས་ཆེ་བའི་ཚོང་དཔོན་ཞིག་ཏུ་གྱུར་ཡོད། ཤོད་སྒྲོལ་ལ་ཁོང་གི་ཚོང་ཕྲུག་སྤྱ་ཤོས་ནི་བལ་ཡུལ་གྱི་མི་ཡིན་པ་དང་ཚོང་ཕྲུག་དེ་བློ་རིག་བཀྲ་ལ་འཛོན་ཐང་ཆེ་བའི་གཞོན་ནུ་ཞིག་ཡིན་པ་དང་། ཁོང་གིས་ཚོང་ཕྲུག་དེ་ལྷེ་བདེ་ཞོལ་ལ་མཉམ་དུ་ཕེབས་ནས་ཚོང་གཉེར་བྱེད་དུ་བཅུག་པས། དུས་དེ་ནས་བཟུང་རྒྱ་གར་དང་བལ་ཡུལ་གྱི་ཚོང་ཟོག་ས་ཆ་དེར་དགོར་འདྲེན་བྱས་ཏེ་བོད་ཀྱི་གནའ་དུས་ཀྱི་ཚོང་ར་གྲ་རྒྱས་ཤོས་ཤིག་ལ་གྱུར་བ་དང་། དེང་དུས་ཀྱང་ལྷེ་བདེ་ཞོལ་ལ་ད་དུང་བལ་ཡུལ་གྱི་ཚོང་པའི་མི་རྒྱུད་མཐོང་རྒྱུ་ཡོད་ལ། སྔམ་ཚོང་དེ་ཡང་ད་ལྟའི་བར་དར་འཕེལ་དང་རྒྱུད་འཛིན་བྱ་མུས་ཡིན།།

ལེའུ་བཞི་པ། ལྷོ་ཁའི་ཁྱད་ཆོས་ལྡན་པའི་པང་གདན་ཆས་གོས་ཀྱི་གྲྭན་སྲོལ་དང་པང་གདན་གྱི་དམངས་སྲོལ་འཛེམ་བྱ།

པང་གདན་གྱོན་གོས་ནི་རང་ཅག་བོད་ཀྱི་རྒྱུན་གོས་ནང་གི་མཛེས་སྡུག་རྣམ་པར་བཀྲ་བའི་མཚར་སྐྱེས་མེ་ཏོག་ཅིག་དང་འདྲ་ལ་དེའི་ཕུན་སུམ་ཚོགས་པའི་ཆོས་སྣ་དང་ཁྱད་ཆོས་ལྡན་པའི་འདོགས་སྲོལ་ལས་བོད་ཀྱི་དམངས་སྲོལ་དང་། ཆོས་ལུགས་དད་མོས། མཛེས་དཔྱོད་ཀྱི་ལྟ་བ་སོགས་མངོན་ཐུབ། གོ་ལ་རྟེལ་པོའི་ཆབ་སྲིད་དང་དཔལ་འབྱོར། རིག་གནས་སོགས་གོང་འཕེལ་འགྲོ་བའི་གོམ་སྟབས་དང་བསྟུན་ནས་བོད་རིགས་ཀྱི་བསམ་བློའི་འདུ་ཤེས་ལ་ཡང་རང་བཞིན་གྱི་འགྱུར་བ་འགྲོ་བ་དང་སྦྲགས། པང་གདན་ལས་བཟོས་པའི་གྱོན་གོས་ལ་ཡང་འགྱུར་བ་ཕྱིན་ནས་རང་ཉིད་ཀྱི་ཁྱད་ཆོས་ལྡན་པའི་འདོགས་སྲོལ་གསར་པ་མང་པོ་ཞིག་ཐོན་ཡོད། འོན་ཀྱང་པང་གདན་དེ་བཞིན་ནམ་ཡང་རང་ཅག་བོད་ཀྱི་དམངས་སྲོལ་རིག་གནས་ཀྱི་གལ་ཆེའི་གྲུབ་ཆ་དང་མི་རིགས་ཀྱི་མཚོན་རྟགས་ཤིག་ཡིན། །

དང་པོ། ལྷོ་ཁའི་པང་གདན་ལས་བཟོས་པའི་ཆས་གོས་ཀྱི་གྲྭན་སྲོལ།

བོད་རིགས་ཀྱི་གྱོན་ཆས་རིག་གནས་དེ་ཉིད་གོང་འཕེལ་འགྲོ་བའི་བརྒྱུད་རིམ་ནང་དུ་ཐུན་མོང་མ་ཡིན་པའི་རང་མི་རིགས་དང་ཡུལ་ཁམས་སོ་སོའི་དམིགས་བསལ་ཁྱད་ཆོས་རིམ་གྱིས་ཆགས་ནས་བོད་རིགས་ཀྱི་སྲོལ་རྒྱུན་རིག་གནས་ཁྲོད་ཀྱི་ཉིང་ཁུ་ལྟ་བུ་ཞིག

ཏུ་གྱུར་ཡོད། དེ་ནི་བོད་རིགས་རིག་གནས་ཀྱི་ཕྱི་ཚུལ་རྣམ་པ་མཚོན་བྱེད་དང་གཟུགས་བརྙན་མཚོན་བྱེད། རིག་གནས་ཀྱི་མཚོན་རྟགས་ཤིག་ཡིན་ལ་མི་རིགས་གཞན་ལས་ལོགས་སུ་དགར་བའི་ཐུན་མོང་མ་ཡིན་པའི་ཁྱད་ཆོས་གཙོ་བོ་ཞིག་ཀྱང་ཡིན། པང་གདན་ལས་བཟོས་པའི་གྱོན་གོས་རིག་གནས་དེས་ཀྱང་གྱོན་གོས་ཀྱི་ཐོག་ནས་བོད་ཀྱི་ཐུན་མོང་མ་ཡིན་པའི་མི་རིགས་ཀྱི་མཚོན་རྟགས་ཕྱི་ལ་ལེགས་པར་མངོན་པར་བྱེད་ཀྱི་ཡོད། འོན་ཀྱང་བོད་ནང་ཁུལ་ལ་བོད་མི་རྣམས་སྡོད་ཁུལ་གྱི་རང་བྱུང་ཁོར་ཡུག་དང་། ཡུལ་ཁམས་རིག་གནས། འཚོ་སྐྱངས་མི་འདྲ་བ། དཔལ་འབྱོར་གྱི་རྣམ་པ་མི་འདྲ་བ་སོགས་ཀྱིས་རྐྱེན་པས་པང་གདན་གྱི་བཟོ་ལྟ་དང་རྒྱུ་ཆ། དེ་བཞིན་འདོགས་སྲོལ་དེ་ཡང་འདྲ་མིན་སྣ་ཚོགས་ཡོད་པ་ནི "ལུང་པ་རེ་ལ་སྐད་ལུགས་རེ་དང་། བླ་མ་རེ་ལ་ཆོས་ལུགས་རེ།" ཟེར་བ་ལྟར་ཡིན་ན་གཤམ་ལ་དེའི་སྐོར་ཞིབ་པར་གླེང་བར་བྱའོ། །

གཅིག པང་གདན་འདོགས་པའི་འཇུང་ཁུངས།

པང་གདན་རྒྱུ་ཆས་བཟོས་པའི་གྱོན་གོས་ནང་ནས་ཆེས་མདོག་རྣམ་པར་བཀྲ་ཤོས་ནི་བུད་མེད་ཀྱིས་འདོགས་པའི་པང་གདན་ཡིན། སྐྱེ་བོ་མང་པོ་ཞིག་གིས་པང་གདན་ནི་གཉེན་སྒྲིག་བྱས་ཚར་བའི་བུད་མེད་ཚོས་མ་གཏོགས་འདོགས་སྲོལ་མེད་པ་དང་དེ་ནི་བོད་རིགས་བུད་མེད་གཉེན་སྒྲིག་བྱས་ཡོད་མེད་ཀྱི་མཚོན་རྟགས་ཤིག་ཏུ་ངོས་འཛིན་བྱ་མཁན་ཡོད་རུང་། དོན་དངོས་ཐོག་བོད་ཀྱི་ས་ཆ་མང་པོ་ཞིག་ལ་གཉེན་སྒྲིག་མ་བྱས་གོང་གི་བུད་མེད་ཀྱིས་ཀྱང་པང་གདན་འདོགས་པའི་ལུགས་སྲོལ་ཡོད།

དེ་ཡང་སྲོལ་རྒྱུན་དུ་ལྷོ་ཁ་དང་ལྷ་ས་ཡུལ་ལ་ཆ་རྐྱེན་ཡོད་པའི་ཁྱིམ་ཚང་ཁག

གིས་“བྱ་མོ་ལོ་བཅོ་ལྔར་སླེབས་པའི་དུས་སུ་ན་སོ་རྒྱས་པའི་གུས་སྲོལ་མཛད་སྒོ་སྟེ། ཆོས་བཟང་དུས་བཟང་ཞིག་ལ་བུ་མོར་གཙང་སྦྲ་དང་གཟབ་མཆོར་ལེགས་པར་སྤྲས་རྗེས་སྐྲ་ལན་བུ་གཅིག་བརྒྱབ་ནས་རྗེས་ནང་འཁོད་པའི་དུས་ཚོད་ལ་གཞིགས་ཏེ་ཕ་མ་དང་རྒན་རབས་ཚོའི་སྔོན་ལམ་བཟང་པོའི་འོག་ཏུ་བུ་མོའི་མགོ་ལ་སྤྱ་ཕྱུག་དང་ལུས་ལ་པང་གདན་འདོགས་པ་དང་ཕྱོགས་མཚུངས་དགའ་ཉེ་སྤུན་མཆེད་ཚང་མས་ཁ་བཏགས་གཡོག་པ་དང་རྟེན་དོད་ཕུལ་ནས་རྟེན་འབྲེལ་མཛད་སྒོ་གྲ་རྒྱས་ཤིག་སྤེལ་གྱི་ཡོད། ”[1]མཛད་སྒོ་དེ་རིགས་སྤེལ་རྗེས་ ཕོ་ལོ་དྲུག་གསུམ་བཅོ་བརྒྱད་ལ། །དམག་དང་འབྲུག་པའི་རྒྱག་ཕྱོགས་ཤེས། ། མོ་ལོ་ལྔ་གསུམ་བཅོ་ལྔ་ལ། །ཞོ་དང་འོ་མའི་དཀྲོག་ཕྱོགས་ཤེས། །

ཞེས་པ་ལྟར་བོད་ཀྱི་སྲོལ་རྒྱུན་དུ་བུ་རྣམས་ལོ་ན་བཅོ་བརྒྱད་དང་བུ་མོ་ལོ་ན་བཅོ་ལྔར་སླེབས་ན་ན་སོ་ལོན་པར་བརྩི་སྲོལ་ཡོད། དེ་མིན་“བོད་ཀྱི་སྲོལ་རྒྱུན་དུ་བུ་མོ་ལོ་བཅོ་ལྔར་མ་སོན་གོང་དུ་ཁྱིམ་ནས་དོ་དམ་ནན་པོ་བྱེད་པ་སྟེ། གང་བྱུང་གིས་ཕོ་མོའི་འབྲེལ་བ་བྱས་མི་ཆོག་ལ་དགའ་གྲོགས་ཀྱང་སྒྲིགས་མི་ཆོག འོན་ཀྱང་ན་སོ་དར་བའི་གུས་སྲོལ་རྟེན་འབྲེལ་བྱས་མཚམས་ནས་གཉེན་སྒྲིག་མ་བྱས་བར་རང་དབང་ཆེན་པོ་ཡོད། ”[2]ཡང་རྒྱ་ཆེའི་ཞིང་འབྲོག་ཁུལ་དང་ལྷག་པར་དུ་གཙང་ཁུལ་དུ་ལོ་ཆུང་བྱིས་པས་པང་གདན་འདོགས་སྲོལ་ཡོད་པ་དང་། ལྷོ་ཁའི་ཁུལ་དུ་བཙུན་མོས་ཀྱང་པང་གདན་

1 ཟླ་བ། ཕོ། ལོ་62 ལྷེ་བདེ་ཞོལ་གྲོང་རྡལ་གྱི་མི། བཅར་འདྲི་བྱེད་པའི་དུས་ཚོད། 2009ལོའི་ཟླ་9ཚེས་13ཉིན། ས་གནས་ལྷེ་བདེ་ཞོལ།

2 འཕྲིན་ལས་ཆོས་གྲགས། ཕོ། ལོ་73 ལྷ་སའི་མི། བཅའ་འདྲིའི་དུས་ཚོད་2009ལོའ་ཟླ5ཚེས2ཉིན། ས་གནས་ལྷ་ས།

སེར་ཁྲ་འདོགས་སྲོལ་ཡོད་ཅིང་། ལྷོ་ཁའི་མཚོ་སྨད་དང་སྣ་དཀར་རྩེ། ཆུ་གསུམ་སོགས་ལ་བུ་མོ་ཁྱིམ་པ་ཚོས་པང་གདན་ལ་སྣམ་པ་གཉིས་ལས་མེད་པ་ཞིག་འདོགས་སྲོལ་ཡོད་པ་སོགས་ལས་པང་གདན་འདོགས་པའི་སྲོལ་ནི་བུད་མེད་གཉེན་སྒྲིག་བྱས་ཡོད་མིན་གྱི་མཚོན་རྟགས་ལྟ་བུ་ཞིག་མིན་པ་ར་སྤྱོད་བྱ་ཐུབ་ལ། དེའི་སྐོར་ལ་བོད་ཀྱི་དམངས་ཁྲོད་ཀྱི་གླུ་ཡི་ནང་།

པང་གདན་དཀར་ཁྲ་ཇོགས་སོང་། །ལྗང་ཁྲ་འདོགས་རོགས་གནང་དང་། །

སྐྲ་ལོས་སྐལ་པ་ཁེངས་སོང་། །གཡུ་ཆུང་བརྒྱབ་རོགས་གནང་དང་། །ཞེས་བསྟན་པ་ལྟར་རོ།།

གཉིས། རང་མི་རིགས་ཀྱི་ཁྱད་ཆོས་ལྡན་པའི་པང་གདན་གྱི་ཆས་གོས་གྱོན་ལུགས།

སྐྱེ་བོ་རྣམས་ཀྱི་འཚོ་གནས་ཁོར་ཡུག་མི་འདྲ་བའི་རྐྱེན་གྱིས་གྱོན་གོས་ཀྱི་རྣམ་པ་ཡང་འདྲ་མིན་སྣ་ཚོགས་ཡོད་པ་བཞིན་པང་གདན་གྱོན་གོས་ཐོག་ནས་ས་ཁོངས་མི་གཅིག་པའི་ཉམས་འགྱུར་མངོན་གྱི་ཡོད་དེ། གོང་དཀར་གྱི་བུད་མེད་ཚོས་སྲོལ་རྒྱུན་གྱོན་གོས་གྱོན་སྐབས་མདུན་ལ་དུས་རྒྱུན་གྱི་པང་གདན་འདོགས་པ་དང་། རྒྱབ་ལ་སྣམ་བུ་ནག་པོར་མཐའ་རྒྱན་གོས་ཆེན་བཏང་བའི་རྒྱབ་པང་ཞེས་པ་ཞིག་འདོགས་སྲོལ་ཡོད། ཡང་ཡར་འབྲོག་ཁུལ་གྱི་བུད་མེད་ཚོས་རྒྱབ་པང་ཐོག་ཆེམ་དྲུབ་མའི་བྱ་འབྲུག་ཁ་སྤྱོད་དང་། ཏམ་ཁ་སོགས་ཀྱི་རྒྱན་སྤྲས་པའི་མཐོང་སྣང་དོད་ཅིང་མཛེས་པོ་ཞིག་འདོགས་སྲོལ་ཡོད་པ་དང་། མཚོ་སྨད་ཀྱི་འབྲོག་བྲག་ཚའི་ཁུལ་གྱི་བུད་མེད་ཚོས་པང་གདན་འདོགས་པ་ཙམ་མ་ཟད་གཞི་རྒྱ་ཁྲ་དང་ལོག་གཉིས་ལ་པང་གདན་

བཏང་བའི་ཕྱུ་པ་ཕུ་མེད་ཅིག་གྱོན་ཐོག་ཕྱུ་པའི་ཨམ་ཕྲག་ཀྱང་གཡོན་ངོས་སུ་ཡོད་ལ་ཞྭ་མོ་ཡང་སྣམ་བུའི་པང་གདན་གྱིས་བཟོས་པ་ཞིག་གྱོན་སྲོལ་ཡོད་ཅིང་། མཚོ་སྣད་སྟག་རྩེ་རྫོང་གི་བུད་མེད་ཚོས་པང་གདན་གྱི་ཕྱི་ལ་རས་ཀྱི་མཐའ་སྐོར་བཏང་བ་ཞིག་གྱོན་པ་དང་། འཕྱོངས་རྒྱས་དང་ཚ་གསུམ། རྒྱ་ཚ་ལ་སོགས་ཀྱི་བུད་མེད་ཚོས་པང་གདན་འདོགས་པ་ཕུད་ད་དུང་པང་གདན་དང་ལུག་ལྤགས། ར་ལྤགས། སྣམ་བུ་སོགས་ཀྱིས་བཟོས་པའི་སྟེང་གཅགས་ཕུ་མེད་ཅིག་གྱོན་སྲོལ་ཡོད། གྲ་ནང་ཁུལ་གྱི་བུད་མེད་ཚོས་ལྷ་ཁེབས་ཞེས་པང་གདན་ལས་བཟོས་པའི་སྟོད་གོས་ཕུ་མེད་ཆུང་ཆུང་ཞིག་གྱོན་སྲོལ་ཡོད་ལ། ཚ་གསུམ་དང་ལྷུན་རྩེའི་ཡུལ་འགའ་རེའི་བུད་མེད་ཚོས་པང་གདན་ལས་བཟོས་པའི་ཞྭ་མོ་གྱོན་སྲོལ་ཡོད། མདོར་ན་ལྷོ་ཁ་ས་ཁུལ་གྱི་ངོ་མཚར་ཆེ་བའི་ཆས་གོས་དེ་རྣམས་ལས་པང་གདན་ཞེས་པའི་རྒྱུ་ཆ་དེ་ནི་པང་གདན་ཁོ་ན་བཟོ་བྱེད་ཙམ་མ་ཡིན་པར་སྣེ་མང་ཕུན་སུམ་ཚོགས་པའི་གྱོན་གོས་མང་པོ་ཞིག་གི་རྒྱུ་ཆ་གཙོ་བོ་དེ་ཉིད་ཡིན་པ་ཤེས་ཐུབ། །

གསུམ། པང་གདན་གྱི་ཡ་མཚན་ཅན་གྱི་ཆས་གོས་གྱོན་ལུགས།

ལྷོ་ཁའི་ཆས་གོས་མང་པོ་ཞིག་གི་ཐོག་མའི་བྱུང་ཚུལ་སྐོར་ལ་ཉན་སྙིང་བའི་གཏམ་རྒྱུད་རེ་ཡོད་པ་ལྟར། ཡ་མཚན་ཆེ་བའི་པང་གདན་འདོགས་སྲོལ་དང་དེ་ལས་བཟོས་པའི་ཆས་གོས་ལའང་སྣན་འཛེབས་ཡིད་དབང་འཕྲོག་པའི་གཏམ་རྒྱུད་རེ་ཡོད། དེ་ཡང་པང་གདན་གྱི་གྱོན་གོས་འདོགས་སྲོལ་ནི་གཙོ་བོ་རང་བྱུང་ཆ་རྐྱེན་དང་། འཚོ་ཐབས་མི་འདྲ་བ། ཡུལ་ཁོངས་སོ་སོའི་རིག་གནས་དང་སྤྱི་ཚོགས་ཀྱི་དཔལ་འབྱོར་འཕེལ་རྒྱས་

མི་འདྲ་བ་སོགས་དང་འབྲེལ་བ་དམ་ཟབ་ཡོད། ལྷོ་ཁ་ཁུལ་ནི་གཉན་ཆེན་ཐང་ལྷའི་རི་རྒྱུད་དང་། གངས་ཏི་སིའི་ལྷོ་ངོས་དང་རི་བོ་ཧི་མ་ལ་ཡི་རི་རྒྱུད་ཀྱི་བྱང་ངོས་སུ་གནས་ཤིང་། ས་རྒྱ་ཆེ་ལ་ས་འཕོད་སྐྱོམས་པའི་ས་གཞིའི་ཐོག་ཆགས་པ་དང་། ཁུལ་དེ་ནི་བོད་ཀྱི་ཞིང་ལས་ས་ཁུལ་གཙོ་གྲས་དང་། མི་གྲངས་ཉུང་ཕྱོད་ཆེ་ཁར་ལག་ཤེས་བཟོ་ལས་འཕེལ་རྒྱས་ཆེ་བས་ལྷོ་ཁའི་ཁུལ་དུ་པང་གདན་གྱི་ཆས་གོས་དང་དེའི་གྱོན་སྲོལ་འདྲ་མིན་སྣ་ཚོགས་རིམ་བཞིན་ཆགས་ཡོད། །

༡ གཏམ་རྒྱུད་ལས་མཚོན་པའི་ཡ་མཚན་ཅན་གྱི་པང་གདན་འདོགས་སྲོལ།

དེ་སྔ་འགྲིམ་འགྲུལ་སྟབས་བདེ་མེད་པའི་སྐབས་ལྷོ་ཁ་ཁུལ་གྱི་པང་གདན་ལས་བཟོས་པའི་གྱོན་གོས་འདོགས་སྲོལ་གྱིས་སྐྱེ་བོ་རྣམས་མིག་དབང་འཕྲུལ་དགོས་པ་ཞིག་ཡོད་པ་དང་། སྐུ་ཉིད་ལྷོ་ཁའི་དམངས་ཁྲོད་དུ་ཕེབས་ནས་ཡ་མཚན་ཆེ་བའི་པང་གདན་འདོགས་སྲོལ་དང་པང་གདན་ལས་བཟོས་པའི་གྱོན་གོས་ཀྱི་སྐོར་བཀའ་འདྲི་ཞུས་ན་དེ་དག་ཚང་མ་ཨ་ཅེ་རྒྱ་བཟའ་དང་འབྲེལ་བ་ཡོད་པའི་དམངས་སྒྲུང་མང་པོ་ཐོས་རྒྱུ་ཡོད་པ་ལས་རྒྱ་བཟའ་ཀོང་ཇོས་བོད་ཀྱི་པང་གདན་ལ་ཤུགས་རྐྱེན་ཐེབས་ཡོད་པ་ནི་སྨོས་མི་དགོས། དེ་ལྟར་ལྷོ་ཁའི་པང་གདན་འདོགས་སྲོལ་ཁག་ལ་སྙན་འཛེགས་ལྡན་པའི་སྒྲུང་གཏམ་རེ་ཤོད་རྒྱུ་ཡོད་པ་སྟེ། གོང་དཀར་དང་ཡར་འབྲོག་གཡུ་མཚོའི་འགྲམ་གྱི་བུ་མེད་ཚོས་རྒྱབ་མདུན་གཉིས་ཀར་པང་གདན་འདོགས་པའི་སྲོལ་དེ་ནི་སྔར་ཆོས་རྒྱལ་སྲོང་བཙན་སྒམ་པོ་དགུང་ལོ་ཆུང་ངུའི་སྐབས་སྐུ་ཚེ་འདས་རྗེས་རྒྱ་བཟའ་འོན་ཤིང་ཀོང་ཇོའི་ཐུགས་ལ་སྡུག་བསྔལ་ཚད་མེད་སྐྱེས་ནས་བླ་ཆད་པ་ལྟ་བུར་འགྱུར་བ་དང་

ཁོང་གིས་ས་ཆ་གང་སར་སྐྱོ་བསང་ལ་ཕེབས་ནས། གོང་དཀར་གཞུང་ལ་སླེབས་དུས་སུ་རང་ཉིད་ཀྱི་སྐེ་རགས་བརྐྱགས་ཀྱང་མ་ཤེས་པར་ཕྱིན་པས་དེའི་རྒྱུད་ཀྱི་མང་ཚོགས་ཀྱིས་ཚུལ་དེ་མཐོང་ནས་ཡིད་ཀྱིས་མ་བཟོད་པར་རྒྱ་བཟའི་རྫེས་སུ་སྐེགས་ནས་སྐྱུང་གྱུང་ལྡན་པའི་གོང་དཀར་གྱི་སྐྱེ་བོ་ཞིག་གིས་པང་གདན་གཉིས་འཁྱེར་ནས་རྒྱབ་མདུན་གཉིས་ཀ་ནས་བཅིངས་པས་ད་གཟོད་གཞི་ནས་སྒོ་ལྷུག་མེད་པར་གྱུར་པ་མ་ཟད་དུས་དེ་ནས་བཟུང་གོང་དཀར་གཞུང་ལ་རྒྱབ་མདུན་གཉིས་ཀར་པང་གདན་འདོགས་པའི་སྲོལ་དེ་བྱུང་བར་གྲགས། གོང་གསལ་ངག་རྒྱུན་དེ་ལས་པང་གདན་ནི་བོད་རྒྱལ་སྲོང་བཙན་སྒམ་པོའི་དུས་ནས་དར་ཡོད་པར་ངེས་འཛིན་བྱེད་ལ། དེང་དུས་རྒྱབ་ཁབ་རིམ་པའི་དངོས་མིན་རིག་གནས་ཤུལ་བཞག་གི་ཁོངས་སུ་ཚུད་པའི་མཚོ་སྣ་འབྲོག་བྲག་ཚའི་པང་གདན་གྱི་འབྱུང་ཁུངས་སྐོར་ལ་དམངས་ཁྲོད་ཀྱི་སྒྲུང་གཏམ་སྣ་པོ་ཞིག་ཡོད་པ་སྟེ་སྔར་རྒྱ་བཟའ་ཀོང་ཇོ་ས་ཆ་དེར་ཕེབས་ནས་རྩེད་མོར་གཡེང་ནས་བཞུགས་པའི་དུས་སུ་གློ་བུར་དུ་ཆོས་རྒྱལ་སྲོང་བཙན་སྒམ་པོ་ཕེབས་པས་ཁོང་བྲེལ་འཚབ་ལངས་ནས་གྱོན་གོས་ཀྱང་ཕྱི་ནང་ལོག་ནས་གྱོན་ཏེ་ཕེབས་བསུར་བཅར་བས་སྐབས་དེར་མཐའ་སྐོར་ལ་ཡོད་པའི་སྐྱེ་བོ་ཚང་མས་ཁོང་དེ་བས་མཛེས་པར་སྣང་། དུས་དེ་ནས་བཟུང་ས་ཆ་དེ་གའི་བུད་མེད་ཚོས་ཚུལ་དེར་མིག་དཔེ་བལྟས་ནས་བོད་ཡུལ་ས་ཆ་ཅི་འདྲ་ཞིག་དང་མི་འདྲ་བའི་པང་གདན་ལོག་པ་ཅན་གྱི་གྱོན་སྲོལ་དེ་དག་བྱུང་།

སྒྲུང་གཏམ་ཁྲོད་ཀྱི་པང་གདན་གྱི་དར་སྲོལ་སྐོར་ནི་མི་རབས་ནས་མི་རབས་བར་དར་བའི་ངག་རྒྱུན་ཙམ་ལས་དེའི་གཞི་འཛིན་སའི་དཔྱད་ཡིག་སྐོར་བཙལ་ཐབས་དབེན།

འོན་ཀྱང་ལྷོ་ཁའི་རྒྱུད་ལ་ཆས་གོས་མང་པོ་ཞིག་གི་གྱོན་སྟངས་དང་རྒྱ་བཟའ་ཀོང་ཇོའི་དབར་འབྲེལ་བ་དམ་ཟབ་ཡོད་པ་ནི་གཙོ་བོ་སྐབས་དེར་རྒྱ་བཟའ་ཀོང་ཇོས་ལྷོ་ཁའི་རྒྱུད་ལ་ཕྱོགས་གང་ཅིའི་ཐད་ཤུགས་རྐྱེན་ཆེན་པོ་ཐེབས་ཡོད་པ་ལས་བྱུང་བར་སྙམ་ལ། དེ་མིན་རྒྱའི་ལོ་རྒྱུས་དེབ་ཐེར《ཐང་ཡིག་རྙིང་མ་ལས་བོད་ཀྱི་སྲིད་ལུགས་སྐོར》ནང་དུ་རྒྱ་བཟའ་ཀོང་ཇོ་བོད་ལ་ཕེབས་པ་དེས་བོད་ཀྱི་ཆས་གོས་རིག་གནས་ལ་ཤུགས་རྐྱེན་ཆེན་པོ་ཐེབས་པའི་སྐོར་འཁོད་ཡོད། མདོར་ན་ལྷོ་ཁའི་ཁུལ་དུ་དེ་ལྟ་བུའི་ཐུན་མོང་མ་ཡིན་པའི་ཆས་གོས་གྱོན་སྟངས་ལུགས་སྲོལ་འདྲ་མིན་བྱུང་བ་དེ་ཡང་ཁུལ་དེ་རང་གི་རང་བྱུང་ཆ་རྐྱེན་དང་། ས་ཁོངས་རིག་གནས། འཚོ་བའི་ཐབས་ཤེས། སྤྱི་ཚོགས་དཔལ་འབྱོར་གྱི་རྣམ་པ་དང་ཡང་འབྲེལ་བ་དམ་ཟབ་ཡོད།།

༣ རིགས་འདྲ་མིན་གྱི་ས་ཁོངས་རིག་གནས་དང་རང་བྱུང་ཁོར་ཡུག

ས་ཁོངས་རིག་གནས་ཀྱི་ངོས་ནས་བརྗོད་ན་བོད་ཀྱི་རིག་གནས་ནི་སྤྱི་ཁོག་གཅིག་གི་ནང་གི་རིག་གནས་ཚན་པ་ཞིག་ཡིན་པ་དང་། མཐོ་སྒང་དུ་གནས་པའི་ས་གནས་ཁག་གི་ས་ཁོངས་ཁོར་ཡུག་དང་རང་བྱུང་ཆ་རྐྱེན་མི་འདྲ་བའི་རྐྱེན་གྱིས་ས་ཁོངས་སོ་སོའི་ཡུལ་མིའི་དཔལ་འབྱོར་འཚོ་བ་དང་། ཡུལ་སྲོལ་གོམས་གཤིས། ཟས་རིགས། གྱོན་ཆས་དང་། རིག་གནས་སྒྱུ་རྩལ་ལ་སོགས་མི་གཅིག་པ་ཁག་གྲུབ་ཡོད། ལྷོ་ཁ་ནི་ཞིང་ལས་གཙོ་བོར་བྱེད་པ་དང་། འབྲོག་ལས་དང་ནགས་ལས་མཉམ་སྐྱོང་གི་ས་ཁོངས་ཞིག་ཡིན་པས་དེ་འབྲེལ་གྱི་ས་གནས་སོ་སོའི་ཁྱད་ཆོས་ལྡན་པའི་རིག་གནས་དང་ཆས་གོས་ཡོད་པ་སྟེ། གོང་དཀར་དང་གྲ་ནང་། སྣེ་གདོང་ལ་སོགས་ནི་རོང་ས་ཡིན་པས

ས་བབ་དམའ་ལ་གནམ་གཤིས་དྲོ་བ་དང་། ས་རྒྱུ་གཤིན་པ། ཆར་ཆུ་རན་ལ་ཞིང་ཆུ་གཏོང་བདེ་བ། མི་ཚོགས་མཐུག་པ་བཅས་ཀྱི་ཁྱད་ཆོས་ལྡན་པས་ས་ཁོངས་འདི་ནི་རང་བྱུང་ཆ་རྐྱེན་ལེགས་ལ་ཞིང་ལས་དར་ཆེ་ཤོས་ཀྱི་ཁུལ་ཞིག་ཡིན་པས་ཞིང་འདེབས་རིག་གནས་གཙོ་བོ་ཡིན་པའི་ས་ཁོངས་གྲས་ཤིག་ཡིན། ཆུ་གསུམ་དང་ཟངས་རི་རྫོང་ནི་གཙོ་བོ་ས་མ་འབྲོག་ཡིན་པས་དྲོད་ཚད་ཀྱང་གོང་གསལ་ས་ཁོངས་ལས་དམའ་བས་ས་མ་འབྲོག་གི་ས་ཁོངས་སུ་གཏོགས་པ་དང་། མཚོ་སྨད་དང་སྣ་དཀར་རྩེ་ལ་སོགས་ནི་ས་བབ་མཐོ་བ་དང་། ཡངས་ཤིང་རྒྱ་ཆེ་བའི་རྩ་ཐང་སྐྱེང་རྩ་ཆུ་བཟང་བས་འབྲོག་ལས་གཙོ་བོ་བྱེད་པའི་ས་ཁོངས་ཡིན་པ། ལྷོ་བྲག་དང་ལྷུན་རྩེ། རྒྱ་ཚ། མཚོ་སྣ་རྫོང་སོགས་ནི་རྩ་ཆུ་བཟང་ཞིང་། གཏིང་རིང་བའི་གྲོག་རོང་དང་ནགས་ཚལ་སྟུག་པ། ཆར་ཆུ་བཟང་བ་བཅས་ཀྱི་ནགས་ལས་གཙོ་བོར་བྱེད་པའི་ས་ཁོངས་ཤིག་ཡིན།

ཞིང་ལས་གཙོ་བོར་བྱེད་པའི་གཙང་པོད་ཁུལ་ལ། གནམ་གཤིས་དྲོ་ལ་གཞའ་ཚན་ཅུང་ཆེ་བས་ལོ་གཅིག་དུས་བཞིར་ཞིང་ལས་དང་ཞོར་ལས་ཀྱི་ལས་བྲེལ་ཅུང་ཆེ་སྐབས་ཁུལ་དེའི་མི་རྣམས་ཀྱི་གྲོན་གོས་སྐབས་བདེ་ཞིང་སྤྱོད་སྒོ་ཆེ་བ་མ་ཟད་དུས་བཞིའི་གྲོན་གོས་ཀྱི་དབྱེ་བ་མངོན་གསལ་དོད་པའི་ཁྱད་ཆོས་ལྡན་ཡོད། འབྲོག་ལས་གཙོ་བོར་བྱེད་པའི་ས་བབ་མཐོ་བའི་ས་ཆར་གནམ་གཤིས་གྲང་ངར་ཆེ་བ་དང་། མི་རྣམས་ཀྱིས་ཕྱུགས་རིགས་འཚོ་སྐྱོང་བྱས་ནས་འཚོ་བར་རོལ་བས་ཡུལ་དེ་དག་གི་གྲོན་གོས་ནི་དྲོད་ཆེ་ཞིང་ནུང་འགོག་གི་ཁྱད་ཆོས་ལྡན་ཁར་དུས་བཞིར་དབྱེ་བ་དེ་ཙམ་མེད་ཀྱང་། ས་མ་འབྲོག་ཁུལ་གྱི་གནམ་གཤིས་ལ་རོང་འབྲོག་གཉིས་ཀའི་ཁྱད་ཆོས་ལྡན་སྐབས་གྲོན་

ཆས་ལའང་ཞིང་ཁུལ་དང་འབྲོག་ཁུལ་གཉིས་ཀའི་ཁྱད་ཆོས་ལྡན་ཡོད།

དེ་ལྟར་ལྷོ་ཁ་ཁུལ་དུ་དེ་ལྟ་བུའི་རང་བྱུང་ཆ་རྐྱེན་དང་ས་ཁོངས་རིག་གནས་རྣམ་པ་འདྲ་མིན་ཡོད་པའི་རྐྱེན་གྱིས་དམངས་སྲོལ་གོམས་གཤིས་ཀྱང་རིགས་འདྲ་མིན་མང་པོ་ཞིག་ཐོན་ཡོད། དེ་ཡང་བང་གདན་རྒྱན་གོས་ཀྱི་གྱོན་སྲོལ་ཐད་ལ་ཡང་ཁྱད་པར་ཆེན་པོ་ཡོད་པ་སྟེ། དཔེར་ན་རོང་སའི་ཁུལ་གྱི་བུད་མེད་ཚོས་ཐུང་ཞིང་གྱོན་བདེ་བའི་པང་གདན་ཆས་གོས་གྱོན་རྒྱུར་དགའ་བ་དང་། ས་བབ་དེ་ལས་ཅུང་མཐོ་བའི་བུད་མེད་ཀྱིས་ཆོས་གཞི་བཀྲ་བའི་དོར་ཁེབས་སྟེང་གཙགས་གྱོན་རྒྱུར་དགའ་བ། འབྲོག་ཁུལ་གྱི་བུད་མེད་ཀྱིས་ཆོས་མདོག་རྣམ་པར་བཀྲ་བའི་པང་གདན་དང་རྒྱ་ལོག་སོགས་ཆོས་གཞི་ཏ་ཅང་ཏར་བའི་སྟེང་གཙགས་གྱོན་སྒྱུར་དགའ་བ་བཅས་མདོར་ན་ཞིང་ཁུལ་བུད་མེད་ཀྱིས་ཆོས་གཞི་བབ་ཆགས་ཤིང་སྨུམ་པོར་དགའ་བ་དང་། འབྲོག་ཁུལ་གྱི་བུད་མེད་ཀྱིས་ཆོས་གཞི་ཏར་པོ་དང་ཁྲ་ཆེན་གྱི་པང་གདན་འདོགས་རྒྱུར་དགའ་བ། ས་བབ་དམའ་སར་གནས་པ་རྣམས་ནི་རང་བྱུང་ཆ་རྐྱེན་ཅུང་ལེགས་པས་གྱོན་གོས་བབ་ཆགས་ལ་ཡིད་འོང་ཉམས་འགྱུར་ལྡན་ལ། སྟབས་བདེ་ཞིང་ཡང་བའི་གྱོན་ཆས་གྱོན་རྒྱུར་དགའ་བ་བཅས་ཡིན། །

༣ དཔལ་འཁོར་གྱི་རྣམ་པ་དང་འཚོ་སྟངས་མི་འདྲ་བའི་ལུགས་རྐྱེན་ཞེ་ནས་པ།

ལྷོ་ཁ་ཁུལ་གྱི་ས་བབ་ཆགས་སྟངས་རྙོག་འཛིང་ཆེ་བས་ས་ཁོངས་མི་འདྲ་བར་དཔལ་འབྱོར་གྱི་རྣམ་པ་ཡང་མི་འདྲ་བ་ཞིག་ཡོད། དཔལ་འབྱོར་གྱི་རྣམ་པ་མི་འདྲ་བའི་དབང་གིས་མི་རྣམས་ཀྱི་ཐོན་སྐྱེད་ངལ་རྩོལ་བྱེད་སྟངས་དང་འཚོ་བར་རོལ་སྟངས།

འཚོ་གནས་ཀྱི་ལམ་བུ་སོགས་ལའང་ཁྱད་པར་བྱུང་ཡོད། ཞིང་ལས་གཙོ་གཉེར་བྱེད་པའི་རྣམ་པའི་ས་ཁོངས་སུ་མི་འབོར་ཉུབ་སྟོད་ཆེ་བ་དང་། ལག་ཤེས་བཟོ་ལས་དང་ཚོང་ལས་ལྷོས་བཅས་ཀྱིས་དར་སོ་ཆེ་བས་འཚོ་གནས་ཀྱི་བྱ་ཐབས་མང་པོ་ཞིག་ཡོད་དེ། དེའི་ཁུལ་གྱི་མི་རྣམས་ཀྱིས་འདེབས་ལས་བྱ་ཚོག་ལ། ཚོང་ལས་དང་ལག་ཤེས་བཟོ་ལས་སོགས་བྱས་ནས་འཚོ་ཐབས་བྱ་ཚོག འབྲོག་ལས་གཙོ་བོར་བྱེད་པའི་རྒྱ་ཆེའི་འབྲོག་ཁུལ་ལ་མི་འབོར་ཉུང་ཞིང་དཔལ་འབྱོར་ཀྱང་ཞིང་ཁུལ་དང་བསྡུར་ན་དར་རྒྱས་ཆེན་པོ་དེ་ཙམ་མེད་པ་དང་། འཚོ་ཐབས་རྐྱང་པ་ཡིན་ཁར་ཚོང་འབྲེལ་དེ་ཙམ་མེད་པའི་ཐོག་ལག་ཤེས་བཟོ་ལས་རྗེས་ལུས་ཅན་གྱི་ཁུལ་ཞིག་ཡིན།

“ས་མ་འབྲོག་ཁུལ་ནི་ཞིང་ལས་དང་འབྲོག་ལས་མཉམ་དུ་གཉེར་ཁུལ་ཞིག་ཡིན་པས་ཞིང་པ་དང་འབྲོག་པ་གང་ཡིན་དབྱེ་བ་འབྱེད་དཀའ་བ་མ་ཟད། དེ་གཉིས་པོའི་ཐོན་ལས་ཀྱི་ཁྱད་ཡོན་འདོན་སྤེལ་བྱེད་དཀའ་བས་ཁུལ་དེ་ནི་བོད་ཀྱི་དབུལ་པོའི་མི་འབོར་ཉུང་མང་བའི་ས་ཁུལ་ཞིག་ཏུ་གྱུར་ཡོད།”[1]

ཞིང་ཁུལ་གྱི་མི་རྣམས་རྒྱུན་དུ་ལས་བྲེལ་ཆེ་ལ་ལྷག་པར་དུ་ནང་ལས་མང་བས་རང་ཉིད་ཡང་ཟོར་དོད་པའི་ཆེད་དུ་ཆས་གོས་ཀྱང་སྐབས་བདེ་གྱོན་རྒྱུར་དགའ་པོ་བྱེད་ཅིང་། རང་ཉིད་ཀྱི་རྩ་ཆེའི་རྒྱན་གོས་ནམ་རྒྱུན་དུ་ཁྲིམ་ལ་བཞག་ནས་དུས་སྟོན་ལ་མ་གཏོགས་རྒྱུན་ཆ་མང་པོ་འདོགས་སྲོལ་མེད། དེ་ལས་ལྡོག་ཏེ་འབྲོག་ཁུལ་གྱི་མི་རྣམས་ནི་

1 པད་མས་གཙོ་སྒྲིག་བྱས། 《བོད་ཀྱི་ས་ཁམས་》[M]. ལྷ་ས། བོད་ལྗོངས་མི་དམངས་དཔེ་སྐྲུན་ཁང་། 2004.ཤོག་གྲངས་112

ས་ཆུ་གང་བཟང་ལ་གནས་ངེས་མེད་ལ་འཚོ་བར་རོལ་མཁན་ཞིག་ཡིན་སྟབས། རང་ཉིད་ཀྱི་རྩ་ཆེའི་རྒྱན་གོས་རྣམས་ལུས་དང་བྲལ་མེད་གྱོན་སྲོལ་ཡོད་པས་ཁོང་ཚོའི་ལུས་སྟེང་ནས་དབུལ་ཕྱུག་གི་རྣམ་པ་མངོན་ཐུབ། གཞན་ཡང་ས་མ་འབྲོག་ཁུལ་གྱི་གྱོན་གོས་ལས་འབྲོག་ཁུལ་ཀྱི་འཁོར་སྐྱིག་གི་ཉམས་དང་ཞིང་ཁུལ་གྱི་ཡང་ཞིང་གྱོན་བདེའི་ཁྱད་ཡོན་གཉིས་ཀ་ལྡན་ཡོད།

ཞིང་པའི་ལག་ཤེས་བཟོ་ལས་ཀྱི་ཐོན་རྫས་དཔེར་ན། སྣམ་བུ་དང་པང་གདན། ཁ་གདན་སོགས་ཀྱིས་རང་ཉིད་ཀྱི་དགོས་མཁོ་སྐོང་ཐུབ་པ་མ་ཟད་ད་དུང་ལྷག་མ་རྣམས་དངོས་པོ་གཞན་དང་བརྗེ་ཚོང་བྱེད་ཅིང་། ཞིང་པ་རྣམས་རྒྱུན་དུ་ས་ཆ་མང་པོ་ཞིག་ལ་འགྲོ་འོང་བྱེད་ཀྱི་ཡོད་སྟབས་ཕྱི་རོལ་གྱི་བྱ་དངོས་གསར་པ་མང་པོ་མཐོང་ཐོས་སུ་གྱུར་བས་ཁོང་ཚོའི་ཆས་གོས་ལའང་འགྱུར་ལྡོག་འགྲོ་མགྱོགས་པོ་ཡོད། ས་མ་འབྲོག་གི་ཁུལ་ལ་ཆ་མཚོན་ན། ཞིང་འབྲོག་གཉིས་ཀའི་ཁུལ་གྱི་ཆ་རྐྱེན་འཛོམས་རུང་གྱོན་གོས་ཀྱི་འཕེལ་འགྱུར་ཞིང་ཁུལ་ལས་དལ་བ་ཡོད་པ་དང་། འབྲོག་ཁུལ་ནི་འགྲིམ་འགྲུལ་སྟབས་བདེ་མེད་ལ་བྱ་དངོས་གསར་པ་དང་འབྲེལ་བ་ཆུང་བས་ཁོང་ཚོའི་གྱོན་གོས་ཀྱི་འཕོ་འགྱུར་དེ་ཡང་གོང་གསལ་གཉིས་པོ་ལས་དལ་བ་ཡོད། གྱོན་གོས་ཀྱི་བཟོ་ལྟ་དང་ཁྱད་ཆོས་སྔར་བཞིན་ཡིན་པ་ལས་འགྱུར་ལྡོག་དེ་ཙམ་བྱུང་མེད།

ལྟོ་ཁའི་དམིགས་བསལ་ཁྱད་ཆོས་ལྡན་པའི་རང་བྱུང་ཆ་རྐྱེན་དང་། འཚོ་བའི་རོལ་སྟངས། ས་ཁོངས་རིག་གནས། སྤྱི་ཚོགས་དཔལ་འབྱོར་ལ་སོགས་ལས་སྐྱེ་མང་ཕུན་སུམ་ཚོགས་ལ་ཐུན་མོང་མ་ཡིན་པའི་པང་གདན་རྒྱན་སྲོལ་ཞིག་ཆགས་ཡོད་པ་

དང་། ངོ་མཚར་ཆེ་ཞིང་ཐུན་མོང་མ་ཡིན་པའི་གྱོན་གོས་དེ་དག་ལས་ལྗོ་ཁའི་རྒྱུ་མང་རིག་གནས་དང་འཚོ་བའི་གོམས་སྲོལ་དག་གང་ལེགས་མངོན་པར་བྱས་ཡོད། །

གཉིས་པ། པང་གདན་དམངས་སྲོལ་ཁྲོད་ཀྱི་འཛེམ་བྱ་དང་དེ་དག་བྱུང་རྐྱེན།

"འཛེམ་བྱའི་གོ་དོན་སྐོར་ལ་མིའི་རིགས་རིག་པ་དང་། མི་རིགས་རིག་པ། དམངས་སྲོལ་རིག་པ་བཅས་ཀྱི་ནང་དུ་'ཐ་ཐུའུ'' （tatooསམ། tatu）ཞེས་བརྗོད་ཀྱི་ཡོད། དེར་གོ་དོན་ཁག་གཉིས་ཙམ་ལྡན་ཡོད་པ་ལས་གཅིག་ནི་སྐྱེ་བོ་ཚང་མས་གོང་དུ་བཀུར་བའི་ལྷ་ཡི་དངོས་པོ་གང་བྱུང་དུ་བེད་སྤྱོད་བྱ་མི་ཆོག་པ་དེ་ཡིན་ཞིང་། ལྷ་ཡི་དངོས་པོ་དེ་དག་ནི་ བླ་མེད་དང་ཡང་ན་དྲི་མས་མ་གོས་པའི་དཀར་གཙང་གི་ངོ་བོ་ལྡན་པས་གང་བྱུང་སྤྱད་ན་ཕོག་ཐུག་སོང་བའི་བྱ་སྤྱོད་ལ་བཙི་བ་དང་། གལ་ཏེ་འཛེམས་བྱ་དེ་དག་ལས་འགལ་ན་རང་ཉིད་ལ་བར་ཆད་ཡོང་བ་དང་དེར་བཙི་སྲུང་བྱས་ན་བདེ་བ་ཐོབ་རྒྱུ་ཡིན་པ། གཉིས་ནི་ཧ་ཅང་དམན་པ་དང་བཙོག་པ། ཉེན་ཁ་ཡོད་པའི་དངོས་པོར་གང་བྱུང་རེག་ཐུག་མི་ཆོག་ཅིང་། འཛེམ་བྱ་དེ་ལས་འགལ་ཚེ་བར་ཆད་ཡོང་ངེས་ཡིན་ཞེས་"[1]པ་དེ་ཡིན།

དེ་ལྟར་འཛེམ་བྱར་རིགས་དང་རྣམ་པ་སྣ་ཚོགས་ཡོད་ལ་མི་རྣམས་ཀྱི་དུས་རྒྱུན་འཚོ་བའི་ཕྱོགས་གང་སར་ཁྱབ་ནས་བསྟད་ཡོད། དེ་ཡང་དམངས་སྲོལ་རིག་པ་མཁས་ཅན་སྐུ་ཞབས་ཐོའོ་ལིའི་རྣམ་གྱིས་འཛེམ་བྱར་དབྱེ་བ་རིགས་བཞི་ཕྱེ་ཡོད་པ་སྟེ། ཆོས་

1 ཐའོ་ལིའི་རྣམ། དབྱིན་ཇིན། ལོང་ཡན། ངོངས་མིན་རིག་གནས་ཤུལ་བཞག་དཔྱད་རྩོམ་ཕྱོགས་སྒྲིགས།[M]པེ་ཅིང་། སློབ་གླིང་དཔེ་སྐྲུན་ཁང་། 2006.ཤོག་གྲངས་84

ལུགས་འཛོམ་བྱ་དང་། ཐོན་སྐྱིད་འཛོམ་བྱ། སྐད་ཆའི་འཛོམ་བྱ། རྒྱུན་གཏན་འཚོ་བའི་ནང་གི་འཛོམ་བྱ་བཅས་ཡིན་པར་གཞིགས་ན། པང་གདན་གྱི་འཛོམ་བྱ་ནི་རྒྱུན་གཏན་འཚོ་བའི་ནང་གི་འཛོམ་བྱའི་ཁོངས་སུ་གཏོགས་ཤིང་། འོ་ན་ལྷོ་ཁའི་པང་གདན་ལ་འཛོམ་བྱ་ཅི་དང་ཅི་ཞིག་ཡོད་དམ་ཞེ་ན། །

གཅིག པང་གདན་གྱི་འཛེམ་བྱའི་སྐོར་རྩུལ།

བོད་རིགས་བུད་མེད་ཀྱིས་རྒྱུན་དུ་པང་གདན་བཏགས་ནས་རང་ཉིད་ཀྱི་གྱོན་གོས་དེ་བས་མཛེས་པར་བྱེད་ཀྱང་དུས་རྒྱུན་འཚོ་བའི་ནང་དུ་པང་གདན་གྱི་འཛེམ་བྱའི་དམངས་སྲོལ་སྒོར་མང་དག་ཅིག་ཡོད་པ་དཔེར་ན། གཉེན་སྒྲིག་བྱས་ནས་ཁྱིམ་འཛིན་ཟིན་པའི་བུད་མེད་ཀྱིས་པང་གདན་མི་བཏགས་པར་བསྡད་ན་རང་ཉིད་ཀྱི་བཟའ་ཟླའི་ཚེ་སྲོག་ཐུང་དུ་སོང་ཞིང་། བཙོས་དཀའ་བའི་ནད་འཕོག་ནས་རྐྱེན་ལམ་དུ་ཤོར་ཉེན་ཆེ་བར་གྲགས་པ་དང་། བུད་མེད་ཀྱིས་སྐྱེ་བོ་གཞན་གྱི་རྒྱབ་ཏུ་པང་གདན་བརྡབས་པ་ཡིན་ན་མི་དེར་ཆག་སྒོ་ཆེན་པོ་ཡོང་བར་བརྗོད་པ། དེ་མིན་དབྱར་དུས་སུ་པང་གདན་མ་བཅིངས་པའི་བུད་མེད་ཞིང་ནང་དུ་ཕྱིན་ན་ཞིང་ལ་སད་དང་སེར་བའི་གནོད་སྐྱོན་འབྱུང་སྲིད་པར་བརྗོད་ཀྱི་ཡོད། གཞན་ཡང་བོད་རྙིང་པའི་དུས་སུ་དུས་ཆེན་སྐབས་བུད་མེད་ཚོས་ངེས་པར་དུ་མགོ་ལ་སྤྲ་ཕྲུག་དང་སྨེད་པར་པང་གདན་འདོགས་དགོས་ལ། ལོ་སྟོན་སྐབས་དེ་ལྟར་མ་བྱས་ཚེ་ནོར་བུ་གླིང་ཁའི་སྒོ་ནས་འཛུལ་མི་ཆོག་པ་དང་། བོད་ཀྱི་ནང་པའི་བླ་མ་སྐྱེས་ཆེན་དགོངས་པ་རྫོགས་སྐབས་ཀྱང་བུད་མེད་ཚོས་པང་གདན་བཏགས་མི་ཆོག་པ་ལྟ་བུའོ། །

གཉིས། འདྲེ་མ་བྱ་སོ་སོའི་བྱུང་རྐྱེན་སྐོར་ལ་དབྱེ་ཞིབ།

འཛོམ་བྱའི་བྱུང་སྟངས་སྐོར་ལ་རྒྱུ་རྐྱེན་སྣ་ཚོགས་ཡོད། དམངས་ཁྲོད་ཀྱི་འཛོམ་བྱ་ཁག་དུ་བར་མི་ཉམས་པར་རྒྱུད་འཛིན་བྱེད་བཞིན་པ་ནི་གཙོ་བོ་དེས་སྐྱེ་བོའི་སེམས་ཁམས་ལ་འཇིགས་སྣང་དང་དད་སེམས་ཀྱི་ཚོར་བ་ཞིག་སྐྱེར་ཐུབ་པས་ཡིན་ལ། དོན་དངོས་འཚོ་བའི་ནང་དུ་མི་རྣམས་ལ་བར་ཆད་མང་པོ་ཞིག་འཕྲད་པ་དེ་བུད་མེད་ཀྱི་བྱ་སྤྱོད་དང་འབྲེལ་བ་ཆེན་པོ་ཡོད་པར་བརྗོད་ཀྱང་མང་ཆེ་བ་ནི་སྐབས་འཁེལ་བའམ་ཡང་ན་སྐྱེས་པ་ཕོ་ཡིས་དབང་འགྱུར་བའི་སྤྱི་ཚོགས་ཀྱི་འདུ་ཤེས་འོག་ཆགས་པ་ཞིག་ཡིན། ཚན་རིག་གི་རང་བཞིན་ཐོག་ནས་བརྗོད་ན་དམངས་ཁྲོད་ཀྱི་འཛོམ་བྱ་ཁག་ནི་དོན་དངོས་ཐོག་སྟེས་དབང་དང་ལྟོག་མེད་མཉམ་བསྲེས་བྱས་ནས་གལ་ཆེའི་གནས་ཚུལ་འགའ་རེའི་ཚད་བཀག་དང་གོ་དོན་གསལ་རྟོགས་མ་བྱུང་བའི་རྐྱེན་གྱིས་བྱུང་བ་ཞིག་དང་། མི་རྣམས་ཀྱིས་འཛོམ་བྱའི་སྐོར་ཁྱབ་བསྒྲགས་དང་དམངས་ཁྲོད་ཀྱི་དད་པའི་རྣམ་པའི་ཐོག་ནས་དེ་ཉིད་ཤུགས་ཆེན་སོང་བ་དང་དེར་ཚན་རིག་གི་ཐོག་ནས་འགྲེལ་བཤད་བྱེད་དཀའ་བར་འགྱུར་ཡོད། བོད་ཀྱི་པང་གདན་གྱི་འཛོམ་བྱའི་སྐོར་དེ་ཡང་ཚུལ་དེ་ལས་མ་འདས་ན། གཤམ་ལ་པང་གདན་གྱི་འཛོམ་བྱའི་སྐོར་གྱི་བྱུང་རྐྱེན་གླེང་བར་བྱ་བ་འདི་ལྟ་སྟེ།།

༡ རང་བྱུང་དངོས་པོའི་དད་པ།

བོད་ཀྱི་རང་བྱུང་དངོས་པོའི་དད་པ་བྱ་སྲོལ་གཙོ་བོ་ནི་གདོད་མའི་བོན་ལུགས་ལས་བྱུང་ཞིང་། གདོད་མའི་མི་རྣམས་ཀྱིས་རང་བྱུང་གི་དངོས་པོ་ཁག་ལ་ཤེས་རྟོགས་མི་ཐུབ་པས་གནམ་གྱི་ཉི་མ་དང་། ཟླ་བ། སྐར་མ་སོགས་ལ་ཡ་མཚན་གྱི་བློ་ཞིག་སྐྱེས་

པ་དང་། ལྷག་པར་དུ་འབྲུག་སྒྲ་གྲགས་པ་དང་། གློག་དམར་འཁྱུག་པ། དྲག་ཆར་བབས་པ། ཤ་འོད་རྒྱུགས་པ་སོགས་ཀྱི་རང་བྱུང་གནོད་འཚེ་ཐོན་སྐབས་སེམས་ནང་དུ་འཇིགས་སྣང་ཆེན་པོ་སྐྱེས་ཏེ་དེ་ལས་རྣམ་པར་རྒྱལ་ཐབས་བྲལ་བས་རང་བཞིན་གྱིས་དེ་དག་ལ་དད་སེམས་སྐྱེ་བ་དང་སྦྲགས། རང་བྱུང་གནོད་འཚེ་དེ་དག་འགོག་ཆེད་མཆོད་འབུལ་གྱི་བྱེད་སྒོ་སྣ་ཚོགས་སྤེལ་ནས་ཆེད་དུ་ལྷ་ཀླུ་ལ་སོགས་ལ་སྐྱབས་བཙལ་བར་ཆད་སེལ་ཐབས་བྱེད་ཀྱི་ཡོད། བརྒྱུད་རིམ་དེའི་ནང་དུ་གདོད་མའི་བོན་གྱི་ཆོས་ལུགས་དར་འགོ་བཙམས།

"གདོད་མའི་བོན་ཆོས་དེ་ཡང་ལོ་རྒྱུས་ཀྱི་ཆུ་རྒྱུན་རིང་པོའི་ནང་དུ་འཚོལ་ཞིབ་དང་། གྲིབས་གསོམ་བྱས་པ་བརྒྱུད་གཞི་ནས་མ་ལག་འཐུས་ཚང་ཅན་གྱི་བོན་ཆོས་སུ་འཕེལ་རྒྱས་སོང་བ་དང་། རང་གི་ཚོ་ག་ཕྱག་ལེན་ཆ་ཚང་ལྡན་པ་ཞིག་ཏུ་གྱུར་ཡོད"[1] ཤོད་སྲོལ་ལྟར་ན་བོད་རྒྱལ་ཐོག་མ་གཉའ་ཁྲི་བཙན་པོ་ནི་སྟེང་ཕྱོགས་ལྷ་ཡུལ་ནས་མི་ཡུལ་དུ་བྱོན་པའི་རྗེ་བོ་ཞིག་ཡིན་པ་དང་། གཉའ་ཁྲི་ནས་གྲི་གུམ་བཙན་པོའི་བར་ལ་གནམ་གྱི་ཁྲི་བདུན་ཞེས་བརྗོད་སྲོལ་ཡོད་པ་དེའི་ཐོག་ནས་བོན་ཆོས་ཀྱིས་གནའ་སྔ་མོ་ནས་ཐོག་མར་གནམ་ལ་དད་པ་བྱེད་ཅིང་། དེ་ནས་རིམ་བཞིན་རང་བྱུང་ཁམས་ཀྱི་གནམ་དང་། ས། ཆུ། མེ། རླུང་། ཉི་ཟླ། ལྷ། མེ་ཏོག་ལ་སོགས་དང་། དེ་བཞིན་སྲོག་ཆགས་རྟ་དང་། ཁྱི། ཁྱུང་། འབྲུག སེང་གེ སྟག་ལ་སོགས་པར་དད་པ་བྱེད་ཀྱི་ཡོད། རང་བྱུང་ཁམས་ཀྱི་དངོས་པོར་དད་མོས་བྱེད་པ་དང་ཆབས་ཅིག་བོན་པོ་ཚོས་ལྷ་དང་རང་

1 ཁྲ་ཚང་སྐལ་བཟང་ཚེ་བརྟན། «བོད་ལྗོངས་ཀྱི་བོན་ཆོས་» [M] ལྷ་ས། བོད་ལྗོངས་མི་དམངས་དཔེ་སྐྲུན་ཁང་། 2006 .1.ཤོག་གྲངས་71

བྱུང་ཁམས་གཉིས་གཞི་གཅིག་ཏུ་འཛིན་པས་རིམ་བཞིན་བོན་གྱི་ལྷ་ཚོགས་རྣམས་བྱུང་ཡོད། མདོར་ན་བོན་ཆོས་ཀྱིས་འགྲོ་བ་མིའི་རིགས་དང་ཐད་ཀར་འབྲེལ་བ་ཡོད་ལ་མི་ཡིས་ཐེལ་གནོན་མི་ཐུབ་པའི་རང་བྱུང་གི་སྣང་ཚུལ་ཁག་ལ་ལྷ་ཡིས་ཁ་ལོ་བསྒྱུར་ཐུབ་པར་ངོས་འཛིན་བྱེད་ཀྱི་ཡོད། ཕྱིས་སུ་བོད་རྒྱལ་སོ་དྲུག་པ་ཁྲི་སྲོང་ལྡེ་བཙན་གྱི་སྐབས་སུ་ནང་ཆོས་དར་ཁྱབ་གཏོང་ཆེད་རྒྱ་གར་ནས་སློབ་དཔོན་པད་མ་འབྱུང་གནས་གདན་འདྲེན་ཞུས་པ་དང་། ཁོང་གིས་ལམ་བར་དུ་ལྷ་འདྲེ་གདུག་པ་ཅན་ཐམས་ཅད་བཏུལ་ནས་དམ་ལ་བཏགས་ནས་བོན་ཆོས་ཀྱི་བསྟན་མ་བཅུ་གཉིས་དང་། མགུར་ལྷ་བཅུ་གསུམ། རྒྱལ་ཆེན་བཅུ་བཞི་ལ་སོགས་སྲུང་མར་བསྐོས་པས་བོད་ལ་འཛམ་གླིང་ཐོག་ཆེས་མང་བའི་ལྷ་ཚོགས་ཁག་བྱུང་ཡོད་ལ། དད་ལྡན་རྣམས་ཀྱིས་རང་བྱུང་དངོས་པོར་དད་པ་བྱེད་པའི་སྲོལ་དར་བ་དང་སྤྲུགས་ནང་པའི་ཆོས་པས་ཀྱང་རང་བཞིན་དང་ནས་རང་བྱུང་ལ་དད་པ་སྐྱེས་ནས་ནང་པའི་དགོན་སྡེ་མང་པོ་ཞིག་ཀྱང་གནས་རི་དང་ལྷ་མཚོའི་འགྲམ་དུ་རིམ་བཞིན་གསར་བཞེངས་བགྱིས་ཡོད།

"རང་བྱུང་ཁམས་ལ་འཛེམ་བྱ་བྱེད་པ་ནི་རང་བྱུང་ཁམས་ལ་གོང་བཀུར་དང་དྲིན་གཟོ་བྱེད་པ་ལས་བྱུང་བས་རང་བྱུང་ཁམས་ཀྱི་སྲུང་སྐྱོང་རང་བཞིན་གྱི་འཛེམ་བྱ་ནི་རང་སྲོལ་གྱི་བྱ་སྤྱོད་ཅིག་ཡིན་སྟབས་འཛེམ་བྱ་དེ་རིགས་ངེས་པར་དུ་སྲུང་གི་ཡོད།"[1] དེ་ལྟར་ནམ་མཁའི་འཇའ་ཚོན་ལ་དད་སེམས་དང་ཡིད་སྨོན་ཆེན་པོ་བྱུང་བ་ལས་བོད་རིགས་བུད་མེད་ཀྱི་ཆོས་སྣ་ཅན་གྱི་པང་གདན་དར་བ་དང་། རང་བྱུང་ལ་སྲུང་སྐྱོང་བྱ་བ་

1 ནན་ལྷུན་གྱིས་བརྩམས། «བོད་རིགས་ཀྱི་སྐྱེ་ཁམས་མི་ཚོས་» [M] པེ་ཅིན། མི་རིགས་དཔེ་སྐྲུན་ཁང་། 2007 .1.ཤོག་གྲངས་203

དང་ཞིང་ནང་དུ་གནོད་འཚེ་འགོག་ཆེད་བུད་མེད་ཚོས་པང་གདན་མི་བཏགས་པར་དབྱར་ཁ་ཞིང་ནང་དུ་བསྐྱོད་མི་ཆོག་པའི་འཇོམ་བྱ་ཁག་ལ་བརྩི་སྲུང་བྱེད་ཀྱི་ཡོད། །

༢ ལྷ་འདྲེའི་སྐོར་ནས་ཤུགས་ལ་འཇིགས་སྣང་སྐྱེས་པ།

བོད་ལ་འཇོམ་བྱའི་སྐོར་བཤད་མ་ཐག་ལམ་སེང་ནད་རིགས་སྣ་ཚོགས་དང་བར་ཆད་འདྲ་མིན་དང་འབྲེལ་བ་བྱེད་ཅིང་། མི་རྣམས་ཀྱིས་གལ་སྲིད་ལྷ་སྲིན་སྡེ་བརྒྱད་ལ་གནོད་བྱས་ན་རང་ཉིད་ལ་བར་ཆད་མང་པོ་ཞིག་འཕྲད་སྲིད་ལ་ཐ་ན་སྲོག་གི་ཉེན་ཁ་ཡང་ཡོང་སྲིད་པར་ངོས་འཛིན་བྱེད་ཀྱི་ཡོད། དེ་ལྟ་བུའི་བསམ་བློའི་འདུ་ཤེས་འོག་འཇོམ་བྱ་ཁག་རིམ་བཞིན་ཆགས་ནས་དར་འཕེལ་དང་རྒྱུད་འཛིན་བྱས་ཡོད།།

༣ སྨོད་པ་དོར་བའི་ལག་ཆ།

པང་གདན་ནི་མཛེས་སྟུག་རྣམ་པར་བཀྲ་བའི་རྒྱན་གོས་ཤིག་ཡིན་པ་མ་ཟད་རྒྱུན་གཏན་གྱི་འཚོ་བའི་ནང་དུ་སྤྱོད་གོ་ཆེ་ཁར་ཐ་ན་འཕྱིས་རས་ཀྱི་ཚབ་ཀྱང་བྱེད་པས་ཅུང་བཙོག་གྲུས་ཀྱི་དངོས་པོ་ཞིག་ལ་ངོས་འཛིན་བྱ་སྲོལ་ཡང་ཡོད། ལྷོ་ཁའི་རྒྱ་ཆེའི་ཞིང་འབྲོག་ཁུལ་ལ་སྲོལ་ངན་འདི་ལྟར་ཞིག་ཡོད་པ་སྟེ་རྒྱུན་དུ་རང་ཉིད་ཀྱི་དགྲ་ཁ་གཏད་ཕྱི་ལ་འགྲོ་བ་མཐོང་ཚེ་པང་གདན་ཕུད་ནས་དགྲ་ཡི་རྗེས་ལ་བརྡབས་པ་དང་སྤྲགས་སྨོད་པ་དོར་གྱི་ཡོད། འོད་སྲོལ་ལ་དེ་ལྟར་བྱས་ན་རང་གི་དགྲ་ཁ་གཏད་དེ་ལ་བར་ཆད་འཕྲད་ནས་ཐ་ན་ཚེ་སྲོག་ལའང་གནོད་པ་འཕོག་པར་གྲགས། སྲོལ་ངན་དེ་རིགས་སྤྱོད་པ་ནི་རྣམ་པར་བཀྲ་བའི་པང་གདན་གྱི་བཞིན་བཟང་ལ་ནག་ནོག་གི་དྲི་མས་བསྐུམ་པ་ཞིག་མ་ཡིན་ནམ།

༤ ཚོགས་པ་ཞིག་གི་སེམས་ཁམས་མཚོན་པ།

པང་གདན་འདོགས་སྟངས་ལ་ཡ་མཚན་ཆེ་བའི་འཇོམ་བྱ་འགའ་རེ་ཡོད་པ་སྟེ། དམིགས་བསལ་གྱི་གནས་ཚུལ་ཐོན་སྐབས་བུད་མེད་ཡོངས་ཀྱིས་པང་གདན་འདོགས་རྒྱུར་འཇོམ་བྱ་བྱེད་པ་དཔེར་ན། བོད་རྙིང་པའི་ནང་བླ་སྤྲུལ་སོགས་དགོངས་པ་གཞན་དོན་དུ་གཤེགས་སྐབས་བུད་མེད་རྣམས་ཀྱིས་རང་འགུལ་དང་པང་གདན་འདོགས་སྟངས་མེད་མོད། གཞན་ཡང་ལྷོ་ཁ་ལ་སོགས་བོད་ཀྱི་ས་ཆ་རེ་འགར་བུད་མེད་ཀྱིས་རང་གི་ཁྱོ་བོ་ཆེ་ལས་འདས་ན་པང་གདན་མི་བཏགས་པར་རང་གི་སེམས་སྡུག་མཚོན་ཐབས་བྱེད་ཀྱི་ཡོད།།

༥ འཇོམ་བྱའི་སྤྱི་ཚོགས་ཀྱི་ཕན་གནོད་སྐོར།

རིག་གནས་གང་ཞིག་ཡིན་ཀྱང་སྤྱི་ཚོགས་ཀྱི་ཆབ་སྲིད་དང་། དཔལ་འབྱོར་དབར་འབྲེལ་བ་དམ་ཟབ་ཡོད་ཅིང་། གལ་སྲིད་སྤྱི་ཚོགས་ཀྱི་འཚོ་བ་མེད་ན་རྣམ་པ་འདྲ་མིན་སྣ་ཚོགས་ཀྱི་རིག་གནས་སྣང་ཚུལ་ཡང་ཡོད་མི་སྲིད་ལ་སྤྱི་ཚོགས་ཀྱི་འཚོ་བ་དང་ཁ་བྲལ་ན་རིག་གནས་ཀྱང་གནས་མི་ཐུབ། དེ་བཞིན་མིའི་བསམ་བློ་དང་། སྐད་ཆ། བྱ་སྤྱོད་ལ་སོགས་པར་བཀག་སྡོམ་གྱི་ནུས་པ་ལྡན་པའི་འཇོམ་བྱའི་རིག་གནས་ཀྱང་དེ་ལྟར་ཡིན། འོ་ན་པང་གདན་འདོགས་སྟངས་ཀྱི་འཇོམ་བྱས་སྤྱི་ཚོགས་ལ་ནུས་པ་ཇི་འདྲ་ཞིག་འདོན་གྱི་ཡོད་དམ་ཞེ་ན། དེ་ཡང་འཇོམ་བྱ་མཐའ་དག་ལ་སྐྱོན་ཡོན་གྱི་ཆ་གཉིས་ཀ་ལྡན་ཡོད་པ་ལྟར་པང་གདན་གྱི་འཇོམ་བྱ་ཡང་དེ་རང་ཡིན། དྲང་ཕྱོགས་ཀྱི་ཕན་ཡོན་ངོས་ནས་བརྗོད་ན་པང་གདན་གྱི་འཇོམ་བྱར་སྤྱི་ཚོགས་ཀྱི་ལམ་ལུགས་གཅིག

གྱུར་ཅན་དང་། མི་དང་མི། མི་དང་རང་བྱུང་ཁམས་དབར་གྱི་འབྲེལ་བ་སྟོམ་སྒྲིག་བྱ་རྒྱུར་ཕན་ཡོན་ཆེན་པོ་ལྡན་ཡོད། དམངས་སྲོལ་རིག་གནས་ནི་སྤྱི་ཚོགས་དང་ཚོགས་པ་ལས་བྱུང་ཞིང་དེ་ཉིད་དམངས་ཀྱི་འཚོ་བའི་ནང་དུ་རྩ་བ་ཚུགས་ནས་ཡོད་པས་རང་བཞིན་ངང་སྤྱི་ཚོགས་ཁོངས་མིར་སློབ་གསོ་རྒྱག་པའི་ནུས་པ་འདོན་སྤེལ་བྱ་ཐུབ་པ་སྟེ། མི་རྣམས་ཀྱི་བསམ་བློ་ཀུན་སྤྱོད་གསོ་སྐྱོང་དང་། འཚོ་བར་དགའ་ཞེན་དང་འཚོ་བའི་སྙིང་སྟོབས། འཇིག་རྟེན་ཐོག་གི་ཚེ་སྲོག་ཚང་མར་སྙིང་རྗེ་བྱམས་སྐྱོང་དང་མི་རིགས་ཀྱི་སྤོབས་སེམས་རྒྱས་རྒྱུ་བཅས་ལ་ནུས་པ་ཆེན་པོ་ལྡན་ཡོད།

འཛེམ་བྱར་ལྡོག་ཕྱོགས་ཀྱི་ནུས་པ་ཡང་མང་པོ་ཡོད་པ་སྟེ། དམངས་ཁྲོད་ཀྱི་འཛེམ་བྱ་ཁག་ནི་རྟག་ཏུ་འཇིགས་སྣང་དང་བཀག་སྡོམ་གྱི་ཐོག་ནས་མི་རྣམས་ཀྱི་བྱ་སྤྱོད་ལ་ཚོད་འཛིན་བྱས་ཏེ་ཁོང་ཚོས་ལྷ་ཡི་མོ་ལུང་སོགས་དང་ལེན་བྱས་སྐབས་མི་སྐྱེར་གྱི་རང་འགུལ་ནུས་པ་དང་རྟོག་ཞིབ་ནུས་པ་ཉམས་ནས་མི་རིགས་ཀྱི་སྙིང་སྟོབས་ཉམས་སྨད་དུ་སོང་གི་ཡོད། ང་ཚོའི་མི་རིགས་ཀྱི་སྙིང་སྟོབས་ཞེས་པ་དེ་ནི་ཁོག་ཡངས་དཀྱིལ་ཆེའི་རྣམ་པ་ལྡན་པ་ཞིག་ཡིན་ཞིང་། དམངས་ཁྲོད་ཀྱི་འཛེམ་བྱ་ཁག་ལས་བསྟན་པ་ནི་ཕྱོགས་ལྷུང་ཀུ་དོག་གི་བསམ་བློ་ཡིན།

མདོར་ན་ང་ཚོས་དམངས་ཁྲོད་ཀྱི་འཛེམ་བྱའི་སྐོར་ལ་སྙིགས་དོར་བཅུད་ལེན་གྱི་ཚུལ་བཟུང་ནས་འཛེམ་བྱ་མང་དག་ཅིག་ད་བར་གནས་ཐུབ་པའི་རྒྱུ་རྐྱེན་སྐོར་ལ་ལྟ་མཐུད་དཔྱད་ཞིབ་བྱ་རྒྱུ་ནི་གལ་ཆེར་སེམས་སོ། །

ལེའུ་ལྔ་པ། པང་གདན་ཆས་གོས་རིག་གནས་དེ་ཉིད་སྲུང་སྐྱོབ་དང་རྒྱུད་འཛིན་ཇི་ལྟར་བྱ་དགོས་པའི་སྐོར།

བོད་ཀྱི་འཁྱིལ་འཐག་ལས་རིགས་ལ་ཧ་ལམ་ལོ་ངོ་ལྔ་སྟོང་ལྷག་ཙམ་གྱི་ཡུན་རིང་ལོ་རྒྱུས་ལྡན་ཡོད་ཅིང་། དེས་རང་ལྗོངས་ཀྱི་རྒྱལ་དམངས་དཔལ་འབྱོར་ཁྲོད་དུ་གནས་འབབ་ངེས་ཅན་ཞིག་བཟུང་ཡོད། དེང་རབས་ཅན་གྱི་གོམ་སྟབས་མགྱོགས་སུ་སོང་བ་དང་དཔལ་འབྱོར་གོ་ལ་ཅན་གྱི་ཐ་རླབས་ཀྱི་ཤུགས་རྐྱེན་ཐེབས་པ་དང་སྒྲིགས་རང་རྒྱལ་གྱི་ས་གནས་མང་པོ་ཞིག་ལ་སྲོལ་རྒྱུན་རིག་གནས་ལ་ངོས་འཛིན་བྱ་རྒྱུ་མི་འདང་བ་དང་། སྲུང་སྐྱོབ་དང་རྒྱུད་འཛིན་བྱེད་པའི་འགན་ཁྲིའི་འདུ་ཤེས་ཞན་པས་སྲོལ་རྒྱུན་རིག་གནས་ལ་ཉམས་སད་དྲག་པོ་འཕྲད་བཞིན་ཡོད། དེང་རབས་ཅན་གྱི་རླབས་རྒྱུན་གྱིས་བོད་ཀྱི་སྒོ་གང་སར་གཡོ་འགུལ་འཐེབ་ཏེ་བོད་ཀྱི་སྲོལ་རྒྱུན་ཆས་གོས་དེ་ཡང་དེང་རབས་ཅན་གྱི་གོམ་སྟབས་དང་བསྟུན་ནས་འཕེལ་འགྱུར་འགྲོ་བཞིན་ཡོད། དེ་ལྟ་བུའི་རྒྱབ་ལྗོངས་འོག་ཏུ་བོད་ཀྱི་པང་གདན་ཆས་གོས་ཀྱི་དངོས་མིན་རིག་གནས་ཤུལ་བཞག་དེ་ཡང་འཕེལ་འགྱུར་འགྲོ་བཞིན་ཡོད་པ་ནི་འགོག་ཐབས་བྲལ་བའི་འཕེལ་ཕྱོགས་ཤིག་ཡིན་ན་ཇི་ལྟར་བྱས་ནས་པང་གདན་གྱི་ཆས་གོས་དེ་ཉིད་ལོ་རྒྱུས་ཀྱི་ཚ་རྒྱུན་རིང་པོའི་ཁྲོད་རྒྱུད་འཛིན་དང་སྒྲིགས་ཟམ་མི་ཆད་པར་འཕེལ་རྒྱས་དང་། བསྐྱར་བཅོས། གསར་གཏོད་བཅས་བྱ་རྒྱུ་ནི་གཡོལ་དུ་མེད་པའི་འོས་འགན་ཞིག་ཡིན།

"རིག་གནས་ནི་དུས་དང་རྣམ་པ་ཀུན་ཏུ་འཕེལ་འགྱུར་འགྲོ"[1]བས་སུ་ཞིག་གིས་ཀྱང་དེའི་མདུན་བསྐྱོད་ཀྱི་གོམ་སྟབས་འགོག་ཐབས་བྲལ། དེར་བརྟེན་ང་ཚོས་སྲོལ་རྒྱུན་གྱི་ཕུལ་བྱུང་འཕེལ་འཐག་རིག་གནས་རྒྱུན་འཛིན་བྱེད་པ་དང་བསྟུན་ནས་མཐའ་འཁོར་མི་རིགས་དང་རྒྱལ་ཁབ་གཞན་གྱི་སྔོན་ཐོན་ལག་རྩལ་ནང་འདྲེན་གྱིས་སྲུང་སྐྱོབ་དང་འཕེལ་རྒྱས་མཉམ་བསྒྲོད་བྱེད་པའི་ཞི་མཐུན་དང་གཅིག་གྱུར་གྱི་ལམ་བུ་ཞིག་འཚོལ་ཞིབ་བྱ་དགོས། །

དང་པོ། པང་གདན་ཆས་གོས་ཀྱི་དམངས་སྲོལ་དང་ཐོན་སྐྱེད་ཀྱི་གནས་བབ།

གཅིག པང་གདན་ཆས་གོས་ཀྱི་ད་ལྟའི་གནས་བབ།

བོད་མི་དམངས་ཀྱིས་ལོ་ངོ་སྟོང་ཕྲག་ཏུ་མའི་ཐོན་སྐྱེད་ལག་ལེན་ལས་རིམ་བཞིན་བོད་མི་རིགས་ཀྱི་ཐུན་མོང་མ་ཡིན་པའི་ཁྱད་ཆོས་ལྡན་པའི་ཐོན་སྐྱེད་བཟོ་རྩལ་གྲུབ་ནས་ཁྱད་འཕགས་ལྡན་པའི་མི་རིགས་ཀྱི་ཉམས་འགྱུར་ཅན་གྱི་ཕུལ་འཐག་བཟོ་རྩལ་ཐོན་རྫས་ཐོན་སྐྱེད་བྱས་ཡོད་པ་དེ་དག་ལ་རྒྱ་ཆེའི་བོད་རིགས་ཙམ་མ་ཟད་རྒྱལ་ཕྱི་རྒྱལ་ནང་གི་མི་རིགས་ཁག་གི་ཡིད་དབང་འཕྲོག་ཡོད། མིག་སྔར་བོད་ཀྱི་བལ་འཐག་ཐོན་རྫས་ལ་གཙོ་བོ་སྣམ་བུ་དང་པང་གདན། ཁ་གདན། མལ་གཟན། སྦྲ་དང་འགེབས་གཟན་སོགས་སྣ་ཚོགས་ཡོད།

སྐྱི་ཚོགས་དང་དཔལ་འབྱོར་འཕེལ་རྒྱས་འགྲོ་བ་དང་ཕྱོགས་མཚུངས་རིག་གནས་

1 ཐའོ་ལིའི་ཧྲན་དང་ཅིང་ལུང་ཡིན། དངོས་མིན་རིག་གནས་ཤུལ་བཞག་རིག་པའི་དཔྱད་རྩོམ་ཕྱོགས་བསྒྲིགས་(རྒྱ་འགྱུར་མ)[M] སློབ་གླིང་དཔེ་སྐྲུན་ཁང་ 2006.ཤོག་གྲངས་103

འབྲེལ་བ་ཡང་དེ་བཞིན་མང་དུ་སོང་བ་དང་། རིག་གནས་སྣ་ཚོགས་ཀྱི་འགྲན་རྩོད་ཁྲོད་དུ་བོད་ཀྱི་པང་གདན་ཆས་གོས་ལའང་རྒྱུན་གོས་གཞན་ལྟར་འཕེལ་འགྱུར་འགྲོ་བཞིན་ཡོད། དེ་ཡང་དེང་རབས་ཀྱི་ཆས་གོས་སྣ་ཚོགས་ཀྱིས་སྲོལ་རྒྱུན་གྱོན་གོས་ཀྱི་ཚབ་བྱེད་བཞིན་ཡོད་ལ། གནའ་བོའི་བོད་ཆས་མང་དག་ཅིག་མིང་གི་ལྷག་མར་འགྱུར་བཞིན་ཡོད་པ་དཔེར་ན། ཕྱོ་ཁ་གོང་དཀར་རྫོང་གི་བུད་མེད་ཀྱི་སྲོལ་རྒྱུན་བོད་ཆས་དེ་ཡང་དེང་དུས་ཀྱི་ཕྱུ་པ་ཕུ་མེད་ཀྱིས་ཚབ་བྱས་ནས་ཕུ་ཡོད་ཕྱུ་པ་དུས་ཆེན་སྐབས་ལ་གྱོན་མཁན་རེ་གཉིས་ཙམ་ལས་མེད་པ་དང་། ཡང་ཆུ་གསུམ་དང་། འཕྱོངས་རྒྱས། རྒྱ་ཚ་སོགས་ཀྱི་པང་གདན་ཆེན་མོའི་སྙིང་གཙུགས་ཆས་གོས་དག་ཀུང་རན་རྒན་ཚོས་རྒྱུན་དུ་གྱོན་པ་ལས་ན་གཞོན་ཚོའི་དུས་ཆེན་སྐབས་ཀྱི་རྒྱན་གོས་ཙམ་དུ་འགྱུར་ཡོད།

འཛམ་གླིང་ས་ཕྱོགས་ཁག་གི་རིག་གནས་འདྲ་མིན་གྱི་ཤུགས་རྐྱེན་འོག་བོད་རིགས་ན་གཞོན་རྣམས་ཀྱིས་དུས་རྒྱུན་རང་མི་རིགས་ཀྱི་སྲོལ་རྒྱུན་ཆས་གོས་གྱོན་རྒྱུ་ཏ་ཅང་ཉུང་བས་པང་གདན་ཐོན་སྐྱེད་བྱ་རྒྱུ་ཡང་དེ་དང་བསྟུན་ནས་ཉུང་དུ་སོང་བ་དང་སྦྲགས་པང་གདན་གྱི་དམངས་སྲོལ་རིག་གནས་ཀྱང་ཉམས་ཞན་དུ་འགྲོ་བཞིན་ཡོད། སྲོལ་རྒྱུན་པང་གདན་ཉུང་དུ་ཕྱིན་པ་དང་ཕྱོགས་མཚུངས་དེང་རབས་དར་བཟོའི་རྒྱན་གོས་ཀྱི་རྣམ་པའི་པང་གདན་ལ་འཕེལ་འགྱུར་ཕྱིན་ཡོད། དཔེར་ན་ལྷོ་བདེ་ཞོལ་ནས་དེང་སྐབས་པང་གདན་གྱི་སྐེ་དཀྲིས་དང་བུད་མེད་ཀྱི་སྟོད་ཁེབས་ཐོན་སྐྱེད་བྱེད་བཞིན་ཡོད་པ་དེས་པང་གདན་གྱི་གྱོན་གོས་དེ་བཞིན་དུས་རབས་གསར་པའི་ཕྱོགས་སུ་སླེབས་ཡོད་ཅིང་། དེས་སྲོལ་རྒྱུན་གྱི་བོད་མི་རིགས་ཀྱི་པང་གདན་གྱོན་ཆས་ཀྱི་ཚེ་སྲོག་གི་ཉམས་འགྱུར་ཇེ་

ཞན་དུ་སོང་བས་བོད་ཀྱི་སྲོལ་རྒྱུན་རིག་གནས་ཀྱི་ཁྱད་ཆོས་ལེགས་པར་མངོན་ཐུབ་མེད།

གཉིས། པང་གདན་ཐོན་སྐྱེད་ཀྱི་དཔྱའི་གནས་བབ།

བོད་ལྗོངས་ནི་གནའ་སྔ་མོ་ནས་པང་གདན་ཐོན་སྐྱེད་ཀྱི་གནས་གཞི་ཡིན་ལ་པང་གདན་བེད་སྤྱོད་བྱེད་མཁན་གྱི་ཁྲོམ་ར་ཆེ་ཤོས་ཤིག་ཀྱང་ཡིན། ཡུལ་འདིར་པང་གདན་གྱི་རྒྱུ་ཆ་ཕུན་སུམ་ཚོགས་ལ་མི་རབས་ནས་མི་རབས་བར་ཐོན་སྐྱེད་ཀྱི་ཉམས་མྱོང་ཕུན་སུམ་ཚོགས་པོ་གསོག་འཇོག་བྱས་ཡོད་ཀྱང་ཐོན་སྐྱེད་ལག་རྩལ་དང་ཐོན་སྐྱེད་བྱ་ཐབས་ཅུང་རྙིས་ལུས་ཡིན་པས་མིག་སྔར་བོད་ལྗོངས་པང་གདན་གྱིས་རང་ཉིད་ཀྱི་དགོས་མཁོ་བསྐང་མི་ཐུབ་ལ་བོད་ཀྱི་སྲོལ་རྒྱུན་གྱི་པང་གདན་བཟོ་རྩལ་དང་དེང་རབས་ཀྱི་ཚན་རྩལ་བྲུང་འབྲེལ་བྱ་རྒྱུ་དང་། གསར་གཏོད་འཕེལ་རྒྱས་ཀྱི་སྟོབས་ཤུགས་མི་འདང་བ་དང་སྙིང་འབུད་གསར་འདོན་མི་ཐུབ་པ། དེང་རབས་སྤྱི་ཚོགས་ཁྲོད་ཀྱི་མི་རྣམས་ཀྱི་ཉིན་བཞིན་འཕེལ་རྒྱས་འགྲོ་བའི་སྤྱི་ཚོགས་ཀྱི་དགོས་མཁོ་སྐོང་མི་ཐུབ་ཅིང་། བོད་ཀྱི་ཁྲོམ་རའི་ཐོག་པང་གདན་མང་ཆེ་བ་ཕྱི་ཕྱོགས་དང་ཐ་ན་རྒྱལ་ཕྱིའི་ཕྱུས་ཞན་ཐོན་རྫས་ཙམ་ལས་བོད་ལྗོངས་རང་ཉིད་ཀྱིས་ཕྱུས་དག་པང་གདན་གྱིས་ཁྲོམ་རའི་བརྒྱ་ཆ་ཉུང་ཉུང་ལས་ཟིན་གྱི་མེད།

པང་གདན་གྱི་ཐོན་ལས་འཕེལ་རྒྱས་གཏོང་དགོས་ན་པང་གདན་ཐོན་སྐྱེད་ཀྱིས་རང་སའི་ཁྲོམ་རའི་དགོས་མཁོ་སྐོང་ཐུབ་པ་ཙམ་མ་ཟད། དེ་བས་རྒྱ་ཆེ་བའི་རྒྱལ་སྤྱིའི་ཁྲོམ་རར་སྐྱོད་ཐུབ་པ་བྱེད་དགོས། སྤྱིར་དེང་གི་བོད་ཀྱི་འཁེལ་འཐག་ལས་རིགས་ལ་སྤར་མེད་ཀྱི་འཕེལ་རྒྱས་བྱུང་ཡོད་རུང་ཁྱབ་སྐྱངས་གཅིག་བསྡུས་མིན་པར་སྤར་བཞིན་དམངས་ཁྲོད་ནང་ཁ་ཐོར་དུ་གནས་ཡོད་པ་དང་། ཐོན་སྐྱེད་ལག་རྩལ་གནོད་མའི་

རྣམ་པར་ལུས་ཤིང་ཐོན་སྐྱེད་ལག་ཆ་ཡང་ཅུང་རྗེས་ལུས་ཡིན་ཞིང་། ཐོན་འབོར་ཡང་འཕྲུལ་ཆས་ཅན་གྱི་ཐོན་རྫས་དང་བསྡུར་ན་ཏ་ཅང་ཉུང་ཉུང་ཡིན་པ་དཔེར་ན། ལྷོ་ཁ་ས་ཁུལ་གྱིས་སྣམ་བུའི་ཐོན་རྫས་མང་ཤོས་ཀྱི་གྲོང་ཚོ་གཅིག་གི་ཟླ་གཅིག་གི་ཐོན་རྫས་དེ་ཉིད་དེང་རབས་ཅན་གྱི་བོད་ལྗོངས་བདུན་གསུམ་ཚོང་ལས་ཚད་ཡོད་ཀུང་སིའི་ཉིན་གཅིག་གི་སྣམ་བུའི་ཐོན་རྫས་དང་གཅིག་མཚུངས་ཡིན། ཁེ་ལས་སོ་སོའི་མིག་སྔའི་གནས་ཚུལ་ལ་གཞིགས་ན་འཕྲུལ་ཆས་ཉིང་པ་དང་བཟོ་ཁང་སྐབས་བདེ་བ། ལག་རྩལ་ངོ་དམ་གྱི་ཆུ་ཚད་དམའ་བ། ཐོན་རྫས་ཀྱི་ཚད་གཞི་ངོ་མི་སྙོམས་པ། སྤུས་ཚད་ཀྱི་ལེགས་ཉེས་ཧེ་བག་ཆེ་བ་བཅས་ཡོད་ཅིང་། བཟོ་གྲྭ་དུ་མའི་ཁྲིམ་རྣ་རྒྱ་བསྐྱེད་གཏོང་རྒྱུ་དེ་དུས་རབས་ཀྱི་རྗེས་སླེགས་མི་ཐུབ་ལ་འགྲན་རྩོད་ཀྱི་ལེགས་ཆ་མངོན་གསལ་མི་སྣང་བ། ཐོན་རྫས་ཁ་ཐོར་དུ་གྱུར་བ་སོགས་ཀྱི་སྣང་ཚུལ་ལྡན་ཡོད།

ད་ལྟའི་བོད་ལྗོངས་ཀྱི་འཁབ་འཐག་ལས་རིགས་ཀྱི་འཕེལ་རྒྱས་གནས་འབབ་ཅུང་སྐྱོ་ལ་ལྷག་པར་དུ་པང་གདན་ཐོན་སྐྱེད་ཀྱིས་བོད་ལྗོངས་རང་སའི་ཁྲོམ་རྭའི་དགོས་མཁོ་སྐོང་མི་ཐུབ་ཅིང་ཕྱི་ཕྱོགས་དང་རྒྱལ་སྤྱིའི་ཁྲོམ་རྭར་ཐོན་རྫས་འབོར་ཆེན་ཕྱི་ཚོང་བྱ་རྒྱུ་ནི་དེ་བས་དཀའ་བ་ཞིག་ཡིན། བཟོ་གྲྭ་འགས་པང་གདན་ཙམ་ཕུད་དེ་མིན་སྙེ་དཀྲིས་དང་འཐོལ་གདན་ཤུབས། བུད་མེད་ཀྱི་སྟོད་ཁེབས་སོགས་པང་གདན་གྱི་རྒྱུ་ཆས་བཟོས་པའི་ཐོན་རྫས་གསར་པ་ཐོན་སྐྱེད་བྱེད་བཞིན་ཡོད་པ་དེ་དག་མ་གཞི་རྒྱུ་གཙང་སྤུས་གཙང་གི་བལ་གྱི་ཐོན་རྫས་ཤ་སྟག་ཡིན་རུང་། ཐོན་ཚད་བརྒྱ་ཆ་དམའ་བ་དང་། མ་བཅོས་རྒྱུ་ཆ་གོང་ཚད་མཐོ་བ། ངལ་རྩོལ་ནུས་ཤུགས་འགྲོ་ཤུགས་ཆེ་བ་སོགས་ཀྱི་རྐྱེན་

པས་མ་གནས་ལ་གཞིགས་པའི་ཟློག་གོང་ཙུང་མཐོ་བར་གྱུར་ཡོད། གཞན་ཡང་ཐོན་ཐུས་དག་གི་ཚོས་མདོག་དང་བཟོ་ལྟ་ཡང་དེང་རབས་དང་མི་བསྟུན་པས་འགྲོ་རྒྱུགས་དེ་ཙམ་མེད། ཉེ་བའི་ལོ་ཤས་རིང་རྩེད་ཐེར་མཉམ་ལས་བཟོ་གྲྭ་སོགས་བལ་འཐག་ཁེ་ལས་ཁག་གིས་ཁུ་ལུ་བེད་སྤྱོད་བྱས་ནས་རྩེར་སོན་གྱི་གྲགས་ཅན་ཐོན་ཐུས་ཐོན་སྐྱེད་བྱ་འགོ་བཙམས་ཙུང་བོད་ཀྱི་དམིགས་བསལ་ཁོར་ཡུག་སྲུང་སྐྱོང་གི་ཚོད་འཛིན་འོག་ལས་རིམ་ཁག་གཅིག་ནང་སར་སྐྱེལ་དགོས་པས་མ་གནས་མཐོ་ཙུ་སོང་སྟེ་བོད་དང་ལྗོངས་ཕྱིའི་ཁྲོམ་ར་ར་སྤྱོད་ཐུབ་ཀྱི་མེད། དེ་མིན་པང་གདན་ཐོན་ཐུས་ཀྱིས་དུས་རབས་ཀྱི་འཕེལ་ཕྱོགས་དང་བསྟུན་མི་ཐུབ་པས་བོད་ཀྱི་པང་གདན་ཁྲོམ་ར་དང་པང་གདན་ཐོན་ཐུས་ཕྱིར་ཚོང་བྱ་རྒྱུ་སོགས་ལ་ཐད་ཀར་ཚོད་འཛིན་ཐེབས་ཡོད།

སྤྱིར་སྣོ་ཁའི་ལྷེ་བདེ་ཞོལ་གྱི་པང་གདན་དེ་བཞིན་རྒྱལ་ཁབ་རིམ་པའི་དངོས་མིན་རིག་གནས་སྲུང་སྐྱོབ་བྱ་ཡུལ་དུ་གྱུར་ཡོད་ནའང་དམངས་ཁྲོད་དུ་པང་གདན་ཐོན་སྐྱེད་བྱེད་མཁན་ཇེ་ཉུང་དུ་འགྲོ་བཞིན་ཡོད་པ་དང་། ལྷེ་བདེ་ཞོལ་དུ་དམངས་གཉེར་ཁེ་ལས་ཚུང་གྲས་གཉིས་ཀྱིས་གཙོ་བོ་སྣམ་བུ་ཐོན་སྐྱེད་བྱེད་ཅིང་པང་གདན་ཐོན་སྐྱེད་བྱ་མཁན་རེ་འགའ་ལས་མཐོང་རྒྱུ་མེད་པ་རེད།

ཉེ་བའི་ལོ་ཤས་ནང་བོད་ལྗོངས་ཀྱི་ས་ཕྱོགས་གང་སར་རྒྱལ་ཁབ་རིམ་པའི་དངོས་མིན་རིག་གནས་སྲུང་སྐྱོབ་བྱེད་པའི་དཔྱིད་ རླུང་ལྡང་བས་རྒྱ་ཆེའི་མང་ཚོགས་ཚོས་རང་ཉིད་ཀྱི་མེས་པོས་མི་རབས་ནས་མི་རབས་རྒྱུད་འཛིན་བྱས་ནས་བཞག་པའི་རྒྱན་གོས་ལ་ལྟ་སྟངས་གསར་པ་འཛིན་ཞིང་། བོད་ཀྱི་རྒྱ་ཆེའི་ཞིང་གྲོང་ཁུལ་དུ་དུས་སྟོན་ཁག

ལ་གནའ་བོའི་རྒྱན་གོས་གྱོན་པའི་ལུགས་སྲོལ་སྣར་ཡང་དར་བཞིན་ཡོད།།

གཉིས་པ། ཇི་ལྟར་བྱས་ནས་པང་གདན་གྱི་གྱོན་ཆས་སྲུང་སྐྱོང་དང་རྒྱུད་འཛིན། འཕེལ་རྒྱས་བྱ་དགོས་སམ།

དེང་སྐབས་འཛམ་གླིང་གོ་ལ་ཅན་དུ་འགྱུར་ནས་རིག་གནས་དང་དཔལ་འབྱོར། ཆབ་སྲིད་བཅས་མཉམ་འདྲེས་ཀྱིས་ཕྱོགས་བསྡུས་རྒྱལ་ནུས་ཀྱི་འགྲན་རྩོད་ཁྲིད་ཀྱི་ནུས་པ་མངོན་གསལ་ཇེ་དོད་དུ་སོང་ཡོད་པ་ལྟར། བོད་ཀྱི་པང་གདན་ཆས་གོས་ལ་ཡང་གོ་ལ་ཅན་དང་དེང་རབས་ཅན་གྱི་ཤུགས་རྐྱེན་སྣ་ཚོགས་ཐེབས་བཞིན་ཡོད། དེ་ལྟར་དངོས་མིན་རིག་གནས་ཤུལ་བཞག་སྲུང་སྐྱོབ་ཀྱི་འོས་འགན་དང་པོ་ནི་ཆད་ལ་ཉེ་བའི་རིག་གནས་མགྱོགས་མྱུར་དང་སྲུང་སྐྱོང་བྱ་རྒྱུ་དེ་ཡིན། འོ་ན་ཇི་ལྟར་བྱས་ནས་པང་གདན་རྒྱན་གོས་དེ་བཞིན་འཕེལ་རྒྱས་ཁྲིད་སྲུང་སྐྱོང་བྱ་དགོས་སམ་ཞེ་ན། །

གཅིག པང་གདན་རིག་གནས་ཀྱི་རིན་ཐང་སྐོར་ལ་ངོས་འཛིན་ཁ་གསལ་ཞིག་དགོས།

"གནའ་ཤུལ་རིག་གནས་ལ་རིན་ཐང་གཉིས་ལྡན་ཡོད་པ་ལས་གཅིག་ནི་དངོས་པོ་དེ་ཉིད་གནས་པའི་རིན་ཐང་ཡིན་ཞིང་། དེའི་ནང་ལོ་རྒྱུས་དང་སྒྱུ་རྩལ། ཚན་རིག་རིན་ཐང་། རོལ་སྤྱོད་དང་སློབ་གསོའི་རིན་ཐང་བཅས་ཚུད་ཡོད། གཉིས་ནི་དཔལ་འབྱོར་གྱི་རིན་ཐང་ཡིན་ཞིང་། དེ་ཉིད་ནི་གནས་པའི་རིན་ཐང་ལས་བྱུང་ཞིང་། དེའི་ནང་ཐད་ཀར་མ་ཡིན་པའི་དཔལ་འབྱོར་རིན་ཐང་ཚུད་ཡོད་པ་དང་། དངོས་པོ་གནས་པའི་རིན་ཐང་ནི་རྩ་བ་ཡིན་ཞིང་དཔལ་འབྱོར་རིན་ཐང་ནི་དེའི་ཡན་ལག་ཡིན། དངོས་པོ་གནས་པའི་རིན་ཐང་ཇི་ཙམ་གྱིས་མཐོ་ཡང་དེའི་མི་མངོན་པའི་དཔལ་འབྱོར་རིན་ཐང་

ཡང་དེ་ཙམ་གྱིས་ཆེ་ལ་དེའི་ཐད་གར་གྱི་དཔལ་འབྱོར་ཕན་འབྲས་ཀྱང་དེ་བས་ཆེ་བ་ཡོད་"[1]བོད་རིགས་ཀྱི་པང་གདན་རྒྱན་གོས་ནི་ཕྱུལ་བྱུང་རིག་གནས་ཀྱི་གལ་ཆེའི་གྲུབ་ཆ་ཞིག་ཡིན་ལ་དེ་ལས་བོད་མི་རིགས་ཀྱི་གཤིས་རྒྱུད་དང་དད་མོས། མཛེས་དཔྱོད་ཀྱི་ལྟ་བ་སོགས་མངོན་ཐུབ། ང་ཚོས་རྒྱན་གོས་དེའི་རྒྱུན་རིང་གི་ལོ་རྒྱུས་དང་ཕུན་སུམ་ཚོགས་པའི་རིག་གནས་ཀྱི་ཉིང་བཅུད་བསྡོག་འདོན་བྱས་ནས་མི་རྣམས་ལ་དངོས་མེད་རིག་གནས་ཀྱི་ནང་དོན་དང་མཚོན་དོན་སྐོར་དྲིལ་བསྒྲགས་དང་། མ་ལག་ལྡན་པའི་སྒོ་ནས་མི་རིགས་རང་ཉིད་ཀྱི་སེམས་ཁོངས་སུ་གནས་པའི་རིག་གནས་ཀྱི་རྣམ་པ་དེར་ཤེས་རྟོགས་ཐུབ་ན་མི་རིགས་ཁག་དབར་ཕན་ཚུན་བསམ་ཤེས་དང་བརྗེ་བཀུར་ཐུབ་རྒྱུར་ཕན་ལ། མི་རིགས་མཐུན་སྒྲིལ་ལའང་ཕན་ཐོགས་ཡོད། མདོར་ན། འོས་འཚམས་ཀྱི་སྒོ་ནས་དངོས་མེད་རིག་གནས་ཤུལ་བཞག་གི་རིན་ཐང་འདོན་སྤེལ་གང་ལེགས་བྱས་ན་ད་གཟོད་བོད་ཀྱི་སྲོལ་རྒྱུན་རྒྱན་གོས་སྲུང་སྐྱོབ་བྱ་རྒྱུར་ནུས་པ་ཐོན་པ་ཙམ་མ་ཟད་དངོས་མེད་རིག་གནས་གཞན་ཁག་ལའང་སྲུང་སྐྱོབ་ཀྱི་ནུས་པ་ཆེན་པོ་ཐོན་སྲིད།།

གཉིས། ཞེད་སྤྱོད་དང་སྲུང་སྐྱོབ་ཟུང་འབྲེལ་བྱ་དགོས་པ།

"ཞེད་སྤྱོད་དང་སྲུང་སྐྱོབ་གཉིས་དབར་ཀྱི་འབྲེལ་བར་ཡང་དག་པའི་སྒོ་ནས་ངོས་འཛིན་བྱས་ཐོག་ཕྱོགས་ཡོངས་ནས་དངོས་མེད་རིག་གནས་ཤུལ་བཞག་སྲུང་སྐྱོབ་ཀྱི་དངོས་དོན་རང་བཞིན་དང་སྤྱི་ཡོངས་རང་བཞིན་རྒྱུན་འཁྱོངས་དང་། འོས་འཚམས་

1《དངོས་མེད་རིག་གནས་ཤུལ་བཞག་རིག་པའི་དཔྱད་རྩོམ་ཕྱོགས་བསྒྲིགས》(རྒྱ་འགྱུར་མ) ཐའོ་ལིའི་ཧྲན་དང་ཡིང་ཅིང་ལུང་ཡིན་གྱིས་གཙོ་སྒྲིག་བྱས། [M] སློབ་གྲྭའི་དཔེ་སྐྲུན་ཁང་། 2006ལོའི་ཟླ་1ཤོག་གྲངས།103

ངང་ནས་བེད་སྤྱོད་ཀྱི་སྟོན་འགྲོའི་ཆ་རྐྱེན་འོག་དངོས་མིན་རིགས་གནས་ཤུལ་བཞག་ལ་གོ་ནོར་དང་འཁྲུག་བཤད། གང་བྱུང་བེད་སྤྱོད་བཅས་བྱ་མི་རུང་།"[1]སྲུང་སྐྱོང་དང་བེད་སྤྱོད་གཉིས་ནི་གཅིག་ལ་གཅིག་བརྟེན་གྱི་འབྲེལ་བ་ཡིན་ཞིང་སྲུང་སྐྱོང་ནི་རྩ་དོན་དང་བེད་སྤྱོད་ནི་སྟོན་འགྲོའི་ཆ་རྐྱེན་ཡིན་པས། སྲུང་སྐྱོང་ལེགས་པོ་བྱུང་ན་གཞི་ནས་བེད་སྤྱོད་འོས་འཚམས་ཐུབ་ལ་རྒྱུད་འཛིན་དང་འཕེལ་རྒྱས་ཀྱང་གཏོང་ཐུབ། ལྷག་པར་དུ་ཚབ་མཚོན་གྱི་རང་བཞིན་ལྡན་པའི་ཤུལ་བྱུང་གི་དངོས་མིན་རིག་གནས་ཤུལ་བཞག་དང་སྟོང་ལ་ཉེ་བའི་ཤུལ་བཞག་ཁག་ལ་དེ་བས་སྲུང་སྐྱོང་བྱ་རྒྱུ་ཨང་དང་པོར་འཛིན་པའི་རྩ་དོན་རྒྱུན་འཁྱོངས་བྱེད་དགོས། དེར་བརྟེན་ང་ཚོས་རྒྱུད་འཛིན་ཁྲིད་པང་གདན་ལ་སྲུང་སྐྱོང་དང་འཕེལ་རྒྱས་གཏོང་དགོས་པ་དཔེར་ན། ལྷོ་ཁའི་ལྷོ་བདེ་ཞོལ་གྱི་པང་གདན་ནི་བོད་ཀྱི་ཆས་གོས་ཁག་ནང་ཟམ་མི་ཆད་པར་རྒྱུན་འཁྱོངས་བེད་སྤྱོད་དང་གསར་གཏོད་བྱས་པའི་ཐོན་རྫས་ཤིག་ཡིན་སྟབས་ད་བར་རྒྱུད་འཛིན་ཐུབ་པ་བྱུང་ཡོད། འོན་ཀྱང་རྒྱུད་འཛིན་བྱེད་པའི་རྒྱུད་རིམ་ནང་དུ་པང་གདན་གྱི་རིན་ཐང་སྐོར་ལ་ངོས་འཛིན་གསལ་པོ་བྱུང་མེད་པའི་རྐྱེན་གྱིས་དེ་ཉིད་ཀྱི་ཆོས་རྒྱུག་པའི་ལག་རྩལ་སྟོང་ལ་ཉེ་བའི་གནས་སུ་གྱུར་ཡོད། གལ་ཏེ་ལག་རྩལ་དེ་ཉིད་སྟོང་ན་ལྷོ་བདེ་ཞོལ་གྱི་པང་གདན་གི་ནམ་ཡང་ཉམས་པ་མེད་པའི་རྣམ་པར་བཀྲ་བའི་ཁྱད་ཆོས་དག་མེད་པར་སོང་སྟེ་དེའི་རིན་ཐང་ཡང་ཆུང་དུ་སོང་ངེས་ལགས། དེ་ལྟར་སྲུང་སྐྱོང་ག་

1 ཐའོ་ལི་ཕན་དང་དབྱིན་ཅིན་ལུང་ཡན་གྱིས་རྩོམ་སྒྲིག་བྱས། དངོས་མིན་རིག་གནས་ཤུལ་བཞག་རིག་པའི་ཆེད་རྩོམ་ཕྱོགས་བསྒྲིགས། པེ་ཅིན། སློབ་གླིང་དཔེ་སྐྲུན་ཁང་། 2006ལོ། ཤོག་གྲངས་94.

ཚོད་ལེགས་པ་བྱས་ན་དེའི་སྐན་གྲགས་ཀྱང་དེ་བས་ཆེ་རུ་སོང་ཐུབ།

དམངས་ཁྲོད་ཀྱི་དངོས་མིན་རིག་གནས་ཤུལ་བཞག་ནི་རྟེན་རྗེས་བཤམས་མཛོད་ཁང་ནང་འགྲེམས་སྟོན་བྱས་པའི་འགྱུར་མེད་རིག་དངོས་གཞན་དང་མི་འདྲ་བར་དེ་དག་ནི་དུས་རབས་ཀྱི་འཕེལ་རྒྱས་དང་བསྟུན་ནས་ཆབ་སྲིད་དང་། དཔལ་འབྱོར། རིག་གནས། ཆོས་ལུགས་དད་མོས་སོགས་ཀྱི་ཤུགས་རྐྱེན་འཕོག་སྟེ་རྒྱུན་ཆད་མེད་པར་འགྱུར་བ་དང་འཕེལ་རྒྱས་འགྲོ་གི་ཡོད། དངོས་མིན་རིག་གནས་ཤུལ་བཞག་ནི་འགྱུར་བའི་རྣམ་པ་ཅན་གྱི་དམངས་སྲོལ་རིག་གནས་ཤིག་ཡིན་པས་ང་ཚོས་དེ་ཉིད་ཀྱི་འཕེལ་འགྱུར་ཆོས་ཉིད་ལ་ངོས་འཛིན་ལེགས་པོ་བྱེད་དགོས། དངོས་མིན་རིག་གནས་ཤུལ་བཞག་ཟམ་མི་ཆད་པར་དར་འཕེལ་འགྲོ་བའི་བརྒྱུད་རིམ་ནང་དུ་མི་རིགས་ཀྱི་རྣམ་པ་དང་ཁྱད་ཆོས་ལ་སྲུང་སྐྱོང་བྱེད་པའི་རྨང་གཞིའི་འོག་དུས་རབས་ཀྱི་འཕེལ་རྒྱས་གོམ་སྟབས་དང་མཐུན་ཐུབ་པའི་རིག་གནས་ཤིག་ཏུ་གོང་འཕེལ་གཏོང་དགོས་པ་དཔེར་ན། ལྷེ་བདེ་ཞོལ་གྱི་པང་གདན་ལ་ཆ་མཚོན་ན་དེའི་དམིགས་བསལ་ལག་རྩལ་ལ་འགྱུར་བ་མི་གཏོང་བའི་ཐོག་དེང་རབས་ཀྱི་ཐོན་རྫས་འཕེལ་རྒྱས་གཏོང་ཕྱོགས་ལ། ཐོན་སྐྱེད་བྱེད་པའི་བརྒྱུད་རིམ་ནང་དུ་ཡང་དེང་རབས་ཅན་གྱི་གློག་ལས་འཕྲུལ་འཁོར་ནང་སྲོལ་རྒྱུན་གྱི་རྒྱུ་ཆ་སྤུས་དག་ཁག་སྤྱད་ནས་འཐག་ལས་བྱས་ན་རྣམ་པར་བཀྲ་བའི་གྱོན་གོས་དང་ཉིན་རེའི་འཛད་སྤྱོད་ཀྱི་ཐོན་རྫས་ཁག་མཁོ་འདོན་བྱ་ཐུབ།

སྲོལ་རྒྱུན་གྱི་ལེགས་ཆར་སྲུང་སྐྱོང་ལེགས་པོ་བྱུང་ན་གཞི་ནས་དེ་བས་མང་བའི་ཕྱི་ཕྱོགས་ཀྱི་ཡུལ་སྐོར་སྐྱོ་འཆམ་བ་ཚོའི་ཡིད་དབང་འཕྲོག་ཐུབ་ལ། དེ་ལས་མང་བའི་

ཁེ་ལས་ཀྱིས་གསར་སྤེལ་དང་བེད་སྤྱོད་ཐུབ་པ་བྱུང་ནས་དེའི་དཔལ་འབྱོར་གྱི་རིན་ཐང་འདོན་སྤེལ་གང་ལེགས་བྱ་ཐུབ།

མདོར་ན་ཕྱོགས་ཡོངས་ནས་དངོས་མིན་རིག་གནས་ཤུལ་བཞག་གི་ཁྱད་ཆོས་ཁག་སྲུང་སྐྱོང་བྱ་ཐུབ་པ་བྱུང་ན་གཞི་ནས་དངོས་པོའི་རིན་ཐང་དང་སྤྱོད་སྒོའི་རིན་ཐང་ཅུང་ཆེ་ཙམ་ལྡན་ཐུབ་ཅིང་། རང་ཉིད་ཀྱི་ཁྱད་ཆོས་མངོན་པར་ལྡན་པའི་དངོས་མིན་རིག་གནས་ཤུལ་བཞག་ཡིན་ན་གཞི་ནས་སྐྱེ་བོ་མང་པོའི་ཡིད་ཀྱི་དང་བ་འདྲེན་ཐུབ་པ་དང་། རིག་གནས་ཐོན་རྫས་ལ་འཕེལ་རྒྱས་ཡོང་ཐུབ། དངོས་མིན་རིག་གནས་ཤུལ་བཞག་བེད་སྤྱོད་གང་ལེགས་ཐུབ་ན་སྤྱི་ཚོགས་དཔལ་འབྱོར་གྱི་ཕན་འབྲས་འདོན་སྤེལ་ཐུབ་རྒྱུར་ཕན་པ་ཡོད་ཁར་མི་རིགས་ཀྱི་རིག་གནས་སྲུང་སྐྱོང་དང་རྒྱུད་འཛིན་བྱ་རྒྱུར་ཡང་ཕན་པ་ལྡན་ཡོད། །

གསུམ། གསར་གཏོད་དང་འཕེལ་རྒྱས་ཁྲོད་སྲུང་སྐྱོབ་བྱ་དགོས་པ།

"སྲོལ་རྒྱུན་རིག་གནས་ལ་གལ་ཏེ་གསར་གཏོད་དང་འགྱུར་བ་མ་བཏང་ན་དེའི་ཚེ་སྲོག་གི་ནུས་པ་ཤོར་ནས་དེང་གི་སྤྱི་ཚོགས་དང་མཐུན་ཐབས་བྲལ་ལ་དེའི་བྱེད་ནུས་ཀྱང་མེད་པར་འགྱུར་ངེས་ཡིན།"[1] རིག་གནས་ཅི་འདྲ་ཞིག་ཡིན་རུང་འཕེལ་རྒྱས་དང་འགྱུར་ལྡོག་གི་ཁྲོད་དུ་རྒྱུད་འཛིན་དང་སྲུང་སྐྱོང་བྱས་པ་ཤ་སྟག་ཡིན་ཙ་ན། གལ་སྲིད་སྲུང་སྐྱོང་ཁོ་ན་ནན་བཤད་བྱེད་པ་ལས་འཕེལ་རྒྱས་དང་གསར་གཏོད་ལ་སྣང་

1 ཐའོ་ལི་ཕན་དང་དབྱིན་ཅིན་ལུང་ཡན་གྱིས་རྩོམ་སྒྲིག་བྱས། དངོས་མིན་རིག་གནས་ཤུལ་བཞག་རིག་པའི་ཆེད་རྩོམ་ཕྱོགས་བསྒྲིགས། པེ་ཅིན། སློབ་གླིང་དཔེ་སྐྲུན་ཁང་། 2006ལོ། ཤོག་གྲངས་103

ཚུད་བྱས་པ་ཡིན་ན་རྟེན་རྫས་གཤམས་མཛོད་ཁང་ནང་གི་དངོས་པོ་དང་འདྲ་བར་དེའི་རིག་གནས་ཀྱི་འགྱུལ་སྐྱོད་རང་བཞིན་གྱི་རྣམ་པ་མེད་པར་སོང་ནས་དེའི་ཚེ་སྲོག་གི་ནུས་པ་ཡང་ཤོར་ངེས་ཡིན།

པང་གདན་ཆས་གོས་ཀྱི་ངོས་ནས་བརྗོད་ན། དེའི་མི་རིགས་རང་ཉིད་ཀྱི་ཐུར་ཡོད་ཁྱད་ཆོས་ལ་འགྱུར་བ་མི་གཏོང་བའི་རྨང་གཞིའི་ཐོག་མུ་མཐུད་གསར་གཏོད་དང་གོང་འཕེལ་བཏང་ན་གཞི་ནས་འགྱུར་མེད་ཀྱི་ཚེ་སྲོག་དང་མི་རབས་ནས་མི་རབས་བར་རྒྱུད་འཛིན་བྱ་ཐུབ། དེང་སྐབས་དེང་རབས་ཅན་གྱི་མཛེས་སྡུག་ལྡན་ལ་གྱོན་བདེ་བའི་གྱོན་གོས་ཀྱི་ཤུགས་རྐྱེན་འོག་སྲོལ་རྒྱུན་གྱི་མི་རིགས་ཆས་གོས་གྱོན་མཁན་ཉུང་དུ་ཕྱིན་ཡོད། དེ་ལྟར་ང་ཚོས་སྲོལ་རྒྱུན་གྱོན་གོས་ཀྱི་རྨང་གཞིའི་ཐོག་དུས་རབས་དང་འཚམས་པའི་གྱོན་གོས་གསར་གཏོད་བྱས་ནས་པང་གདན་ལ་ནམ་ཡང་འཚོ་གནས་ཐུབ་པའི་ཞིང་ས་ཞིག་སྐྲུན་དགོས། །

བཞི། དངོས་མེད་རིག་གནས་ཤུལ་བཞག་སྲུང་སྐྱོང་སྐོར་གྱི་ཁྲིམས་ལུགས་ཁྲིམས་སྲོལ་ཁག་འཐུས་ཚང་དུ་གཏོང་དགོས།

“མི་རིགས་རིག་གནས་ལ་སྲུང་སྐྱོབ་བྱ་རྒྱུ་དེ་ཞིབ་འཇུག་པའི་རེ་འདོད་དང་དམངས་ཁྲོད་ཀྱི་སེམས་རྩ་འཕོལ་བའི་མི་སྣའི་བྱ་སྤྱོད་ཁོ་ནར་བརྟེན་ནས་སྒྲུབ་ཐུབ་པ་ཞིག་མ་ཡིན་པར། སྲིད་གཞུང་གིས་ངེས་པར་དུ་སྲིད་ཇུས་དང་ནོར་ཤུགས་ཀྱི་ཐོག་ནས་མཐོང་ཆེན་བྱ་དགོས་པ་དང་སྔགས་ཁྲིམས་ལུགས་ཁྲིམས་སྲོལ་འཛུགས་པ་དང་འཐུས་ཚང་དུ་བཏང་སྟེ། ཁྲིམས་ལུགས་ཀྱི་བྱ་ཐབས་སྤྱད་ནས་མི་རིགས་རིག་གནས་སྲུང་སྐྱོང་

དང་འཕེལ་རྒྱས་གཏོང་དགོས།”[1]མིག་སྔར་རང་རྒྱལ་གྱི་དངོས་མིན་རིག་གནས་ཤུལ་བཞག་ལ་སྲུང་སྐྱོབ་བྱེད་པའི་ལས་དོན་གྱི་ཁ་ཚ་དགོས་གཏུགས་སུ་སླེབ་དགོས་པའི་ལས་འགན་ནི་དངོས་མིན་རིག་གནས་ཤུལ་བཞག་ལ་ཕན་ནུས་ལྡན་པའི་དོ་དམ་བྱ་རྒྱུར་ཤུགས་སྣོན་དང་འཕྲུལ་ཚད་དུ་གཏོང་རྒྱུ་དེ་ཡིན། དངོས་མིན་རིག་གནས་ཤུལ་བཞག་གི་སྲུང་སྐྱོང་རང་བཞིན་གྱི་ཁྲིམས་ལུགས་འཛུགས་རྒྱུ་དེ་གསར་སྤེལ་རང་བཞིན་ཐོན་དགོས། རང་རྒྱལ་མི་རིགས་ཁག་གི་དངོས་མིན་རིག་གནས་ཤུལ་བཞག་སྲུང་སྐྱོང་ལེགས་པོ་དང་མི་རབས་ནས་མི་རབས་བར་ཤུལ་འཛིན་དང་བེད་སྤྱོད་ལེགས་པོ་ཐུབ་ཆེད། ངེས་པར་དུ་རྒྱལ་ཁབ་དང་ས་གནས་ཀྱི་ཁྲིམས་འཛུགས་དང་དོ་དམ་ལས་དོན་ལ་ཤུགས་སྣོན་རྒྱག་དགོས། ང་ཚོས་སྲིད་ཇུས་གཏན་འཁེལ་བྱེད་པའི་རྣམ་པའི་ཐོག་ནས་དངོས་མིན་རིག་གནས་ཤུལ་བཞག་སྟོག་འདོན་དང་། བེད་སྤྱོད་ལེགས་པོ་བྱ་རྒྱུར་ཤུགས་སྣོན་བརྒྱབ་ནས་གསར་སྤེལ་རང་བཞིན་གྱི་གསོན་འཚོ་འཕོག་རྒྱུ་ནན་འགོག་བྱ་དགོས།

དེའི་སྒོར་གྱི་བཅའ་ཁྲིམས་འཕྲུལ་ཚད་མ་བྱུང་སྔོན་དུ་མི་རིགས་མི་གཅིག་པ་དང་དམངས་སྲོལ་མི་འདྲ་བར་དམིགས་ཏེ་ས་གནས་དེ་གའི་དམངས་ཁྲིམས་དམངས་སྲོལ་ལ་བསྟི་འཇོག་དང་། ས་གནས་དེ་གའི་མི་རྣམས་ཀྱི་བརྟན་ཞིང་གཡོ་བ་མེད་པའི་རིག་གནས་སྲུང་སྐྱོང་གི་འདུ་ཤེས་ཟབ་ཏུ་གཏོང་རྒྱུར་ཤུགས་སྣོན་བརྒྱབ་སྟེ་དམངས་ཡོངས་ཀྱིས་རིག་གནས་ཤུལ་བཞག་སྲུང་སྐྱོང་བྱེད་པའི་བྱ་སྤྱོད་ནང་ཞུགས་ཐུབ་རྒྱུར་སྐུལ་སློང་བྱ་དགོས།།

1 བཟོ་སྐྲུན་རྒྱལ་ཁབ་ལྟེ་གནས་ལ་སྲུང་སྐྱོབ་བྱེད་དགོས། མི་རིགས་དང་དམངས་ཁྲོད་ཀྱི་རིག་གནས་སྲུང་སྐྱོང་ལས་གཞི། ཡོངས་ཁྱབ་ཞིབ་བཤེར་ལས་ཀའི་ལག་དེབ། [M]པེ་ཅིན། རིག་གནས་སྒྱུ་རྩལ་དཔེ་སྐྲུན་ཁང་། 2005.ཤོག་གྲངས་53

མཇུག་བསྡུའི་གཏམ། པང་གདན་གྱི་མ་འོངས་འཕེལ་ཕྱོགས།

དཔལ་འབྱོར་གོ་ལ་ཅན་ལ་འགྱུར་བ་དང་འཛམ་གླིང་ཡོངས་ཀྱི་དཔལ་འབྱོར་འཕེལ་རྒྱས་འགྲོ་མགྱོགས་པས་མི་རིགས་ཀྱི་ཁྱད་ཆོས་ལྡན་པའི་ཐོན་རྫས་མང་པོ་ཞིག་རྒྱལ་སྤྱིའི་ཁྲོམ་ར་ར་བསྐྱོད་ཐུབ་པ་བྱུང་བ་དེས་མི་རིགས་ཀྱི་ཁྱད་ལྡན་ཐོན་ལས་འཕེལ་རྒྱས་ཡོང་རྒྱུར་སྟར་ན་མེད་པའི་འཕེལ་རྒྱས་ཀྱི་མདུན་ལམ་ཞིག་བསྐྲུན་ཡོད། བོད་ཀྱི་ཁྱད་ལྡན་ཐོན་རྫས་སྣམ་བུའི་པང་གདན་ལ་ལོ་རྒྱུས་ཡུན་རིང་ལྡན་ཞིང་མི་རིགས་རིག་གནས་ཀྱི་རྣམ་པ་དང་། མཚར་ལ་མཛེས་སྟུག་ལྡན་པ། སྤྱོད་གོ་ཆེ་ལ་སྤུས་ཚད་ཤིན་ཏུ་ལེགས་པས་གནའ་སྔ་མོ་ནས་ས་ཕྱོགས་ཁག་གི་སྐྱེ་བོ་ཚོས་ཧ་ཅང་དགའ་པོ་བྱེད་ཀྱི་ཡོད། མི་རྣམས་ཀྱི་འཚོ་བའི་ཆ་རྐྱེན་ཡག་ཏུ་འགྲོ་བ་དང་བསྟུན་པང་གདན་དེ་ཡང་བོད་རིགས་མང་ཚོགས་ཀྱི་རྒྱུན་གཏན་འཚོ་བའི་ཁྲིད་ཀྱི་མེད་དུ་མི་རུང་བའི་འཛད་སྤྱོད་དངོས་པོ་དང་རྒྱན་ཆ་གཙོ་གྲས་ཤིག་ཏུ་གྱུར་ཡོད་པས། པང་གདན་གྱི་རིགས་དང་མདངས། ཆོས་གཞི་སོགས་ཕྱོགས་གང་སྤྱིའི་སྤུས་ཚད་ཀྱི་རེ་བ་མཐོ་རུ་ཕྱིན་ཡོད་ལ་དགོས་ངེས་ཀྱི་ཐོན་རྫས་ཀྱི་རིགས་ཀྱང་ཇེ་མང་དུ་འགྲོ་བཞིན་ཡོད། མི་རིགས་ཀྱི་དངོས་མིན་རིག་གནས་ཤུལ་བཞག་ཡིན་པའི་པང་གདན་ལ་སྲུང་སྐྱོང་དང་དར་སྤེལ་གཏོང་དགོས་ན། ངེས་པར་དུ་ས་གནས་ཀྱི་ལག་ཤེས་བཟོ་ལས་འཕེལ་རྒྱས་བཏང་ནས། སྣམ་བུའི་པང་གདན་གྱི་མིང་གྲགས་ཆེ་རུ་གཏོང་བ་དང་ཐོན་ལས་གྲུབ་ཆ་སྐོམ་སྒྲིག་

དང་། མི་རིགས་ཀྱི་ཁྱད་ལྡན་ཐོན་ལས་འཕེལ་རྒྱས་གཏོང་རྒྱུ་དང་། མི་རྣམས་ཀྱི་འཚོ་བའི་ཆུ་ཚད་མཐོ་འདེགས་བཅས་གཏོང་དགོས་ན་ངེས་པར་དུ་གཞམ་གསལ་གྱི་གནད་དོན་ཁག་ལ་བསམ་གཞིགས་བྱ་དགོས་པ་སྟེ།

གཅིག བསམ་བློར་བཅིངས་འགྲོལ་དང་སྙིང་ཞེན་གྱི་ལྟ་བར་འགྱུར་ལྡོག་གཏོང་དགོས།

ཉིན་བཞིན་འཕེལ་རྒྱས་འགྲོ་བཞིན་པའི་རྒྱལ་སྤྱིའི་ཁྲིམ་ རྭར་ཁ་ཕྱོགས་སྐབས་མི་རིགས་ཀྱི་ཁྱད་ལྡན་ཐོན་ལས་དར་སྤེལ་དང་འཕེལ་རྒྱས་གཏོང་དགོས་ན་འགག་རྩ་ནི་རྒྱ་ཆེའི་མང་ཚོགས་ཀྱི་སྙིང་ཞེན་བག་འཁྱུམ་གྱི་བསམ་བློར་འགྱུར་ལྡོག་གཏོང་རྒྱུ་དེ་ཡིན། དེ་ཡང་རྒྱ་ཆེའི་བོད་ཁུལ་མང་ཚོགས་ཀྱི་བསམ་བློའི་འདུ་ཤེས་ནང་སྣམ་བུ་དང་པང་གདན་འཐག་རྒྱུ་དེ་རང་གི་དགོས་མཁོ་སྐོང་རྒྱུ་ཙམ་ལ་འདོད་པ་དང་། དེ་མིན་ཞིང་ལས་དལ་སྐབས་འཐག་པའི་སྣམ་བུའམ་པང་གདན་ཕྱིར་ཚོང་བྱས་པའི་ཡོང་བབ་དེ་དུས་རྒྱུན་གྱི་འཚོ་བའི་འགྲོ་སྒོན་གྱི་ཁ་གསབ་བྱེད་ཀྱི་ཡོད། གལ་ཏེ་ཁྲིམ་དུ་འགྲོ་སོང་མང་པོ་གཏོང་དགོས་ཚེ་ཁྲིམ་ཚང་ཁ་ཤས་མཉམ་རུབ་ཐོག་འཁལ་ལས་བྱས་ནས་ཐོན་རྫས་ཁག་ལྷ་སའམ་ཆབ་མདོ། ཟི་ལིང་སོགས་ཙུང་རྒྱང་ཐག་རིང་བའི་ཁྲོམ་རྭར་འཚོང་བར་འགྲོ་བ་དང་། འོན་ཀྱང་དེ་ལྟ་བུའི་ཕྱིར་ཚོང་བྱ་མཁན་ཏ་ཙང་ཉུང་ཉུང་ཡིན། སྤྱིར་ན་མང་ཚོགས་ཀྱི་བསམ་བློའི་ནང་སྣམ་བུ་པང་གདན་འཐོར་ཆེན་ཐོན་སྐྱེད་བྱས་ནས་གཞི་རྒྱ་ཆེ་བའི་ཁྲོམ་རྭར་ཕྱི་ཚོང་བྱ་རྒྱུའི་འདུ་ཤེས་ཆགས་མེད་པར་མི་རྣམས་ཀྱི་སེམས་ནང་ཞིང་ལས་ཐོན་སྐྱེད་པོ་ནར་བརྟེན་ནས་འཚོ་བར་རོལ་བའི་རྗེས་ལུས་ཀྱི་བསམ་བློ་བཅངས་ཏེ་འཁལ་འཐག་ལས་རིགས་འདི་ཉིད་ཞོར་ལས་ཙམ་དུ་རྩིས་ནས

ཞིང་འབྲོག་ལས་ལྟར་གྱི་མཐོང་ཆེན་བྱེད་ཀྱི་མེད། ཤར་གྲོང་ཁག་གི་འཐག་ལས་ཁེ་ལས་ནང་གི་ལས་བཟོ་བ་ཚང་མ་ཉེ་འགྲམ་གྱི་ཞིང་ཁུལ་ནས་ཡོང་བ་ཡིན་སྐབས་ཞིང་ལས་ལས་བྲེལ་ཆེ་བའི་དུས་སུ་བཟོ་གྲྭའི་ནང་དུ་ལས་བཟོ་བ་མཐོང་རྒྱུ་མེད་པར་ཚང་མ་རང་རང་སོ་སོའི་ཁྱིམ་དུ་ཞིང་ལས་བྱེད་པར་འགྲོ་གི་ཡོད།

བོད་ཀྱི་ཞོར་ལས་ལས་རིགས་དང་ལྷག་པར་དུ་ལག་ཤེས་འཐག་ལས་རིགས་འདི་ཉིད་འཕེལ་རྒྱས་གཏོང་དགོས་ཚོ་ཐོག་མར་ངེས་པར་དུ་རྒྱ་ཆེའི་མི་དམངས་ཀྱི་བསམ་བློའི་འདུ་ཤེས་ཏེ། མི་རབས་ནས་མི་རབས་བར་གཙོ་བོ་ཞིང་འབྲོག་ལས་ཁོ་ནར་བརྟེན་ནས་འཚོ་བར་རོལ་བའི་སྲོལ་རྒྱུན་གྱི་བསམ་བློའི་འདུ་ཤེས་ལ་འགྱུར་ལྡོག་གཏོང་དགོས་ཤིང་། དེ་ཡང་ཞིང་པ་ཚོས་ཞོར་ལས་ཐོན་སྐྱེད་འཕེལ་རྒྱས་ཁྲིད་ནས་ཡོང་སྒོ་མང་ཙམ་བྱུང་ཐབས་དང་དེང་རབས་ལག་ཤེས་འཐག་ལས་རིགས་ཀྱིས་སྨིན་པའི་ཕན་ནུས་ཤེས་རྟོགས་ཀྱིས་ལག་ལེན་དངོས་ཀྱི་ཁྲིད་ནས་མི་རིགས་རང་ཉིད་ཀྱི་ཁྱད་ཆོས་ལྡན་པའི་ཐོན་ཟླས་འཕེལ་རྒྱས་བཏང་ན་ཞིགས་ཆ་ཆེན་པོ་ལྡན་པ་མྱོང་རོལ་ཐུབ་པ་བྱས་ན་ཕྱོགས་གཅིག་ནས་མི་རིགས་རང་ཉིད་ཀྱི་ཕྱུལ་བྱུང་གི་སྲོལ་རྒྱུན་རིག་གནས་རྒྱུད་འཛིན་དར་སྤེལ་གཏོང་ཐུབ་ལ་ཕྱོགས་གཞན་ཞིག་ནས་ས་གནས་དེའི་མང་ཚོགས་ཀྱི་དཔལ་འབྱོར་ཡོང་བབ་མཐོ་རུ་སོང་བ་དང་སྲུགས། མི་རིགས་ཀྱི་དཔལ་འབྱོར་འཕེལ་རྒྱས་ལ་སྐུལ་འདེད་ཀྱི་ནུས་པ་ངེས་ཅན་ཐོན་ངེས་ཡིན། དེ་ལྟར་རྒྱ་ཆེའི་མང་ཚོགས་ཀྱི་བསམ་བློའི་འདུ་ཤེས་རྙིང་པར་འགྱུར་བ་གཏོང་དགོས་ན་ངེས་པར་དུ་ཡུལ་བབ་དང་བསྟུན་ནས་སྔར་ཡོད་ཀྱི་ཐོན་ལས་གྲུབ་ཆ་དང་གཞི་ཁྲོན་སོགས་ལ་འགྱུར་བ་གཏོང་

དགོས་པ་དང་། ས་ཆ་དེ་གའི་ཐོན་སྐྱེད་ཀྱི་ནུས་ཤུགས་ཀྱི་བླང་བྱ་དང་སྲུས་ཚད་གཏན་འབེབས་སོགས་དང་མཐུན་ཐབས་བྱེད་པ་ལས་རང་འདོད་ལྟར་འགྱུར་བ་གཏོང་རྒྱུ་མེད་ཅིང་། མི་ཚང་མས་ཚན་རིག་ལག་རྩལ་གྱི་དགེ་མཚན་ཤེས་རྟོགས་ཐུབ་པའི་ཐོག་མི་རབས་ནས་མི་རབས་བར་བརྒྱུད་ནས་ཡོང་བའི་མི་རིགས་ཀྱི་བཟོ་རྩལ་ཐོན་རྫས་ཀྱི་མི་རིགས་ཀྱི་ཉམས་འགྱུར་སྟངས་བཞིན་གནས་པ་ཚོར་ཐུབ་པ་བྱ་དགོས། གཞན་ཡང་ཞིང་འབྲོག་མང་ཚོགས་ཀྱི་ཧུར་བརྩོན་རང་བཞིན་མཐོང་འདེགས་དང་། ཐོན་རྫས་ཀྱི་ཚན་རྩལ་འདུས་ཚད་ཇེ་ཆེར་གཏོང་བ། ཞིང་འབྲོག་མང་ཚོགས་ཀྱི་ཚོང་ཟོག་གི་འདུ་ཤེས་ཇེ་མཐོར་གཏོང་བ་དང་། ཐོན་རྫས་ཀྱི་ཚོང་ལམ་རྒྱ་ཆེར་བཏོད་ཅིང་ཐོན་ལས་ཀྱི་དྲ་བ་ཆགས་པ་དང་། ཞིང་འབྲོག་མང་ཚོགས་ཀྱི་བུ་ཕྲུག་གི་ལས་ཞུགས་བྱེད་ཤུགས་ཆེ་རུ་གཏོང་ཐུབ་པ་བྱས་ནས་ལས་སྐྱུག་གཞོན་ནུ་མང་པོ་ཞིག་ཁེ་ལས་དོ་དམ་དང་། ཐོན་རྫས་གསར་པ་གསར་སྤེལ་དང་ཕྱིར་ཚོང་། གཉེར་སྐྱོང་སོགས་ཀྱི་ནང་ཞུགས་ཐུབ་པ་བྱ་དགོས་པ་བཅས་མདོར་ན། ཐོན་སྐྱེད་ནས་ཕྱིར་ཚོང་བར་གྱི་མཚམས་ཚིགས་གང་ཡོད་ལས་རྒྱ་ཆེའི་མང་ཚོགས་ལ་ཚན་རིག་གི་འཕེལ་རྒྱས་ལྟ་བས་དངོས་ཕན་སྨན་ཐུབ་པ་ཤེས་རྟོགས་ཐུབ་པ་བྱ་དགོས། །

གཉིས། ཡུལ་སྐོར་ལས་རིགས་དང་ཟུང་དུ་འབྲེལ་ནས་འཕེལ་རྒྱས་གཏོང་དགོས།

བོད་ལྗོངས་ཡུལ་སྐོར་ལས་རིགས་འཕེལ་རྒྱས་མྱུར་པོ་བྱུང་བ་ནི་དམིགས་བསལ་གྱི་ཁྱད་ཆོས་ལྡན་པའི་ཐོན་ཁུངས་ཁག་ལ་རག་ལས་ཡོད་པ་དཔེར་ན། འབྱུང་ཁམས་ཐོན་ཁུངས་དང་མི་རྩོལ་ཐོན་ཁུངས། དམིགས་བསལ་ཐོན་རྫས་ལྟ་བུ་ཡིན། པང་

གདན་ཐོན་རྫས་བོད་ལྗོངས་ཀྱི་ཁྲིམ་རྣར་རྐང་པ་ཚུགས་ཐུབ་པ་དགོས་ན། རྒྱ་ཆེའི་མང་ཚོགས་ཀྱི་སྙིང་ཞེན་གྱི་བསམ་བློར་འགྱུར་བ་གཏོང་དགོས་ཤིང་། དེ་སྔའི་རྫེས་ལུས་ཀྱི་ཐོན་སྐྱེད་ལག་རྩལ་དང་གདོད་མའི་ཐོན་སྐྱེད་བྱ་ཐབས་ལ་བསྒྱུར་བཅོས། དེ་བཞིན་ཁྲིམ་རྣའི་དགོས་མཁོར་གཞིགས་ཏེ་ཐོན་རྫས་ཀྱི་སྣ་ཁ་ཇེ་མང་དུ་གཏོང་ཐུབ་པ་བྱ་དགོས། བོད་ཀྱི་ཚ་ཚ་ཞུར་ཞུར་དང་འཕེལ་རྒྱས་འགྲོ་བཞིན་པའི་ཡུལ་སྐོར་ལས་རིགས་ལ་དམིགས་ན་པང་གདན་ཐོན་རྫས་ཀྱི་ཁྲིམ་རྣའི་འགྲོ་རྒྱུགས་ཏ་ཅང་ཆེན་པོ་ཡོད་པ་དང་། ཡུལ་སྐོར་ཁྲིམ་རྣས་ཀྱང་བོད་ཀྱི་ཐོན་རྫས་ཁག་ལ་ཚོང་ལས་ཀྱི་གོ་སྐབས་སྤྲད་ཡོད་ལ་ཐོན་རྫས་དེ་དག་ལ་ཁྲིམ་རྣ་རྒྱ་ཆེན་གཏོད་ཡོད། དེར་བརྟེན་ང་ཚོས་བབ་བསྟུན་གྱི་སྒོ་ནས་པང་གདན་གྱི་མི་མངོན་པའི་ནུས་པ་སྔོག་འདོན་གྱིས་དེང་རབས་ཁྲིམ་རྣའི་དགོས་མཁོ་སྐོང་ཐུབ་པའི་ཡུལ་སྐོར་ཐོན་རྫས་བཟོ་འགོད་དང་གསར་སྤེལ་བྱ་དགོས་པ་དཔེར་ན། སྒྲོག་ཅིའི་ཁེབས་དང་བཀྲན་འཕྲིན་ཁེབས། ཧ་ཎྜ་ཁེབས། འབོལ་གདན་སོགས་དེང་རབས་ཁྱིམ་ཆས་སྣ་ཚོགས་ཀྱི་གཡོག་ཆས་དང་གློག་ཆས་ལྷུགས་ཁྲུག དེ་བཞིན་དེང་རབས་རྒྱན་གོས་སྣ་ཚོགས་བཟོས་ནས་ཕྱི་ཚོང་ཐུབ་པ་བྱེད་དགོས།

པང་གདན་རྒྱ་ཆེར་ཐོན་སྐྱེད་བྱེད་པ་ཕུད། བོད་ལྗོངས་སུ་དེང་སྐབས་འཕེལ་རྒྱས་འགྲོ་བཞིན་པའི་མི་རིགས་ཡུལ་སྐོར་གྲོང་ཚོ་དང་དམངས་སྲོལ་གྲོང་ཚོ་སོགས་དང་མཉམ་འབྲེལ་གྱིས་བོད་ལྗོངས་ཀྱི་འཁབལ་འཐག་ལས་རིགས་འཕེལ་རྒྱས་གཏོང་ཐབས་བྱེད་དགོས། དེ་ཡང་ཡུལ་སྐོར་གྲོང་ཚོ་ཁག་ནང་བོད་ལྗོངས་ཀྱི་དམིགས་བསལ་གྱི་འཁབལ་འཐག་ཐོན་སྐྱེད་ཀྱི་དམངས་སྲོལ་བཤམས་སྟོན་གྱིས་ཡུལ་སྐོར་བར་དངོས་སུ

ས་དེར་གནས་པ་ལྷ་བུའི་ཚོར་སྣང་ཡོང་ཐབས་བྱེད་དགོས་ལ་ཡུལ་སྐོར་བས་བོད་ཀྱི་དམིགས་བསལ་མི་རིགས་ཐོན་རྫས་སྤྱོད་རོལ་ཐུབ་པ་དང་། ས་དེ་གར་ཕུལ་བྱུང་གི་ཡུལ་སྐོར་ཐོན་རྫས་ཉོར་ཚོང་ཐུབ་པ་བྱ་དགོས། ཡུལ་སྐོར་ཐོན་རྫས་བཟམས་ཁུལ་ནི་པང་གདན་ཉོར་ཚོང་བྱེད་པའི་ཚོང་ལམ་ཡག་པོ་ཞིག་ཡིན་པ་ཙམ་མ་ཟད། དེ་ནི་མི་རིགས་ཀྱི་དམིགས་བསལ་པང་གདན་རྒྱན་གོས་བཟམས་སྟོན་བྱེད་པའི་སྟེགས་བུ་ཞིག་ཀྱང་ཡིན། ང་ཚོས་སྟེགས་བུ་དེ་ཉིད་བེད་སྤྱོད་ལེགས་པོ་བྱས་ཏེ་མི་རྣམས་ལ་ང་ཚོའི་མི་རིགས་ཀྱི་ཡུན་རིང་ལོ་རྒྱུས་ལྡན་པའི་པང་གདན་རྒྱན་གོས་ཀྱི་དམངས་སྲོལ་རིག་གནས་བཟམས་སྟོན་དང་སྤྲགས་མི་རིགས་ཀྱི་ལག་ཤེས་བཟོ་ལས་འཕེལ་རྒྱས་དང་ས་གནས་ཀྱི་དཔལ་འབྱོར་འཕེལ་རྒྱས་ལ་ཞབས་འདེགས་ཞུ་དགོས།

པང་གདན་དེ་བཞིན་མི་རིགས་ཀྱི་ཁྱད་ཆོས་ལྡན་པའི་ཐོན་རྫས་ཞིག་ཡིན་པའི་ཆ་ནས། དེར་ཡུན་རིང་གི་ལོ་རྒྱུས་དང་རིག་གནས་ཀྱི་ནང་དོན་ཏ་ཅང་ཕུན་སུམ་ཚོགས་ལ་མངོན་གསལ་དོད་པའི་དཔལ་འབྱོར་གྱི་ཕན་འབྲས་ལེགས་པོ་ལྡན་ཡོད་ཅིང་། དེས་དམིགས་བསལ་གྱིས་བཟོ་རྩལ་དང་མི་རིགས་ཀྱི་ཁྱད་ཆོས་ལས་མི་རྣམས་ལ་བོད་མི་རིགས་ཀྱི་དམིགས་བསལ་གྱིས་རྒྱན་གོས་རིག་གནས་མངོན་པར་བྱེད་ལ། དེ་ནི་བོད་ཀྱི་རྒྱན་གོས་རིག་གནས་ཁྲོད་ཀྱི་མཚར་སྡུག་རྣམ་པར་བཀྲ་བའི་མེ་ཏོག་ཞིག་དང་འདྲ་བར་ཀྱང་གོའི་དངོས་མིན་རིག་གནས་ཤུལ་བཞག་ཁྲོད་ཀྱི་སྲུང་སྐྱོབ་བྱ་ཡུལ་གཙོ་བོ་རུ་གྱུར་ཡོད།

མིའི་རིགས་ཀྱི་རིག་གནས་སྲུང་སྐྱོབ་ཀྱི་ཤུལ་བཞག་ཅིག་ཡིན་པའི་ཆ་ནས་དཔལ་

འཁོར་གྱི་ཁྱབ་ཁོངས་ནང་དཔལ་འཁོར་གྱི་རིན་ཐང་འདོན་སྤེལ་བྱ་དགོས་ཁར་དེའི་ལོ་རྒྱུས་རིག་གནས་ཀྱི་རིན་ཐང་མངོན་པར་བྱས་ཏེ་པང་གདན་ལ་ནམ་ཡང་གནས་ཐུབ་པའི་ཚོ་སྲོག་ལས་དུས་རབས་ཀྱི་སྣབས་རྒྱུན་འཁོར་རྒྱུན་ཆད་མེད་པར་འཛིན་སྐྱོང་སྤེལ་གསུམ་ཐུབ་པ་བྱ་དགོས། དེ་ལྟར་གོང་དུ་ཁོ་མོས་བོད་ཀྱི་པང་གདན་གྱི་དམངས་སྲོལ་རིག་གནས་སྐོར་གྱི་འབྱུང་འཕེལ་ལ་ཞིབ་འཇུག་བྱ་ཁུལ་བགྱིས་པ་འདིར་ནོངས་འགལ་གྱི་ཆ་སོགས་ཐོན་སྲིད་ན་དེའི་ཐད་མཁྱེན་ཅན་ཡངས་པའི་གཟུར་གནས་ཞིབ་འཇུག་པ་ཚོས་རྗེ་ཆེའི་བཀའ་སློབ་དང་དག་བཅོས་ཡོད་པ་ཞུ། །

མཇུག་བྱང་།

དེབ་ཆུང་འདི་ཉིད་ལེགས་གྲུབ་བྱུང་བའི་མཚམས་འདིར་དང་ཐོག་ཕྲན་གྱི་མཇུབ་ཁྲིད་སློབ་དཔོན་དམ་པ་འཕྲིན་ལས་ཆོས་གྲགས་མཆོག་ནས་དེབ་འདིའི་ཁ་བྱང་བདམས་གསེས་དང་རྩོམ་འབྲིའི་བརྒྱུད་རིམ་ནང་བཀའ་སློབ་དང་མཇུབ་སྟོན་གང་མང་གནང་ཞིང་། དགེ་བའི་བཤེས་གཉེན་ཁོང་གི་གཟབ་ནན་གྱི་སློབ་ཁྲིད་རྣམ་འགྱུར་དང་། འགྱུར་མེད་ཀྱི་རིག་གཞུང་འཚོལ་སྙེགས། བློ་རྒྱ་ཆེ་བའི་རིག་གཞུང་གི་ཉམས་འགྱུར་ལས་སློབ་མ་རྣམས་ཀྱིས་ཁོང་ལ་མ་བཅོས་པའི་དད་གུས་ཆེན་པོ་སྐྱེས་བཞིན་ཡོད། དེ་ལྟར་ཁོང་གིས་གུས་མོ་ཡང་མཛེས་སྡུག་རྣམ་པར་བཀྲ་བའི་བོད་རིགས་ཀྱི་དམངས་སྲོལ་རིག་པའི་ཚོམས་ཆེན་དུ་ཁྲིད་གནང་བ་ཙམ་མ་ཟད། རིག་གཞུང་ཞིབ་འཇུག་གི་གཞུང་ལུགས་དང་བྱ་ཐབས་སྐོར་བཀའ་སློབ་བསྐུལ་གནང་བྱུང་བས་འདིར་ལག་གི་ཐལ་མོ་གཉིས་སྙིང་ཁར་བཅངས་ནས་སློབ་དཔོན་དམ་པ་ཁོང་ལ་ཐུགས་རྗེ་ཆེ་ཞེས་ལན་བརྒྱ་ཞུ་རྒྱུ་ཡིན། དེ་མིན་རྩོམ་ཡིག་འདི་འབྲི་བའི་ཐོག་མཐའ་བར་གསུམ་དུ་བདག་ལ་རོགས་རམ་དང་རྒྱབ་སྐྱོར་གནང་མཁན་གྱི་དགེ་བའི་བཤེས་གཉེན་གཞན་དང་བདག་གི་ནང་མི། གྲོགས་པོ་གྲོགས་མོ། དེ་བཞིན་བདག་ལ་རོགས་སྐྱོར་གནང་མཁན་ཡོངས་ལ་སྙིང་ཐག་པ་ནས་ཐུགས་རྗེ་ཆེ་ཞུ་རྒྱུ་ཡིན། །

导论

杰德秀，“杰德”（ལྕེ་བདེ་）藏语是“口齿伶俐”之意，因为这里的村民做生意时口齿特别伶俐，能说会道，因此称“杰德”；“秀”（ཞོལ་）藏语是“下面”之意，因为杰德秀镇位于“堆拉孜伦珠宗”所在的山脚下，故起名为“秀”。过去这里还称“佳中”（རྒྱ་གྲོང་།），意思是百户村。杰德秀的邦典闻名于世，作为中华民族服饰中的一朵奇葩，享誉中国西藏周边毗邻国家。杰德秀地处西藏文明发祥地雅隆辖区，位于冈底斯山脉以南，喜马拉雅山脉以北的雅隆藏布江河畔。过去，它是山南至日喀则、拉萨的枢纽之地，是西藏历史上最有名的八大古镇之一，也是茶马古道必经之路。早在七百年前，这里的氆氇邦典就闻名整个西藏，是西藏历史上氆氇和邦典最有名的一个村镇，素有“邦典之乡”的美称。四五百年前，这里已经是原西藏地方政府的彩染中心，也是卫藏地方最有名的百户村。纺织业的发展也带动了商业和就业，使它成为西藏商业最繁荣的村镇之一。如今的杰德秀，纺织业仍然是主要产业，是山南最发达的一个乡镇。这里的商品品种齐全，价格实惠，成为了附近大部分乡镇、村民的首选采购地，山南人也由此称“杰德秀”为“小拉萨”。这里邦典早就有了自己的品牌，并且也已走出国门，走向世界市场。杰德秀邦典具有悠久的历史和精湛的工艺，堪称西藏服饰文化宝库中一颗灿烂的明珠，已成为国家级重点非物质文化保护对象。2006年杰德秀邦典技艺被国务院确定为第一批国家级非物质文化遗产项目。2016年杰德秀染色技艺被确定为市级非物质文化遗产。

山南市杰德秀古镇图0-1

山南市杰德秀古镇老街图0-2

山南市杰德秀古镇老街图0-3

山南市杰德秀古镇新街图0-4

邦典是藏族的重要服饰之一，备受藏族妇女的喜爱，它具有悠久的历史和丰富的文化内涵，是实用与审美统一的一种服饰。在西藏绚丽多彩的邦典随处可见。只要提到邦典，在大家的观念中，马上就能想到藏族妇女佩戴的雨后彩虹般的围裙。其实邦典作为花氆氇的一种，它的产生和发展与氆氇息息相关。小小邦典服饰的渊源，可以追溯吐蕃时期，具有悠久历史。邦典虽小，其内涵丰富，意义重大。它虽然是藏族妇女穿戴中的一个小衣饰物，但是融含了藏族人生产、生活、宗教、文化、习俗等诸多内容，了解它即可窥见藏族社会历史及其经济、文化等，对于我们今天了解藏族先民的历史文化，增强民族自尊心和自豪感，提高热爱家乡，热爱祖国的自觉性意义重大。邦典作为藏族妇女的佩戴物之一，已然成为藏族妇女勤劳、朴实、勇敢精神的象征，是藏族妇女的主要审美情趣之一。探讨邦典的习俗，能使我们了解藏族妇女的审美意象和审美追求，能反映与我国农业文明地区不同的农牧民族的服饰文化和审美情趣。这对于了解中华民族文化审美的多样性和统一性也有重要意义。在此以杰德秀邦典技艺为例，略述山南邦典的历史和民俗文化，向世人展示山南独特的邦典生产和穿戴民俗，为继承和发展邦典服饰业提供参考依据。因此，本文主要从山南杰德秀邦典习俗着手并加以探讨。

第一节　研究对象及写作思路

一、研究对象

本课题的研究对象是藏族服饰——邦典。邦典是具有区域和民族特色的服饰，闻名遐迩的山南杰德秀邦典已列入中国非物质文化保护中的重点遗产名录。在学术界，至今没有学者专门研究西藏邦典民俗文化，这不能不说是一种遗憾。山南作为邦典氆氇之乡，其氆氇和邦典闻名整个涉藏省区和周边毗邻国家，遗憾的是人们至今对邦典氆氇的历史和民俗文化理解很模糊。本文通过对山南邦典的研究，了解其相关文化和特点，旨在进一步追溯其历史根源，填补邦典历史研究方面的空白，丰富其文化内涵。本文对邦典的起源、演变、佩戴习俗等方面已有的研究成果基础上提出了自己的一些见解。

二、研究思路

全文共分六个部分。绪论，主要阐述研究目的和意义以及国内外研究现状，研究理论和研究方法；第一章，界定邦典和氆氇的概念，简要阐述邦典的历史；第二章，主要考察山南境内邦典的制作和工艺流程，以及生产中独特的民风民俗，其中以西藏最有名的山南杰德秀邦典为个案，主要研究山南邦典闻名遐迩的主要原因；第三章，邦典作为藏族妇女的特殊标志，首先了解邦典的起源以及佩戴邦典的年龄等相关要求，主要介绍山南地方的邦典相关习俗和文化。第四章，如何保护继承和发展山南邦典民俗文化提出了一些建议。

第二节　课题研究现状及其意义

一、国内外研究现状及发展趋势

目前，国内外还未专门研究邦典及其相关文化，更何况从民俗学角度研究邦典技艺等相关习俗文化。大部分学者只是研究藏族服饰或其它纺织物时，顺便提到了一些有关邦典的民俗事象，研究仍然停留在表面上，缺乏深入认识和研究，未能挖掘其背后丰富的民俗文化。

目前国内研究邦典方面的主要成果：

（一）民俗学领域的相关研究：廖东凡先生是目前对邦典氆氇研究最多的一位学者。他在《藏地风俗》一书中有5篇有关邦典氆氇的文章。这几篇文章都是作者在田野考察的基础上，运用第一手资料，主要探讨了西藏氆氇的起源及其发展。另外，还阐述了山南贡嘎县杰德秀邦典和朗杰雪之氆氇的生产民俗等内容。但是其研究尚停留在表层层面，缺乏藏文资料和考古资料的挖掘和运用，从而影响对邦典氆氇民俗文化的深入挖掘和研究。郡星的《西藏何时有了氆氇》发表在《西藏民俗》杂志，主要通过史料分析来说明西藏氆氇起源于吐蕃赞普松赞时期，经过吐蕃、萨迦，到帕竹时期已进入鼎盛时期，也就是氆氇纺织的成熟阶段。此文对于藏族邦典氆氇的研究具有一定的参考价值，但缺乏史料，特别是缺乏第一手资料，说服力不强，研究亦不深入。周凤兰女士的《略述藏族服饰独特材料——氆氇》主要从氆氇的特点、制作方法、种类及其应用、氆氇的发展趋势三个方面作了探讨，可资参考。

（二）艺术学领域的相关研究：《绚丽多彩的藏族编织》一文，[1]主要通过考古资料和详实史料，探讨西藏编织业的起源，把西藏编织业的历史推到四、五千年前，并详细叙述了自古至今西藏编织业的发展情况，其中提到西藏有名的杰德秀“邦典”和它的色彩艺术。从艺术学和美学角度研究了争奇斗艳的编织工艺品，但与邦典穿戴民俗没有什么直接的关联。该文只提到了藏族整个编织业的起源和发展，但是没有谈到氆氇和邦典的起源及其发展。

（三）经济学领域的相关研究：扎嘎的《西藏民主改革前的山南地区农村手工业---氆氇与邦典》[2]主要叙写了西藏和平解放之前的山南氆氇、邦典手工业基本情况和生产状况，纺织氆氇与邦典的工艺过程，染匠行会组织，产品品种规格及图案，产品的生产性质，原料的来源及其价格，以及如今的发展现状。作者亲自深入实地考察，从经济学的角度对比研究了西藏解放前后山南地区杰德秀邦典和氆氇生产情况，是一篇学术性比较强的文章，对于我们进一步探讨和研究藏族邦典氆氇服饰大有裨益。

---

1 康格桑益西著·绚丽多彩的藏族编织，西藏艺术研究[J].2002：45.

2 扎嘎·西藏民主改革前的山南地区农村手工业——氆氇与邦单，西藏研究[J].1993：1.

上述几篇文章主要研究了西藏编织业的起源、种类、工艺流程以及主要用途和发展过程。虽然内容广泛，但却大而不精，都是介绍性和概括性的文章，泛泛谈及整个涉藏省区的编织情况就匆匆了事。本文把研究范围缩小到藏族服饰——邦典，其中重点放在山南境内独特的邦典穿戴民俗方面。研究过程中主要运用了考古学、民俗学、心理学、人类学等研究方法，论证了邦典的起源和发展、民俗功能及其所蕴含的独特文化。

近些年来，国内研究西藏纺织方面的学者越来越多，关注杰德秀邦典的人也逐渐增多。但还未发现专门研究藏族邦典的文章。

二、研究目的及意义

（一）通过研究小小的服饰——邦典，给世人交代清楚山南邦典民俗文化的来龙去脉，为继承和发展藏族纺织文化提供参考依据。

（二）以西藏最有名的山南杰德秀邦典为例，研究其生产过程中的民风民俗及其远近闻名的原因。

（三）研究山南境内独特的邦典穿戴习俗，充分挖掘邦典所蕴含的地域文化、独具特色的民风民俗和与众不同的审美观，将有利于增强民族自豪感、自信心，促进各民族之间的团结，同时也能为家乡邦典氆氇产业的发展，略献一些计策。

（四）通过研究邦典服饰民俗，能更好地掌握民俗的一些方法和理论，为自己以后的民俗学研究打下坚实的基础。

三、研究方法和理论

以田野作业法为主，历史研究法和比较研究法为辅。首先，利用各种渠道收集大量的考古文献资料和古老壁画，并充分利用这些资料进行纵向的历史研究。其次，通过走访民间，深入民众生活，进行田野作业，争取搜集得更多的第一手资料，进行横向比较研究。在分析问题的过程中始终坚持马克思主义的辩证唯物主义和历史唯物主义的观点。

研究理论主要有民俗学、人类学、心理学、辩证唯物主义和历史唯物主义等。

第一章 邦典的含义、种类及其功能

服装最初出现的根本原因是衣服的实用性，而后随着人们实际要求逐渐发生了变化。远古时期，为了御寒而产生了简单的服饰，之后出于各种不同的审美需求，服饰的种类和颜色日渐丰富多彩。随着经济的发展、生产技术的提高和文化的交流，服饰最终成为了颇具内涵的独特文化风景。和中华民族其它服饰一样，邦典服饰在其漫长的发展过程中，从实用到装饰，逐步演变为藏族日常生活中不可或缺的重要服饰之一，成为祖国绚丽多彩的服饰宝库中一朵最靓丽的奇葩。

山南绚丽多彩的花氆氇 图1-1

第一节 邦典含义及其种类

邦典是色条氆氇的一种，是藏族不可缺少的装饰品之一，也是西藏妇女表现独特风姿的一种服饰。它有着悠久的历史和丰富的文化内涵。邦典质地优良，结实耐用，保暖性好，实用性强，深受广大藏族群众的喜爱。邦典不仅在藏区极负盛名，而且在海内外也备受欢迎。邦典生产的历史，可以追溯到几千年前。

一、邦典

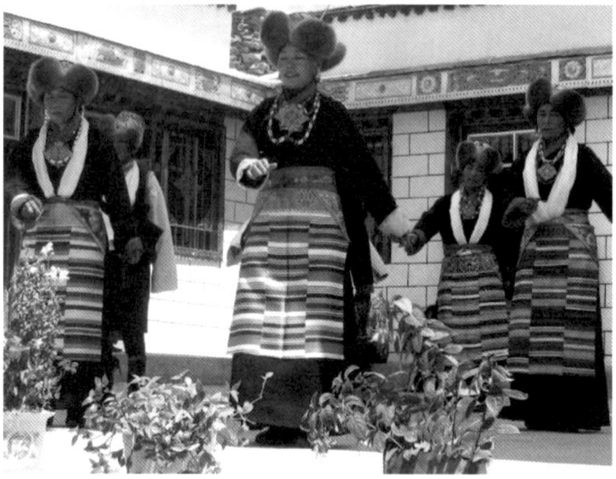

身着节日盛装的山南扎囊妇女 图1-2

“邦典”（པང་གདན།），汉语称围裙或围腰，是藏族妇女围在腰上的衣饰品。从字面上理解，“邦”(པང་།)在藏语里“怀”的意思，这里应该理解为藏族妇女腰部以下的衣饰。“典”（གདན།）在藏语里“垫子”的意思，“邦典”的意义就是保护怀前的垫子。从“邦典”的字面上理解，有了围裙之后，邦典这一色条氆氇成了专门用来制作围裙的料子，从此色条氆氇统称邦典。在“卫藏”一带，邦典是用三条长短一样的色条氆氇缝制而成，据说:“中间一条代表家庭主人即丈夫，右边代表自己，左边代表子孙后代。”[1] 节庆佩戴的邦典两边上角有一对金丝彩缎，中间还有一块方形四指宽的彩缎或者布条，这些在藏语称“卓典”（སྦྲག་གདན།），起到装饰和固定邦典带子的作用，日常生活中所戴的邦典一般没有卓典装饰。据说，过去西藏地方政府官员的品级不同，其夫人的“卓典”颜色和花纹也不同，目前这情况有待进一步研究。有些邦典下面缝一节布料，这个藏语称“帮蜕”，这种样式在那曲一带邦典上比较常见。在西藏牧区，邦典是用各种堆绣图案的方形绸缎或者布料装饰，最下面还有五颜六色的丝绦装饰。牧区邦典的风格与卫藏地方完全不同，邦典上面还装饰着琳琅满目的饰品。在昌都芒康县和甘孜嘉荣等地，还有佩戴素（黑色）邦典的习俗。

二 邦典的种类

邦典的种类有很多，可按照以下几个方法分类。第一，按质地和材料

1 拉萨城历史文物参考资料收集委员会.拉萨城的历史文化[M]，第六册，内部资料，115页。

可分为：丝线邦典、氆氇邦典、布邦典等。第二，根据质地不同又可以分为：谢麻邦典（ཤད་མའི་པང་གདན）、囊布邦典(སྣམ་བུའི་པང་གདན)丝线邦典（སེ་ཤན་པང་གདན），日帮典（རས་པང་）等。

第三，根据花纹和颜色大致可分为：查青（ཁྲ་ཆེན།宽条纹的彩虹色彩）、噶察(དཀར་ཁྲ། 白色为主调，搭配其它颜色)、降查(ལྗང་ཁྲ)绿色为主调，搭配不鲜艳的色彩)、欧穷(སྔོན་ཆུང་།蓝色为主调，搭配浅蓝色和深棕色）、色夏(སེར་ཞ། 黄色为主，尼姑们常系的围裙)、那松（སྣ་གསུམ）即三色邦典，只有三种颜色的邦典。在山南扎囊和贡嘎一带又有自己的分类法，根据色彩搭配不同可分为：马森穹朱(དམར་གསེང་འཁྱུང་འབྲུག)、嘎查贝萨(དཀར་ཁྲ་དཔེ་གསར)、贾珠贝萨(འཇའ་རྡུག་དཔེ་གསར)囊卡加寸(ནམ་མཁའི་འཇའ་མཚོན)、囊卡加赤（ནམ་མཁའི་འཇའ་འཁྲིད）等等。根据纺织者不同可分为：曲珍拉(ཆོས་སྒྲོན་ལགས)、唐妞多吉(ཐམས་བཅད་རྡོ་རྗེ)、德庆措吉(བདེ་ཆེན་མཚོ་སྐྱིད)、扎西卓玛（བཀྲ་ཤིས་སྒྲོལ་མ）等等。

第二节 邦典的功能

邦典不仅具有众多的实用功能，而且还有丰富的民俗文化功能，这些民俗文化功能与社会文化、宗教信仰、政治经济、审美情趣、民俗等现象相联系，既反映了经济发展水平，也能反映一个民族复杂的社会意识。

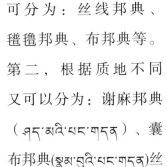

一、邦典的实用功能

邦典的佩戴本身属于一种围腰习俗，但在日常生活中，它的功能是多样的。例如，因为藏袍厚而不易清洗，洗了要不易干，平时抱小孩或者干活时减少磨损和避免弄脏袍子前面，经常佩戴邦典。在日常生活中佩戴邦典，随时随地可以抱柴火、牛粪等东西。它的背面也可以当手帕，用来擦脸、手、鼻子等。在野外当小孩要睡觉时，它可以当作垫子铺在孩子下面。若在露天突然遭阵雨，还可以披在头上当雨披。邦典的毛料除制作围裙以外，还可以制作帽子、衣服、马甲、大褂、藏袍的镶边、鞋子的装饰品、背包、袋子等等。

花氆氇装饰的扎囊阳光氆氇厂　图1-3

西藏民主改革以前，邦典还是“噶厦四品以上俗官节日时期的重要衣饰，用来当袈裟。”[1]这种装饰叫“加鲁且”（རྒྱ་ལུའི་ཆས），也叫古装。甚至用来装饰西藏佛教界举行盛大法会时僧人必穿的披风，藏语叫“达岗”（ཟླ་གམ）。

在山南碰到迎亲队伍时，有人专门用整条邦典铺在迎亲队伍经过的地方表示欢迎，只要把邦典取下来铺在他们前面，迎亲的人必须送些钱表示吉祥。邦典还可以作为亲朋好友之间的馈赠礼品。如，在婚庆上可以当礼品。平时探亲时也可当作礼物相赠。山南有些地方，如琼结和乃东等地，女

1加日•洛桑朗杰.男，70岁，西藏拉萨政协委员[M]，采访时间:2009年11月11日，地点:拉萨政协。

儿出嫁之前，男方的聘礼中必须有一条邦典。原因是女儿从小在母亲怀里抱着养大，女儿成长过程中破损不少邦典，为了感谢母亲的养育之恩，专门赠给新娘的母亲。

邦典以其绚丽多彩的审美，早已成为了西藏文艺演出的重要服饰。如，邦典是藏族最古老的卓舞演员和藏戏中女演员必须穿戴的服饰。如今，各种文艺演出时，邦典成为了最重要的装饰品。除此之外，邦典之料还可用来制作头饰‘巴珠’（སྤ་སྒྲུག）的垫子、帽子、衣服、藏袍镶边、藏靴鞋帮等。现在，还用来装饰房屋的屋檐及墙壁，甚至国内外已成为广告的重要题材出现。

二、邦典服饰的民俗文化功能

佩饰是藏族人民追求精神层面的载体，邦典等丰富多彩的饰物承载着美好生活的向往、实现自我价值的愿望与需求。它的起源一方面出于炫耀勇敢和力量，从而引起异性的好感与注意；另外还出于取悦鬼神、求得神灵的生命保佑。就在今天，这些佩饰仍是藏族人民用来衡量自身价值与社会地位的标志之一，是他们炫耀富有与美丽、实现自我价值的重要方式。那么藏族邦典服饰究竟有哪里功能呢?

（一）邦典服饰的民俗功能

第一、反映社会现象

社会学家说，服饰是一面镜子，它的款式、色彩、变化都能反映某一社会现象。服饰的传承，是一种极其复杂的文化现象，它往往和一个民族的历史及文化发展紧密联系，体现着整个民族集体的智慧和审美意识。服饰文化是一种综合性的文化遗产，我们不能简单的把它看作是服饰样式的传承。邦典作为社会的产物，也能反映出藏族妇女的思想观念的变化。二十世纪中期西藏妇女邦典的长度与二十世纪之初相比变得很短，从与藏袍长度一样变为到膝下面，二十世纪晚期到二十一世纪初期邦典又逐渐变长。这小小的装饰物，不仅能反映历史和社会的变迁，也能反映随着社会变化人们的观念也在变化。二十世纪三四十年代，邦典的长度刚好盖住藏靴。那时人们的思想比较保守，不愿接受新鲜的事物，还保留着十七、十八世纪时的邦典长度。二十世纪五六十年代，正是西藏民主改革时期，在西藏腹地拉萨，流行刚到膝盖下面的邦典，其他地方，如山南等地也逐渐流行起来。由于社会发生了变革，人的思想观念也逐渐发生变化，邦典的长度也逐步变短。八十年代初随着改革开放的推进，人们的思想观念也逐渐支生变化，妇女的邦典变得更短，说明人们的思想解放了，可以根据自己的喜好，把邦典变得更加精短，这也反映出藏族妇女的审美意识越来越强。本世纪初，人们物质生活丰富了，开始追求精神上的需求，于是又开始出现怀旧观念，妇女邦典的长度又变的越来越长。这一切变化充分反映藏族妇女的观念随着社会的政治、经济、文化等的变迁而变化。另外，过去邦典的种种禁忌，如今也随着社会变化而变化，很多不科学的邦典禁忌销声匿迹，不再禁锢藏族妇女。邦典的很多重要性标志也不复存在，如过去“卫藏”地方的女孩到了十五六岁才佩戴邦典，如今十二三岁的也照样佩戴邦典的现象普遍存在，很难通过邦典来透视女子的身份等信息。

第二、表现妇女的情感和性格

服饰作为一种情绪释放和自我表达的途径，可以很好的表现妇女的情感和性格。服饰对民族化的选择也就是对个性化的选择，是迎合了现代人情感与心理需求的选择。邦典是社会的产物，也能反映某一社会，某一人群的某一时期的某种心理现象。色彩艳丽的服饰——邦典，通过色彩的冷暖、强弱等传达着佩戴者的情感、情绪等心理特征和性格。比如性格特别开朗而豪放的妇女一般喜欢佩带色彩艳丽而粗放的宽条纹邦典；性格内向而温顺的妇女一般喜欢佩带色彩浅淡、古朴典雅的细条纹邦典。服饰作为一种情绪释放和自我表达的途径，成为最能表达个人内心世界的一面镜子。佩戴邦典的颜色也能反映某人某一阶段的内心情感，平时喜欢色彩鲜艳的妇女，如果突然佩带色彩暗淡的邦典，可能内心深处有难以表达的苦楚。有时性格内向的妇女佩带色彩鲜艳的邦典，那可以说明这段时间内心有愉悦的事情。

西藏的有些地方，家里有丧事时妇女不佩戴邦典；有喜事时大家都佩戴色彩鲜艳的邦典；在山南节日期间妇女都要佩戴最华丽的邦典“查青”（ཁྲ་ཆེན།）。据说：“旧西藏影响力大的高僧活佛圆寂时所有的消息得知者取掉自己的邦典和发饰丝线（སྐྲ་ཕྲུགས།）来表示哀悼”。[1] 所以邦典不仅反映一个人的情感，还能反映家庭或者某一社会群体的喜怒哀乐。人们可以通过小小的服饰邦典宣泄自己的内心情感世界。总之，强烈对比和鲜纯亮丽色彩的运用，反映了藏族人民轻松乐观的生活态度和坦荡率直、热情豪爽、爱憎分明的民族性格以及渴望表达自我、突出自我的心理需求。

第三、显现藏族妇女的身份

邦典作为藏族妇女的一种特殊衣饰，它在西藏这个特定的区域内也能反映一个人的身份。如，在山南佩戴邦典的小姑娘，大都是来自牧区的妇女；佩戴黄色为主调邦典者，大家一眼就认出是出家的僧尼。佩戴色彩艳丽的宽条文邦典者，也认为来自牧区的妇女，佩戴细条纹色彩朴素高雅的，一般是城镇居民。邦典还能反映妇女的年龄，年轻女子佩戴颜色靓丽的邦典，老年人喜欢佩戴颜色深暗的邦典。僧尼喜欢佩戴枣红色或者黄色为主调的邦典。

第四、表现地域性特征

由于地理位置的原因，藏族长期生活在一个相对封闭的特殊地域，特殊的地域造就了特殊的服饰文化。藏族服饰的结构式样、花纹饰品的形成和发展受到了自然环境、劳动生产、文化交流等因素的影响。在长期的生产过程

1 加日·洛桑朗杰.拉萨市政协工作. 采访地点：拉萨政协。采访时间：20009年12月

中，在这特殊的地域里逐步形成了丰富多彩、独具特色的藏族服饰文化，同时也受到周边民族文化的影响。由于受到自然环境、风俗习惯、经济文化和宗教习俗等因素的影响，形成了西藏境内不同地区，甚至同一地区不同地方的服饰不尽相同。例如，从邦典服饰来看，穿着邦典大褂的妇女一般是琼结妇女，同样的大褂，上面有山羊皮的是曲松妇女，穿着邦典装饰小褂的妇女一般是扎囊等地方的妇女。不过现在只有比较偏远的山区才保留穿着这些服饰习俗。邦典服饰跟其它服饰一样，也已成为藏族传统文化的结晶。它是中华民族服饰文化中一条鲜艳的花朵。

第五、民族标志与认同

服饰文化是一个民族个性的重要标志，也是某个民族的外在的重要表现。正如藏族的邦典服饰，虽然佩戴围裙的少数民族很多，但是佩戴五彩邦典的妇女只有藏民族。甚至服饰镶边，建筑物装饰，广告等内容只要出现色条元素，那就自然而然地联想到藏民族。一个小小的邦典，能间接反映一个民族习俗和文化，它承载的不仅仅是藏民族的服饰文化，还能充分表现整个民族的精神面貌和民族的个性。这一个简单的服饰，传递着我们整个民族的信仰、个性、地域文化等。它能够传递更多鲜为人知的藏族文化。从某种意义上来说它已经成为了表现藏民族文化的重要标志之一。

（二）审美观赏功能

藏民族是具有高超思维能力和高度艺术审美观的一个民族，在他们创造的服饰艺术中充分显示了这一点。藏族的服饰艺术，布局严谨，式样具有浓烈的装饰趣味，又具有方便性和一定的实用价值。服饰式样去强调整体美的效果，充分发挥服饰线条的流畅和运动感。就拿邦典来说，色彩艳丽、风格粗犷明快，邦典纺织精密、绚丽多彩，犹如雨后一道彩虹。纹饰有宽纹和细纹两种，宽纹以强烈的对比色彩相配置，具有粗犷明快的风格；细纹以纤细的相关同类色组成娴雅、温和、协调的格调。赤、橙、黄、绿、青、蓝、紫，各种色彩的组合和运用如同音乐谱曲，像七个音符可以谱写各种动听的曲调一样，七种色彩可以搭配无数个不同的色彩。把色彩的冷暖感、轻重感、远近感、软硬感、大小感、强弱感搭配淋漓尽致地展现于邦典上。

对色彩的喜好，具有全人类性，每个民族都对色彩有着不同的喜好和偏爱。色彩与民族、民俗也结下了难解之缘。藏族服饰强调对比色彩的运用，明快热烈、鲜艳醒目。这跟西藏特殊的地理环境、独具地域特色的藏族传统文化息息相关。生活在青藏高原的人们，享受着蔚蓝的天、洁白的云、青青的草原、碧绿的河水带给他们的美妙感觉，这一切能够唤起他们对大自然的特殊感情。藏族喜爱五彩的东西，不仅仅出于对自然界的崇拜，还跟下面的传说有关。据说长寿五姊妹位于西藏定日县境内，她们是藏传佛教噶举派所供奉之五尊护法女神。传说珠穆朗玛雪峰脚下有5个冰雪湖，每个湖各有不同的颜色，与5位女神的身色相一致。为了表现自己内心深处的崇拜、喜爱之情，他们处处使用自然色彩。最具藏民族特色的五彩经幡，五彩哈达，五彩邦典、五彩箭，等等。独特的审美观，使藏族的服饰邦典始终具有浓郁的生命气息，使人感受到一种生生不息的生命力。邦典与服饰中色彩的对比、递增、排比、粗细、疏密等形式运用，这恰恰是生命有节奏的强劲律动。邦典是真正意义上的审美和实用相统一的饰物，也是最能体现藏民族审美观的服饰之一。

第二章 邦典的起源及其发展演变

谈起任何一个民俗的起源和发展都是错综复杂的，尤其受到佛教文化深刻影响的西藏，研究民间习俗文化是一件比较复杂的问题。何况研究藏族妇女邦典的起源，更是难上晴天。笔者通过邦典料子、邦典编织、邦典佩戴的起源及其发展来阐述邦典服饰的起源及发展演变。

第一节 邦典料子的起源和发展

邦典与其它服饰一样，有自己独特的起源和发展过程。勤劳、勇敢的藏族先民们，长期生活在高寒艰苦的环境中，在与自然界斗争过程中，逐渐懂得了御寒和遮羞，学会了使用动物毛皮制作衣物。为了生存，他们用劳动征服了大自然。后来，人们学会了一些简单的纺织技艺，学习周边其他民族的纺织文化，利用动物毛类或者植物纤维纺织各种各样粗糙的织物，民间逐渐形成了具有本民族特色的纺织民俗文化。后来，人们依照自然界的天空、山、水、植物等物体的鲜艳色彩，为织物染上各种各样的颜色。当人们的审美观达到一定程度时，又创造了绚丽多彩的服饰——邦典。西藏的很多文献资料中，没有记载有关藏族早期纺织方面的内容，我们只能通过邦典最初料子——氆氇的起源来推断邦典的起源及其演变。

一、氆氇概念及起源

邦典的起源与氆氇有着千丝万缕的联系。我们现在所说邦典的料子，最初是花氆氇中的色条氆氇。我们要了解邦典的历史，首先弄清楚什么是氆氇。西藏由于受到佛教文化的影响，在藏族浩如烟海的史料典籍中，很难找到有关藏族纺织方面的资料，因此氆氇的起源成了大家争论的焦点，一时众说纷纭，莫衷一是。

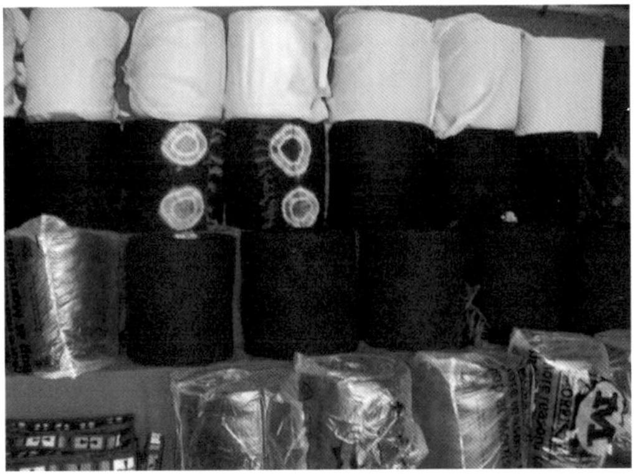

山南绚丽多彩的花氆氇 图1-1

“氆氇”一词在《藏族大辞典》中这样解释的：“藏族传统的手工毛呢，做服装鞋帽的主要材料。氆氇花色品种并不多，但很有民族特色。氆氇的毛呢是白色，宽20–30厘米不等，可作男装。但一般染成黑、红、绿等色。最典型的要算色条氆氇，它使用各种色线纺织成的宽窄不等的色条呢，可用来做服装或装饰。”[1]但是，对于很多不了解氆氇的人或其他民族来说，氆氇的理解又有所不同，他们对西藏氆氇的理解很广泛，甚至把“溜吾”（སྣེའུ།毛牛毛纺织的毯子）、“组竹”（ཚུག་ཐུག།羊毛被子）、“仲丝”(ཁྲུམ་ཟེ།卡垫)都看作氆氇。在西藏民间所谓“氆氇”称“囊布”(སྣམ་བུ།)，它可以分为“囊布加烙”(སྣམ་བུ་རྒྱ་ལོག།十字氆氇)，“囊布邦典”(སྣམ་བུ་པང་གདན།氆氇邦典)等。藏族人绝对不会说“囊布组竹”或“囊布溜吾”等，更不会把藏式被和藏式卡垫、藏式毛毯纳入氆氇品种之中。通过最初的“囊布邦典”的名称来看，邦典只是氆氇的一个品种而已，两者的关系和单色布料与花布料一样。我们可以肯定地说，先有氆氇，后有氆氇邦典。邦典是在单色氆氇的基础上进一步发展和演变过来的。最初人们只会织黑白两种布料，后来随着人类生活水平的不断提高，为了满足审美需求，逐步发展为五颜六色的花布料。

在西藏历史典籍中，尚未发现毛织物方面的历史资料，在《智者喜宴》

1 丹珠昂奔、周润年、李双剑等.藏族大辞典[Z].兰州：甘肃人民出版社，2003：583.

中记载："第六囊囊恶魔统治时，郎当灵当之间发明了蜂蝗石带。"[1]这是目前笔者所见到的唯一有关远古时期藏族纺织方面的记载。"蜂蝗石带"藏语称"乌朵"（ཨུར་རྡོ།）即投石器，也许这就是藏族祖先们发明的最初纺织物，但是肯定没有现在投石器那么精致。通过这一记载，虽然我们无法考证原始纺织物的最初年代，但是可以粗略断定，至少远古人们已经懂得编织简单的织物。

在昌都卡若文化遗址中："从出土较多而精致的骨针、骨锥以及纺纶来看，当时的人们除了利用皮毛以外，无疑已经有纺织物的存在。一件器底（T62:117）的内部，留有布纹的痕迹，每平方厘米范围内经纬线各有八根，可见织物粗糙，纺织技术还处于很原始阶段。"[2]从这一段文字中可以看出，卡若文化时期人们已经懂得纺线，能纺织一些简单而粗糙的织物，反映了西藏远古纺织技术的发展状况。远古藏族先民的生活方式从游牧逐步转变为农耕定居型，当时打猎依然是人们生活来源的重要组成部分，当他们的食物相对比较丰盛时，经常会出现剩余食品。食物放久了容易腐烂，于是他们想尽办法储存剩余食物。为了延长储存食物的时间，打猎时尽量捕捉小动物圈养，食物匮乏时宰杀圈养的动物。在长期的劳动过程中他们不仅掌握了饲养动物的技术，同时也掌握了使用动物毛来纺织一些简单的毛织物。那时，服装主要还是动物毛皮为主，纺织业

山南杰德秀和扎囊生产的花氆氇2-2

1 巴俄·租拉陈瓦著.智者喜宴[M].北京：民族出版社，2006:1.82.

2中国社会科学院考古研究所编.昌都卡若[M].北京:文物出版社出版，1985:1.155.]

山南杰德秀和扎囊生产的花氆氇2-3

一直作为副业而存在，其涉及面也不广。四五千年前藏族先民已经开始纺织粗糙的织物，长期的生产过程中，逐渐积累了丰富的经验。另外，几千年前的藏族先民们比较活跃，与周边其他民族来往比较密切，受到外来纺织文化的影响，西藏的纺织技术逐渐成熟。青藏高原位于亚洲古文明发达的地区中间，东面是黄河，长江流域文明；西面是西亚河谷，农业文明；北面是中亚游牧文化；南面为印度文明。如此丰富的文化氛围，自然为西藏的文化发展营造优越的条件。

据考古发现，新疆哈密出土的三千年前的属于早期藏族先民的干尸服饰中：“出土物重要者有棕地、蓝、红色条格纹褐、棕色条纹褐长衣、三角纹毛绣残片等。”[1]根据《辞海》解释，‘褐’是兽毛制成的粗毛布。古墓中所发现的红、绿、褐、黑等色条长袍来看，那时藏族先民们不仅会纺织粗糙毛料，还会纺织五彩缤纷的色条毛料。可见他们的纺织技术水平比较高。历经数千年，仍能清晰辨别出土毛织物鲜艳的色彩，可以看出当时染色技术的水平和审美欣赏能力。因此，初步认为色条毛料的生产至少有三千年的历史，它是藏族先民在长期生产过程中逐渐发明的。从这里也能反映出早在三千年前藏族的服饰文明发展达到一定的程度。当然，邦典的历史发展中也吸收了周围其他民族和毗邻国家的先进技术。藏族祖先与周边民族的交流，为西藏纺织业的发展注入了新鲜血液，也为促进西藏纺织业发展起到了不可磨灭的

1 赵丰，金琳.纺织考古[M].北京：文物出版社出版，2007:1.27.

历史作用。

虽然现在的色条毛料都以邦典之名出现，但是最初它是藏族服饰的重要装饰面料。邦典是藏族先民在长期的生产实践过程中，不断吸收周边优秀文化的精华，经过依靠自己的双手逐渐创造出来的，它绝不是某一个人创造的或者引进过来的。

二、氆氇的起源及发展

前面已经讲过，藏族毛织物色条毛料最少也有三千年的历史，但是有关藏族史料中很难我到有关邦典的记载。吐蕃时期虽然没有明确的纺织方面的记载，但是藏王松赞干布时期颁布的“基础三十六制”法典中有这样的记载：“对于有功于内政事务者和作恶者，社会与政府自有评价，分为善恶六种，即虎豹皮褒勇士，狐尾贬为懦夫；显贵褒为佛法，贱民贬为纺织工及本教徒。”[1]这段文字充分反映吐蕃时期已经出现纺织业，而且有人专门从事纺织业为生。这还可以说明，公元七世纪时期纺织业者的社会地位相对较低，由于纺织业者的社会地位低，因此，从事纺织业人数较少，这直接影响纺织业的发展。在唐书吐蕃传中，文成公主刚到西藏时，赞普松赞干布：“叹大国礼仪之

山南杰德秀和扎囊生产的花氆氇2-4

1 恰白·次旦平措、诺章吴坚、平措次仁.西藏通史松石宝串[M].陈庆英等译，拉萨：西藏社会科学院、古籍出版社、西藏杂志社联合出版，2004：76-101.

美，俯仰有愧沮之色…公主恶其赭面，弄赞令国中权且罢之，自亦释氊裘，袭纨绮，渐慕华风。”[1]当时高寒的自然气候和遥远的路途，决定迎请队伍必须穿保暖而厚实的裘皮服饰。因此这个说明不了西藏当时没有毛料和绸缎。从《步辇图》中的吐蕃使者所穿服饰可以证明，当时吐蕃已经出现绸缎服饰。

吐蕃时期是比较开放的时代，学习和引进其他民族的先进文化和技术，这大大极大地促进了纺织业技术的发展。据史料记载，赞普松赞干布时期：“同西方、波斯、拉达克（la-dags kh）开展吐蕃织氆氇不可或缺的颜料草、紫梗贸易，即以胭脂红等为主的各种燃料物品。”[2]可见当时吐蕃不仅有纺织毛料，而且已经出现染色技术。生产有色邦典之类的毛料，所需的染料也从其他地方引进，为纺织色彩艳丽的毛织物提供了重要的染料。为了使吐蕃的纺织技术进一步发展，赞普松赞干布时期专门从唐朝：“迎请蚕种及造酒、碾、硙、纸、墨之匠，并许焉。”[3]当时不仅引进了唐朝先进的纺织技术，还引进了唐朝的养蚕技术。但是后来的历史记载中没有提过有关西藏养蚕和纺织丝绸方面的内容。据赤列曲扎老师讲“西藏和平解放时，大昭寺内发现据称赞普松赞干布和文成公主的氆氇藏袍和鞋子、腰带等，因收藏的时间久远，服饰面目不全。于是当时丢弃到公德林的后院里。”[4]这些实物进一步证实吐蕃时期西藏已有毛料氆氇服饰。

唐、尼两位公主的迎娶，确实促进了西藏纺织业和印染技术的发展，受唐朝丝织品的影响，毛织物的质地更加精细。受尼泊尔印染技术的影响，西

1 欧阳修，宋祁撰.新唐书・吐蕃传上[M].卷196上.北京：北京书局，1975:60-74.

2 恰白・次旦平措、诺章吴坚、平措次仁.西藏通史松石宝串[M].陈庆英等译，拉萨：西藏社会科学院、古籍出版社、西藏杂志社联合出版，2004年，101页。

3吐蕃传[M]（藏文版）西宁:青海民族出版社，13.

4赤烈曲扎，男，73岁，西藏学者，西藏大学硕士研究生导师，采访地点：拉萨，时间2010年3月。

藏服饰色彩更加绚丽多彩。虽然西藏的自然环境在西藏发展丝织业的想法，但是可以提高西藏原有的纺织技术。在《巴协》一书中有这样的记载，“译师巴•赛囊迎请和感谢堪布希瓦措供奉了金银制作的…和氆氇衣服等贵重礼物[1]”。此段文字可以充分说明，公元七世纪中叶西藏已经有真正意义上的氆氇，而且这里所提的氆氇不是汉族史料之中所说的毛毡之类，已经以“囊贵”（སྣམ་གོས།）即氆氇衣服的名字出现。也可以推断出当时氆氇也是很稀有的宝物，作为珍贵礼品相赠给贵人。这是笔者所见到的藏族史料中唯一一段有关氆氇的文献资料。这充分说明吐蕃时期藏族所穿的服饰不是很多学者传说的毡子或者“褐”，而是现在藏族普遍使用的毛织物氆氇，但是其质量不可能与现在的氆氇媲美。

三、邦典从氆氇中分离成为独立的材质

综上所述，真正意义上的围裙邦典出现之前，邦典只是氆氇的一个品种，后来邦典料子以真正意义上的围裙料子之后，才成为了具有自身特色的料子“邦典”。

国外学者黎吉生通过十一世纪中期后藏艾旺寺中壁画中供养人物形象分析：“这些画中的人物形象显然都是穿的有宽衣领的长袍，其服饰似乎…这种服饰是用羊毛织成的围裙，围裙上镶有一道道横条纹…”[2]认为壁画中女子腰间所佩戴的羊毛织成的横条纹毛料与今天藏族妇女佩戴的邦典很相似。遗憾的是该寺院在文革时期被毁，这是目前发现的珍贵文献资料，还有待进一步考证。可见，早在十一世纪的时西藏已经有佩戴邦典的习俗，真正意义上的邦典那时已经出现。从此色条氆氇制作的围裙名字反而变成了制作邦典料子的名字。从实用性角度来看，十一世纪之前“卫藏”一带已经有实用性的

1 巴 · 赛囊.巴协[M].北京：民族出版社，1982:2.11.

2 [匈] 西瑟尔 卡尔梅.七世纪到十一世纪西藏服装(胡文和译).载西藏研究，[j].1985:88.]

素邦典，相关内容在邦典佩戴习俗演变章节中进一步阐述。

综上所述，我们可以从中略窥邦典与氆氇的关系。邦典源自于氆氇，实属氆氇中的典型色条氆氇。氆氇最早颜色均为黑、白、红、绿等单色制作而成，后来用各种彩色线织成色条氆氇，即成为具有装饰或制作服装功能的邦典。邦典是从氆氇中分化出来的带有条状色彩的典型装饰物。由此，我们可以推测，藏族先民们最初黑白毛线织成单色的氆氇，后来逐渐染成红、绿等彩色的氆氇。又将黑、白、红、绿等各色的毛线混合织成色条氆氇，即产生了我们今天所说的邦典。对于这样的认识，尚待考古学、民族学、民俗学的进一步研究考证。通过上述分析，我们认为邦典作为色条氆氇的一种，真正从氆氇中分化出来的年代大致在十一世纪，其确切的时间尚待进一步考证。

四、氆氇产业的兴盛为邦典提供发展空间

西藏分裂割据时期，毛料纺织已经相当普及。在《米拉日巴传》中："米拉日巴大师长期在艰苦之地苦修，妹妹白达千辛万苦寻找米拉日巴。最终找到他时，只见他身无着装，全身瘦骨嶙峋，肤色已变成荨麻一样绿色。他的妹妹感到无比的羞愧和可怜，于是决定给自己的长兄制作一件遮羞的衣服。

白达所收集的羊毛，织了一件氆氇带在身边……"[1]一个定无居所的流浪者也能随时随地收集羊毛，给自己苦行僧兄弟纺织取暖的氆氇衣服，可想而知，公元十一世纪左右西藏毛纺织已经相当较发达。这也能另一方面说明当时纺织者不再受到歧视，任何人都可以从事纺织工作。

到了公元十三世纪中叶，萨迦班智达致西藏各地方首领的《萨迦班智达贡嘎坚赞至乌斯藏那里苏各地善知识大德及诸施主的信》中提到的："贡物以金、银、象牙、大立珍珠、银朱、藏红花、木香、牛黄、虎（皮）、豹（皮）、草豹（皮）、水獭（皮）、蕃呢、卫地上等的氆氇物最佳，此间甚为

1 桑杰坚赞著.米拉日巴传[M].刘立千译，北京:民族出版社，2001:142.

喜爱。”[1] 通过这一历史记载我们可以看出，当时西藏毛织物不仅在西藏受到普遍欢迎，而且享誉中华大地。那时蒙古贵族中普遍流行产自西藏的毛料服饰，这也能反映出当时西藏毛料的生产不仅可以满足本地需求，还可以远销周边各地。由于蒙古人深知毛料具有轻、柔软、保暖、结实、穿着舒服等特点，因此他们对毛料产生了浓厚兴趣。朝贡的毛料不可能是单色的，为了讨好当时统治者，生产了大量色彩艳丽的毛料。这不仅对提高邦典的质量起到一定的作用，还为后来帕竹政权时期，邦典成为官服衣饰提供了先决条件。

公元十四世纪中叶西藏地方帕竹政权时期，明朝的“多封众建”制度和服饰改革，还有汤东杰布创制藏戏等。这些不仅促进了邦典纺织业的发展，也为邦典穿戴习俗的形成起到重要的作用。帕竹政权时期西藏社会比较安定，出现了“老妇携金上路而不担忧的太平盛世”的局面。这一时期西藏广大老百姓得到休养生息的机会，大大促进了农牧业和民族手工业的发展。在整个西藏特别是帕竹政权统治的腹心地带，如乃东、扎囊、贡嘎、江孜、白朗等地织邦典已成为农民最为重要的副业。农闲期织毛织物，已经成了当时雅鲁藏布江流域的一种风尚。大量的家织毛料，除满足自家需求外，大部分流入西藏的各个城镇市场。帕竹时期西藏集市贸易十分兴盛，“卫藏”各地都有著名的集贸市场，它们和宗教节日、民间节日结合在一起，成为一个地区的经济活动中心。例如，羊卓雍湖边的达隆庙会（སྟག་ལུང་ཚོང་འདུས།）、贡嘎的杰德秀集市（ལྷ་བདེ་ཞོལ་ཡར་ལོག་ཚོང་འདུས།）、扎囊的强巴林·堇扎庙会（བྱམས་པ་གླིང་བྱིན་དྲག）、错美丛堆（མཚོ་སྨད་ཚོང་འདུས།）、扎期丛堆次杰庙会（གྲ་ཕྱི་འཚོང་འདུས་ཚེས་བརྒྱད་ཚོང་འདུས།）等等。邦典也成了这些集市最主要的商品。帕竹时期毛料生产之所以如此繁荣，一个重要的原因就是向中央王朝进贡。明朝管理西藏和其它藏区采取了“多封众建，尚用僧徒”的方针。明朝时期

1 阿旺贡嘎索南（陈庆英等译）.萨迦世系史[M].拉萨:西藏人民出版社，2002:2.90.]

藏区的一些王和国师，争先恐后地向中央王朝进贡，以此表示对皇帝的忠诚，维系和中央王朝的联系，同时还能得到朝廷的封赏和赏赐。中央赏赐的物品主要为金币、银钱、茶叶、绸缎等。进贡的物品主要是马匹、毛料和其它名贵的土特产品。帕竹时期毛料是最主要的贡品，其它藏区首领朝贡以战马为大宗。

由于回赐丰厚，一至天顺年间（1457—1467）出现了入宫者“络绎不绝，赏赐不赀”[1]的现象。这一时期的朝贡活动比较频繁，每次带去的毛料数量可想而知。乃东、扎囊、贡嘎的许多织户，定点织造高质量的专门朝贡的氆氇。这些为后来乃东责忒（哔叽）、扎囊氆氇、杰德秀谢玛等织品的出名奠定了良好的基础，也为邦典的发展提供了前所未有的生产环境和发展空间。这也是山南邦典闻名遐迩的重要原因之一。

五、邦典在服饰中的运用

帕竹时期：“服饰改革分两个方面，一方面是复古，一方面是创新。所谓复古，就是恢复吐番时期赞普和大臣服饰，那时的服饰称为‘罗坚切’意思是珠宝服。…所谓创新是利用当地盛产的优质氆氇做面料，按照转轮王‘国政七宝’的理念，创造出来的一种新型的官服——‘王子装’，藏语称‘杰赛切’。身着王子装的官员，头戴白色锅盔帽或黄绒柿饼帽，藏语称‘阿尔群’，或者藏语称‘色金包倒’，上身穿氆氇彩虹条纹上衣，下着黑色氆氇多褶肥腿裤，身披彩色氆氇披风，腰系又长又宽的彩色氆氇腰带，绦穗垂在腰前。腰间必须挂汉刀碗套、墨水瓶、金笔套，脚蹬彩色皮靴”[2]。上述“杰赛切”的上衣最初用典型的色条氆氇邦典所制，后来质地发生了变化，但是其色条仍然沿用至西藏民主改革前。可见当时邦典以其艳

1杨志国.西藏地方是中国不可分割的一部分[M].拉萨：西藏人民出版社，1986:88.

2廖东凡.藏地风俗[M].中国藏学出版社. 北京：2008:2.7.

丽的色彩夺得西藏最高统治者的青睐，大量用于官服之中，并且成为“国政七宝”服饰的主要材料。也为邦典服饰的继承和发展起到了一定的作用。

另外，十四世纪，藏戏之祖唐东杰布创制藏戏，邦典用于藏戏演员的服饰之中，为邦典服饰提供了新的展示舞台，以至流传至今。

公元十五世纪中叶，一世达赖喇嘛根郭珠巴时期，西藏的纺织业得到了前所未有的发展，这一时期出现了两件大事。第一是在江孜诞生了卡垫。相传江孜岗巴即今岗巴乡的纺织艺人在一种名叫“缠巴”的毛毡基础上，制作了卡垫。与此同时，山南的杰德秀兴起了谢马邦典的纺织。在商业往来过程中从印度引进了一种叫“格勒邦典”的围裙。首先传到日喀则，当地人们借鉴此技术制作邦典，但是与“格勒邦典”品质还存在一定的差距。后来逐渐传到山南贡嘎宗的杰德秀，当地纺织氆氇的手工艺人借鉴其制作技艺，并取得了成功。而且织出了质量优于格勒邦典的谢马邦典。[1]根据上述文献，可以证实，公元十五世纪中叶，格勒邦典传到西藏之前，西藏已经有本土制作的邦典。这段文献还进一步证实，西藏早在十一世纪已有邦典的事实。但是当时邦典的质地和颜色没有格勒邦典好。西藏周边毗邻回家仿制西藏邦典，他们制造了质量和色彩优于西藏的邦典，冲击着西藏邦典市场。为了制作比格勒邦典更好的产品，当时只能取其精华，于是在西藏掀起了学习印度格勒邦典的热潮。据说十七世纪，五世达赖阿旺•洛桑嘉措时期，在拉萨召开一次全藏手工业产品展评会。当时江孜卡垫和贡嘎杰德秀谢玛邦典被评为最好的毛织产品。这一点进一步证明十五世纪之前西藏本地已经生产邦典。

解放前，在西藏的山南扎囊、杰德秀、乃东等地还有专门纺织毛料的织户“堆穷”（དུད་ཆུང་།）。他们不像以耕地为主手工业为辅的其他“差巴”（ཁྲལ་པ་），他们主要依靠纺织氆氇和邦典为生。他们以家庭为单位生产邦典

1 张明、扎嘎.西藏手工业和工艺品[M].北京：中国藏学出版社，1996:6.

和氆氇，每年向自己所属的领主交差。杰德秀朗杰雪堆村的吉巴塘扎西宗，专门织供给达赖喇嘛所用的氆氇。自五世达赖喇嘛开始，在杰德秀设立了西藏历史上的第一个彩染中心，还专门成立了染匠组织机构，“每年为西藏地方政府印染1500多卷各种颜色的氆氇。”[1]其中七卷是供给达赖喇嘛的氆氇。

如今从事纺织业者遍及全藏，色彩绚丽的邦典也普及西藏各个角落，各种小型的生产企业如雨后春笋般地涌现，邦典的花样翻新，品种逐渐增多，种类也俱全。随着市场经济的不断发展，邦典产品也不断更新换代。高档围巾、沙发、披巾现在已经成为市场上需求量较大的产品。邦典的色彩也由原来的鲜艳逐渐变成浅淡高雅为主。纺织机也根据产品的需要不断改进，有的加宽，有的变窄。缠线的“松阔”（སུམ་འཁོར།）也由改装后的缝纫机所代替。原来一个织机需要一个缠线者，现在改装后的一个机器可以代替五个工人。当然，现在西藏市场除了本地生产的邦典以外，还有低质廉价的内地和尼泊尔邦典，这些机织邦典冲击着西藏本地的邦典市场，西藏邦典市场面临新的挑战和机遇。

综上所述，藏族的纺织业具有四五千年的历史，藏族的邦典生产至少也有一千年的历史。它凝聚了藏族编织文化中的精随，是中华服饰宝典中的一朵璀璨明珠。

第二节 西藏编织机的发展变迁

所有美丽的编织物都是依靠工具完成的，每次工具的改进为编织业发展带来了新的活力，要想了解某一织物的历史发展，首先要探讨生产工具的发展历史。

1其米多布杰.杰德秀镇（二村）果达家族人，旧社会幸存的染匠，74岁，采访时间：09年10月5日，采访地：杰德秀。

一、原始腰织机

山南牦牛毯子编织机图2-5

西藏最原始的纺织机，和现在西藏很多地方编织腰带的织机一样特别简单，织机的主要结构有经轴，卷织物棍，打纬刀和骨针等组成，编织时席地而座。使用这种织机时拿骨针来穿纬线，编织速度慢，织物粗糙。人们经过长期的生产实践，积累了丰富的经验，在不断改进后最终发明原始腰织机。如今，西藏阿里、那曲、林芝等地方仍然使用原始腰织机，在卫藏一带编织牦牛毯子时也用原始腰织机（图2-2所示）。腰织机的主要结构为前后有两个木棍分别为经轴和卷织物棍，还有分经棍、提综杆、打纬刀、梭抒。

前面已经讲过，距今五千多年前的卡若文化遗址中发现纺轮和骨针，并且在一个陶器底部发现粗糙的织物痕迹，由此可以确定当时雪域高原的人们已经学会编织最简单的织物，这也可以推断那时已经出现最原的始织机。原始腰织机的出现促进了服饰文化的发展，服饰材料也逐渐增多。但是织物质地粗糙，无法满足当时不断发展的服饰文化和人们心里的需求，从而对织机的发展提出更高的要求。

二、斜织机

经过多年的生产实践，斜织机伴随着原始腰织机组合演变而来，斜织机的最大改进是将提综装置作成一个专门的综框，并将综框和一只被称为蹑踏相连，弥补了腰织机束缚手脚，不能伸牵，手提综的不足，使操作者就可以用脚来控制综框的升降，双手解放出来，用于引纬和打纬，从而有效提高了织造的效率。我国古代春秋时期中原已经出现斜织机，但是西藏何时出现有斜织机，目前尚缺乏可靠史料。据史料记载，为了吐蕃的纺织技术进一步发展，赞普松赞干布时期专门从唐朝："迎请蚕种及造酒、碾、硙、纸、墨之匠，并许焉。"[1] 当时不仅引进了唐朝先进的纺织技术，还引进了唐朝的养蚕技术。但是后来的历史记载中没有提过有关西藏养蚕和纺织丝绸方面的内容。可以肯定的说，这些技术的引进对当时西藏原始手工织机的发展起到重要作用。由此我们可以大胆推断，吐蕃时期西藏已经出现斜织机。前面已经提过，吐蕃时期出现了真正意义上的氆氇料子。总之，文成公主为西藏编织机的改进起到重要的作用。如今，昌都和甘孜等地仍然使用斜织机，织出来的毛料质地也不如"卫藏"一带的氆氇。"卫藏"等地编织卡垫所用的编织机是已矮化的斜织机，编织卡垫时机子斜靠在墙上。

壁画中的斜织机，如杰德秀多布曲果寺的旧殿堂门口左侧的轮回壁画中，有一幅用斜织机织氆氇的画（见图2-6）。可以看出，壁画中的纺织机是从远古时腰织机到现在踏板织机的过渡时期。这种织机与内地"鲁机"很相像，但是比我国汉地"鲁机"更先进，比北宋时期的踏板立机简单且使用性能强，与广西少数民族竹笼机结构很相近，但是结构简单。它主要由机身、经轴、卷织物轴、有量综，踏板、连杆，还有机梳、梭子等组成，腰部处还有调节斜度的，织法与现在差不多。

山南杰德秀多布曲果寺壁画上的古老纺织机图2-6

1 吐蕃传[M]（藏文版）西宁:青海民族出版社，13.

我国先后经历了竹笼机、花楼机、多综多蹑机等纺织机。但是由于缺乏史料，目前在西藏只能找到斜织机相关材料。斜织机的出现对提高编织产品的质量起到重要作用。随着斜织机的出现，西藏的编织业出现繁荣景象，为西藏氆氇邦典走向国内外市场打下了坚实的基础。

三、现代的氆氇踏板织机

现代踏板织机是在斜织机的基础上不断改进后逐渐形成，从图2–7和2–8来看，斜织机和踏板机的主要区别是，踏板机的机身随时可以拆散和组合，四条腿随时可以调节，携带方便，体积比原来小，所占面积变小，增加高度，编织者不用弯腰，综（藏语称内）比斜织机多两个，直接在机身上插一条模板座，不需要专门的凳子。西藏和平解放初期山南一些家庭依然保留了五六代相传的氆氇织机。如今“卫藏”一带所使用的氆氇踏板织机至少有几百年的历史。另外，大概十四五世纪时期西藏的斜织机逐渐发展为踏板织机，元明时期，西藏各地每年朝贡大量毛织物，“卫藏”各地需要生产大量的优质氆氇。当时为了提高质量，各个地方的官员不断改进编织机。现代版踏板编织机的出现为西藏氆氇邦典产业发展注入新的活力。对山南氆氇成为上等贡品起到重要作用。从而一世达赖喇嘛时期山南贡嘎杰德秀邦典成为藏区优质

踏板氆氇编织机图2–7

现代版氆氇编织机图2–8

的“谢麻邦典”的传奇。为了满足社会的需求，氆氇织机也不断改进。如下图2–6原有编织机变的更宽大，甚至出现了777和999等机器纺织机，满足国内外需求。可见编织机是随着时代的发展和社会的需求不断改进是必然的趋势。

第三节 佩戴邦典及其相关民俗

从考古出土的西藏古老的卓舞和藏戏服饰，以及壁画中的古老邦典服饰，可以看出邦典最初是制作服饰的料子。如前面所述，至少一千年前邦典成了围裙料子，并且在“卫藏”地区已经出现佩戴围裙的习俗，但是这种习俗到底怎样形成的呢?

一、佩戴邦典习俗的由来

何时出现藏族妇女佩戴邦典习俗，这个问题与服饰的起源一样很复杂。目前萨孔旺堆先生在《藏族民俗百解》一书中有一段叙述佩戴邦典的起源：“佩戴邦典的习俗是由西藏特殊气候与生活习性决定，最初为了防止藏袍前面的磨损，这是因为妇女们经常抱小孩和捡柴火、牛粪等，所以专门制作围裙。”[1]笔者认为这个观点符合西藏的实际情况，无论是牧区的妇女，还是农区的妇女，都是从早到晚大部分时间都在干活，藏袍前面容易磨损。为了保护藏袍容易磨损位置，就制作了简单方便的围裙——邦典。后来慢慢用花氆氇中的色条氆氇制作邦典，逐渐普及到“卫藏”各地区，于是“邦典”成了色条氆氇的专用名词。有人认为围裙有可能为了取暖而产生的。我们想一想，为什么有佩带围裙的大部分民族中妇女才佩带围裙，男人很少佩戴围裙，因此，围裙因取暖而产生的可能性较极小。也有人认为，邦典是为了装饰而产生的，这种可能性也比较小。虽然西藏桑耶寺内明朝时期的壁画中妇女所佩戴的围裙都是由华丽的绸缎所制，但是自古以来西藏的绸

1萨孔旺堆. 藏族民俗百解（藏文）[M].北京：民族出版社，2003年11月，144页。

缎都是从其他地方引进的，价格比较昂贵，有钱的上层贵族妇女才佩戴绸缎围裙。因此，最初的邦典应该是由兽皮或者单色粗毛织物等耐磨而实用性强又易得的料子所制，如，现在僧尼邦典或者昌都芒康妇女所佩戴的素邦典一样比较简单。随着人们生活水平的不断提高以及审美观的变化，单色氆氇逐渐被绚丽多彩的色条氆氇所代替。在上层社会中人们为了显示地位和身份，就使用华丽绸缎制造的邦典，这种邦典逐渐成为节日盛装，使得邦典和其它服饰一样，变得更加华丽。

二、西藏古老的壁画中探索佩戴邦典的由来

藏族妇女到底什么时候开始佩戴色条邦典氆氇呢？在藏族有关史料中几乎很难找到有关邦典的记载。我们只能通过西藏的一些古老的壁画中寻找答案。

第一章所提到的黎吉生在艾旺寺壁画中佩戴邦典的妇女来看，十一世纪时西藏已经有佩戴邦典的习俗。另外，阿里的托林寺有一张迎请阿底夏大师的壁画照片。这一壁画曾经位于托林寺中心主殿“萨迦”殿内。从遗留的壁画照中，清晰看到有一位妇女腰间佩戴了色彩艳丽的邦典。身穿卫藏特有的无袖绸缎藏袍。

托林寺迎请阿底夏大师的场景图2-9

托林“寺内绘画主要集中在杜康（集会殿），十一世纪壁画保存完好…”[1]（图2-9具体年代有待于进一步考证）这两幅壁画进一步证明公元十一世纪中叶西藏已经有佩戴花色邦典的习俗。

笔者在山南田野考察时发现，桑耶寺一层长廊南侧的一副壁画上，有

1 杨辉麟. 西藏绘画艺术[M].拉萨：西藏人们出版社，2009:13-19.

桑耶寺一层转经廊壁画中的舞女服饰图2-10

西藏各地节日盛装的妇女跳舞的场景。这些妇女都穿着华丽的丝绸藏装，头上佩戴较大的珍珠冠，最吸引笔者的是她们佩戴的邦典，样式上和如今牧区妇女所佩戴“杂邦”（འཛར་པང་།）没有区别，中间大概三十厘米宽的绸缎，两边其他颜色的绸缎镶边，下面还有彩色丝绦的“帮蜕”（如图2-10所示）。在《西藏绘画艺术》一书中，这样描述这幅壁画的年代：“桑耶寺主殿大回廊壁画是明武宗正德元年（1506年）绘制的，其文物价值和艺术价值都十分珍贵。”[1]笔者专门请教西藏大学艺术学院丹巴若旦教授，他从壁画风格和色彩等断定，此壁画年代久远，至少是甘丹颇章之前所绘制。从这幅壁画可以推断，五百多年前在西藏每逢佳节佩戴绸缎邦典。此壁画所呈现的邦典并不像现在的五彩缤纷的花氆氇。笔者认为这种邦典最初是宫廷里盛大节庆时妇女所佩戴的节日盛装，后来流传到上流社会中。据说：“旧西藏社会贵族妇女在盛大的节日时佩戴如今那曲妇女所佩戴的绸缎邦典样式相似。”[2]一直到西藏解放之前，西藏大部分贵族妇女节庆时仍然佩戴这种邦典。

桑耶寺的二楼殿堂门前两侧有几幅经典的壁画，门左侧的主要人物是五世哒赖喇嘛和固始汗，右侧的主要人物是十一世达赖喇嘛。此壁画的形式和内容来看，明显是十七世纪以后的壁画。据西藏大学艺术学院丹巴热丹

1 杨辉麟. 西藏绘画艺术[M].拉萨：西藏人们出版社，2009:19.

2 加日·洛桑朗杰.男，70岁，西藏拉萨政协委员[M]. 采访时间:2009年11月11日，地点:拉萨政协。

桑耶寺二搂殿堂门前壁画
——康松旺堆中的服饰 图2-11

教授说，此壁画称为“康松旺堆”（ཁམས་གསུམ་དབང་འདུས།）。（图2-11）该壁画的经典之处在于，壁画人物中俗人穿戴的服饰各不相同。虽然壁画中妇女的头饰不同，但是她们都佩戴同样的绸缎邦典，邦典上佩戴少量的珠宝装饰，藏袍上还套穿不同的坎肩大褂，坎肩上面披了不同风格的披风——藏语称“顶匝”（སྙིང་གཙགས།）。她们所穿的坎肩大褂与如今山南琼结、加查、曲松一带妇女所穿的邦典基本相同。壁画中妇女佩戴的邦典与一楼长廊中舞女邦典一样，但是其它服饰不尽相同。左边壁画中有一位身穿“杰赛切”（རྒྱལ་སྲས་ཚས།）。

在山南杰德秀多布曲果寺的老殿堂坛城图与众不同。（图2-12）这个坛城中的人物都是俗人，主要反映当地老百姓的生活。其中有一位身穿深红色藏袍，佩戴五彩邦典的妇女正在给一位身穿蒙古装的官员敬酒。该寺强巴佛殿右侧墙上有一幅壁画，供奉的人物中最明显的是“杰赛切”服装。壁

多布曲果寺壁画中的杰赛切图2-12

画右侧有两个身穿深绿色藏装的俗人，肩上披着邦典制作的“杰赛切”，左角还有身穿白色藏装，肩上跨一条折叠邦典的人物。该寺于1044年由伏藏大师扎巴欧西旺久巴主持创建。虽然寺院僧人和附近百姓都说，该寺在历史上没受到过任何的破坏，但是从壁画内容和形式看，应该是元朝以后的壁画，目前无确定壁画的具体年代，但是从“杰赛切”服饰的变化来看，晚于桑耶寺二楼“康松旺堆”壁画（图2-13）。后来采访丹巴绕旦教授时已证实属十三世达赖时期的壁画。因此，可以肯定地说，五世达赖喇嘛时期“杰赛切”所穿的衣服也是邦典所制，到了十三世达赖喇嘛“杰赛切”服装已经由又长又宽的袈裟所取代。解放之后的“杰赛切”中只有一掌宽的一条丝绸邦典料子象征性的从肩上斜跨。“杰赛切”衣饰的变化，遵循从复杂到简单的变化规律。

桑耶寺《康松旺堆》壁画中“甲鲁”
图2-13

多布曲果寺旧大殿内墙上壁画图2-14

第三章 山南杰德秀邦典的制作工艺及民俗

山南是西藏文化的发祥地，被人们称为“西藏文化的摇篮”。在这块肥沃的土地上，出现了西藏第一块农田，第一个村庄、第一个宫殿和第一座寺院等。山南自然资源丰富，有肥沃的河谷农田，辽阔的高山草原，有神秘的深山峡谷，神奇的神山圣湖，还有茂密的原始森林等，为山南多元型文化的形成和发展奠定了基础。山南有古老而较发达的农耕文化，农业具有很强的季节性，农闲时期主要生产各种手工产品，为纺织业的产生创造了条件，手工业不仅充实人们的生活，又能增加家庭收入。因此农区逐渐盛行纺织业。纺织业是机械性和重复性很强的劳动，虽然它枯燥无味，但是藏族人民在长期的生产过程中，学会了苦中取乐的方法，其中最典型的莫过于将各种枯燥的劳动与独特的民歌相结合。人们在喜庆祥和的气氛之中，把枯燥的劳动变得其乐无穷。纺织品加工过程中，从剪羊毛到纺线、纺织的每一个环节几乎都有与之相配的民歌。经过几千年的生产实践活动，人们不仅积累了丰富的经验，还不断地引进周围其他民族的先进技术，从而使山南手工纺织业技术不断地向前发展，已成为西藏邦典氆氇的标签。山南的扎囊司公氆氇，杰德秀谢麻，乃东泽忒（སྣེ་གདོང་རྩེ་ཐེར་）等氆氇产品的名声传遍各地。自古以来山南是地方政府朝贡和西藏历代高僧及贵族制作氆氇和邦典的主要来源。这里的氆氇和邦典不仅成了中国西藏上流社会的服饰，也成为了邻国商人的首选货物。如今山南有“氆氇之乡”的美誉和杰德秀有“邦典之乡”的美名。

第一节 邦典制作技艺

山南地区自古以来以盛产氆氇毛料而闻名，这里的人们在长期的生产实践中积累了丰富的毛料生产经验，从选材到纺线、纺织、染色、制作，每一项都有自己独到的工艺流程。在生产过程中逐步形成了一套独具特色的生产方式和生产民俗。生产邦典氆氇的一道道工序都是藏族传统手工业技艺的缩影，能展示民族独特技艺和工艺水平，也能显示本区域特色的生产民俗。

虽然邦典是氆氇的一种，但是其纺织和印染程序、做工精细与其它氆氇纺织物有所不同。邦典纺织之前先选好上等羊毛，纺出精细的经纬线。然后根据自己的年龄、身份、性格选出相应的毛线规格，染成自己喜爱的颜色，才能纺织出绚丽多彩的邦典，最后加工成自己喜爱的服饰或者产品。在山南，邦典从选材到纺线、染色、纺织，每一步都有自己独到的工艺流程。

一、邦典的选材及处理技艺

在西藏传统工艺生产中，邦典一般都是用羊毛纺织。邦典的质量与纺织技术和选材有着直接的关系。纺织所用的羊毛因季节和产地不同有多种分类法：以剪羊毛季节的不同可以分为春羊毛（དཔྱིད་བལ།）和秋羊毛（སྟོན་བལ།）；以产地不同划分为高寒羊毛、山地羊毛、河谷羊毛；一只绵羊身上的羊毛也可以所长的部位不同分为颈部羊毛、肚子羊毛、背部羊毛，臀部羊毛。在山南纺织邦典最好的原料是山南河谷羊毛，也叫誉白（ཡུལ་བལ།），这种羊毛也分春秋两个季节所产的羊毛，其中春羊毛比秋羊毛质地好。春羊毛含绒量高而且柔软；其次是山地羊毛，即羊卓湖边出产的羊毛，叫“卓白”（འབྲོག་བལ།）；最后才是高寒的牧区产的羊毛，叫“羌白”（བྱང་བལ།）。因为农区一年剪两次羊毛，而且气候温润，羊毛的含绒量高，质地柔软细腻，纤维发达，发光发亮；山地气候比河谷冷，羊毛含绒量比河谷少，质地比河谷羊毛粗糙，

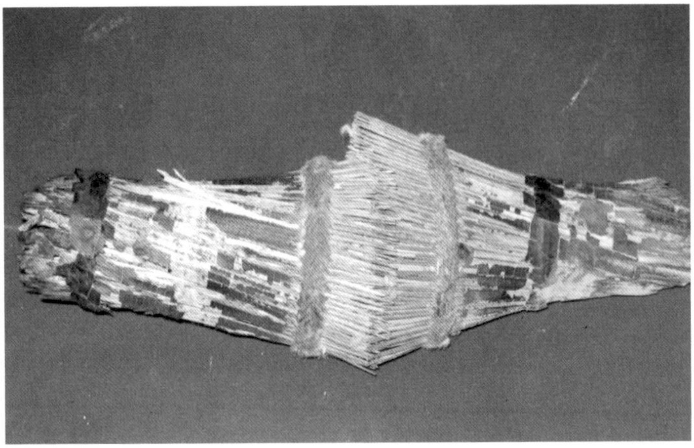

刷毛工具“弄盾” 图3—1

纤维没有河谷羊毛那么发达光亮。而牧区气候寒冷干旱，羊毛含绒量低，质地也粗糙，纤维不发达；例如藏北产的羊毛不如山地羊毛，山地羊毛不如河谷羊毛。一只绵羊身上的羊毛质量也有好坏差别。如，纺织一个上等的“谢麻邦典”（ཞད་མ་པང་གདན།），所选的羊毛必须是河谷羊颈部和腹部的羊毛，这部分的羊毛是最上等的羊毛；纺织中等的邦典时选用羊背部羊毛；纺织最差的邦典选用羊臀部周围羊毛。因此，河谷羊毛是纺织邦典者的首选原料，其中绵羊颈部和腹部的羊毛为最好。选好优质羊毛以后，首先要洗涤羊毛，然后掺入黄黏土（བལ་ས།）揉搓后去除羊毛上的粗脂，再一次用清水漂洗干净，最后找个平地晾干。羊毛晒干以后把羊毛铺开在皮垫子上，用两根细长结实的棍子拍打，目的是拍打羊毛上的黏土杂质和羊毛变得更加蓬松，过去有时直接用手蓬松。纺线之前用梳毛工具（图3–1所示，最好的是用细竹子做的梳毛工具。现在手工梳羊毛的很少，这一过程已经机械所代替）把羊毛刷成蓬松、柔软的长条，便于纺线。纺经线的羊毛一般不用刷，直接用手梳理成长条。

二、纺线技艺

纺织邦典时所用的毛线有两种：一种是细而结实的经线，一般用纺轮（ཕ་ཀོ།）纺成。另一种是松软而比经线稍微粗一点的纬线，一般都坐着用纺锤（འཕང་）纺线，其选材上的要求没有经线那么高，所以男女老少都可以胜任这项工作。纺完后取下来卷成球形。经线的要求比纬线更高，所须的羊毛必须是纤维比较发达，这种羊毛一年剪一次，而且纺经线一般都由纺线经验比较丰富的妇女来完成。她们把每一次纺的经线缠成几个坨坨（གུ་གུ），以便于纺织时所用。

纺线 图3—2

缠毛线 图3—3

当所有毛线准备完后，将经线的一头固定在叫“囊缜”(སྣམ་སྒྲིལ།)的圆棍上，另一头缠绕在一根叫“赳缜”（རྒྱུ་སྒྲིལ།）的圆棍上，为下一步织邦典做准备。邦典的经、纬线都要比氆氇细几倍。山南氆氇本来就比其它地方的氆氇质地好。制作质量上等邦典时，不仅需要优质的羊毛，而且还要依靠精湛的工艺。比如，在山南杰德秀谢麻邦典所用毛线规格要求特别高。当地老百姓的纺线技术高超，所纺出的经线和纬线粗细均匀、做工精细、松紧适中，可以与现在机器生产的细毛线相媲美。这在其他涉藏省区比较少见。其中最好的经纬线的精细程度达到细丝线规格。在长期的生产劳动过程中，他们不仅积累了丰富的生产经验，而且形成了具有自己特色的纺线方法

拉经线图3—4–5

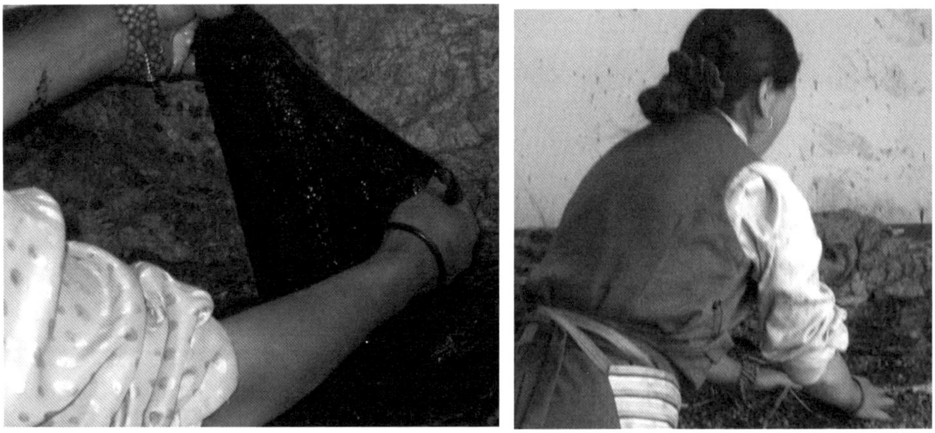

氆氇染色图3–6–7

和技术。纺线一般由妇女完成，她们可以纺出粗细均匀而精细的毛线。据说："最好的谢麻氆氇的毛线粗细跟女人的五六根头发合起来的粗细差不多，而且织出来的谢麻氆氇能够从男人的象牙戒指顺利通过。"[1] 大约20厘米宽的氆氇能够从男人大拇指的戒指中穿过去，可见毛线之精细度达到了何等程度！毛线的粗细和均匀程度是决定邦典质量的重要标准之一，所以纺线技术在生产氆氇过程中起到了重要的作用。这也是山南杰德秀邦典远近闻名的一个重要原因。

1 德庆旺姆.女，70岁，修四村，旧西藏吉巴唐宗的纺线工人，采访时间：09年9月1日，地点：杰德秀。

三、染色技艺

在山南杰德秀邦典生产过程中，无论是纺线和纺织还是染色，都有自己独到之处。尤其是在染色方面有自己独特的染色方案和方法。邦典染色时，先把毛线在缠线机上缠成易洗、易漂洗、易染的蓬松形状的“朵马”（རྫོག་མ།）然后进行漂洗、染色、再漂洗。在这里染料除了当地出产的各种纯天然染料之外，还从其他地方引进的染料。如今，西藏很多地方为了方便，早就用化学染料代替纯天然染料，而且每种颜色都要换水。山南杰德秀一直在用纯天然染料。当地染料主要有：核桃皮(棕色)、黄连根（黄）、曲罗叶（ཚ་ལོ།大黄）、涅罗（ཉ་ལོ།）等，还有琼结和仁布产的酸土、洛扎产的萨租（ས་ཙུའུ།血藤）、日喀则产的纳彩（黑色）。从印度和尼泊尔进口的染料有：加翠（རྒྱ་ཚོས།朱砂）、壤（རམས་ཚོས།）等染料。颜色鲜明透亮，经久不褪色，在太阳下越晒越鲜艳，不管怎么洗，几十年不会变色，还具有环保的特点。这也是山南杰德秀围裙出名的重要原因之一。

杰德秀邦典具有原料优质、做工精细、色彩靓丽、品种齐全、质地优良等特点，造就了杰德秀邦典的盛名。这里的染色技艺之所以在全区数一数二，不仅跟纯天然的染料有关，还跟杰德秀的水质具有天然定色作用有很大关系。他们所用的染料，除了当地出产的各种纯天然植物和矿物质染料之外，还从其他地方购进催化剂和各种天然染料。当地染料主要有：核桃皮、黄连根、曲罗叶（ཚ་ལོ།大黄）、

杰德秀邦典纯天然燃料 图3—8

涅罗（ཉ་ལོ།）、藏红木、白檀（སྒོ་བ།）、黄矾（དཀར་ཚུར།）、红矾（དམར་ཚུར）、黄矾（སེར་ཚུར）、蓝矾、洛扎的萨租（ས་ཚུའུ།鸡血藤）、日喀则产的纳彩（黑色）；其他地方购进的染料有：加翠（རྒྱ་སྐྱེགས།紫梗）和壤（རམས།靛青）胭脂红（དམར་ཚོས།）染料等，除此之外还有本地生产的糌粑、面粉、荞麦粉、土碱等辅料。用这些染料的毛料颜色鲜明透亮，厚重，耐光耐热，历久不褪，尤其在高原烈日之下越晒越鲜艳，不管怎么洗，几十年都不会褪色，是具有浓厚民族风格的纯天然绿色毛料产品。染不同颜色的毛线时，在染色过程中不再换水和换染锅，同一锅染料可染多种颜色，具有节能环保的特点。

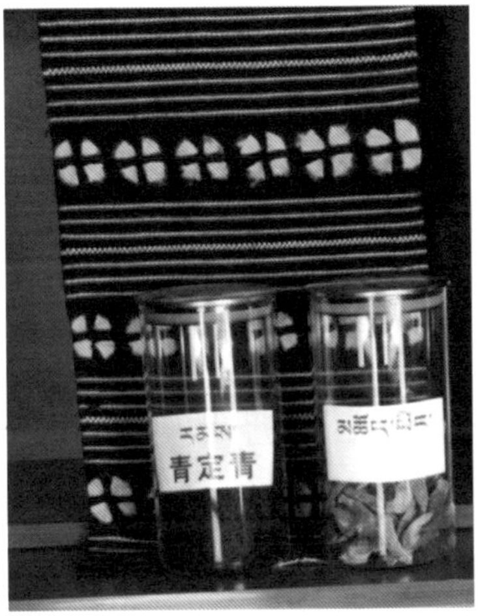

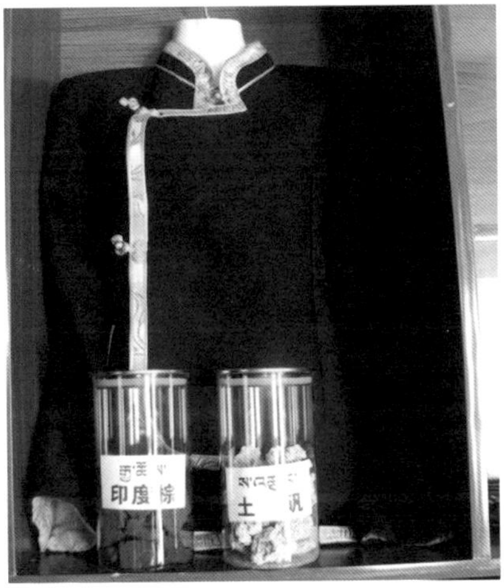

传统的染色工艺流程比较复杂，主要包括以下几个步骤：选材—磨染料—烧水—配色—放置陶罐—淹埋陶罐—搅拌—加辅料—染色—铜锅中条染或晕染—清洗—晒干。漂染各种颜色的毛线时，染色过程中不用再换染锅和染色水，同一锅染料可以染多种颜色。染色之前，首先磨一种藏语叫“壤”（རམས་ཚོས།）的染料，磨染料必须要有耐心，一锅的染料一般磨一周左右。在杰德秀流传一句这样的谚语：你有耐心磨我， 我能染起江山。

ཁྱེད་ལ་དཀྱུར་བའི་སྙིང་རུས་ཡོད་ན། ངས་རི་བོ་ཡོངས་ལ་ཡང་ཚོས་ཁེབས།

意思是只要用心磨这种染料，同样份量的染料，磨得越精细，所染的毛料也就越多。磨染料时还特别讲究其磨法，不能砸染料，必须要边加水边磨，磨到一定程度，又要加一点水继续磨，这样一锅染料最少也要磨一周。将磨好的染料放进叫罷日（པ་རི།）陶罐里，另加泡开的‘曲罗’（ཚ་ལོ།）和‘萨租’（ས་ཙུབ།）的澄清水进行加热，然后藏在农家热性肥料（马粪、羊粪等）中放一夜，第二天早上取出来，趁热开始染色。这一锅最少可以染七种颜色，从深色到浅色逐步染，深蓝色、天蓝色、浅蓝色、黄色、深绿色、绿蓝色、绿黄色。另外染粉色时，先用印度引进的叫‘加翠’（རྒྱ་ཚོས།）染成红色以后，

杰德秀花氆氇扎染色用具 图3—15

再往染锅里继续漂染，可以染出深粉色和浅粉色两种颜色。[1]在染色过程中，搅动技术非常重要，染色时搅翻得次数越多，染出的色彩越均匀，效果就越好。染上等的邦典和氆氇时，在热性肥料之中最少也要放一周时间，每天都要搅动几次。据说："杰德秀的老染匠们漂染过程中，搅动技术非常熟练。[2]染完了拿到河边清洗晾干。用这种方法染色的毛线织出来的邦典，过了十几年时间色彩依然鲜艳明亮。越是日晒雨淋，色彩越鲜艳。

在山南染色时还特别讲究水质。例如，山南水质最好的莫过于杰德秀的水，这里水量充足而水又轻又软，是氆氇邦典漂洗染色的最佳水。

据说五世达赖时期，西藏地方政府对山南几个盛产氆氇邦典的地方进行一次水质检测，结果发现杰德秀的水质最好，这里的水又轻又软，矿物质含量低，还带有酸性，最适合漂染氆氇。[3]检测水质好坏的标准主要水里所含的杂质和矿物质含量高低，如果矿物质和

杰德秀邦典绿色植物染色剂——涅罗图3—16

1 卓玛.女，59岁，杰德秀镇，采访时间：09年9月13日，地点：杰德秀。

2仓决.女，41岁，杰德秀镇，杰德秀邦典厂染色工人，采访时间：09年9月13日，地点：杰德秀。

3 索朗旺扎.男，59岁，杰德秀镇人，采访时间：09年9月13日 地点：杰德秀。

邦典绿色植物染色剂——次玛图3-17

邦典绿色植物染色剂——旬巴 图3-18

杰德秀花氆氇染色工具 图3-19

杰德秀邦典染铜锅图3-20

杰德秀邦典染瓦罐 图3-21

杰德秀邦典碾碎染色剂工具 图3-22

杂质含量高，染色和漂洗过程中影响氆氇邦典对染料的吸收，影响色泽亮度和保持度，也会影响漂洗的质量。水质不好，杂质和矿物质容易渗透邦典和氆氇中，会使邦典和氆氇的色彩亮度差；水质好，所染的颜色色彩鲜艳靓丽，均匀柔和，色彩保持更持久。而杰德秀的水质造就了杰德秀经久不衰的染色传奇佳话。染坊附近“曲培唐布”（ཆུ་ཕུད་དང་པོ།）泉眼之水，矿物质少，用此水染色不仅色彩艳丽，而且减少色差，效果极好。因此，至今很多从事纺织的外地人，只要经过杰德秀，必带一瓶“曲培唐布”之水，用在毛料染色时使用，消除色差。染完色后，带到而离染坊几百米外的小湖“拉色措”水中清洗，据说用这个水质比宗山上的重而清澈。

四、邦典编织技艺的工艺流程

首先，准备好纺织工具。邦典的纺织机叫“特赤”（ཐགས་ཁྲི།），是当地制作的比较简陋的设备。山南的纺织机是在长期的实线过程中，根据纺织品的需要不断改进，逐渐变成了简便而实用的纺织机。氆氇机组成部件，如下（图3–23所示）：

1.机梭子（འགྲོན་བུ།），主要是为了增加光滑度，减少扯断经线。长约30厘米，中间是一节空心的细竹，细竹上装有缠着纬线的空心细竹子，藏语称为松布（སོམ་བུ།），用一根铁丝固定在梭子内，旁边还有一个小开关，随时可以更换松布。

2.“搭”（བདག）：“杼”氆氇机上管经线的部件。

3.“内”（གནད།）综下移动和交叉经线的一个重要部件，氆氇有四个“内”，比布料织机多两个。

4.“囊缜”经卷（རྒྱུ་སྒྲིལ།），直径4.5厘米的空心长圆木棍，内部有约80厘米的长空心，可以放直径2.5厘米的木棍，主要用于缠绕经线。

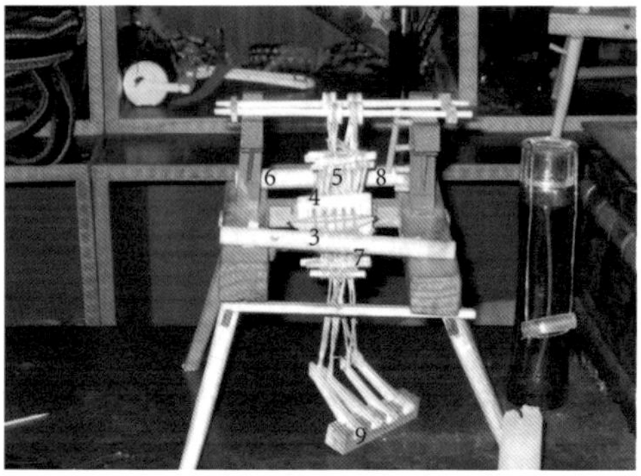

邦典纺织机图3–23

5．“赳缜”卷氆氇杆（སྣམ་སྒྲིལ།），直径4.5厘米长的圆木棍，每20厘米有一个小洞，用一根木棒固定在机架上，用于缠绕织完的邦典卷，此外还有松紧经线的作用。

6.“加哈”调节棍（ལྕགས་དར།），长80厘米的一根铁棍或木棍。用于调节经线的松紧度，斜放在纺织机一侧。

正在织邦典的杰德秀妇女 图3-24

7.“刚踏布”，踏板（ཀང་ཁྲབ།），四条块木板或木棍构成，每块长60厘米左右。将每块踏板连在四个“内”（གནད།）上，在纺织机架上横放两根木棍，每根木棍套上两个滑轮，藏语称为“廓罗”（འཁོར་ལོ།），用皮带连接脚踏，穿过一次经线上下交换一次经线。

其次，做好纺织前的准备工作，纺织前需要两个或三个人拉经线，其中一个人固定经线，其余人配合来回缠经线，直至所有经线拉完为止。（如图2-5所示）缠完经线后，其中一人边用嘴喷水，边用力地把经线全部缠在“赳缜”上面。目的在于经线缠的更紧和松紧程度均匀。纬线用一个藏语称为“松果”（སུམ་འཁོར།）的缠线工具缠在长短15厘米左右的主棍“松布”（སུམ་བུ།）上，装在机梭子里备用。

再次，进行纺织操作，织氆氇时坐在纺织机子上，两脚踏在踏板上，一手拿梭子，一手抓杼子，两手轮流交换使用，将装有纬线的梭子来回在经线中穿梭，穿过一次使用“搭”推打几下纬线，响出“嗒嗒”的声音，推打后使纬线紧紧固定在经线上。两脚也交替踩踏板，使经线上下移动。

最后，邦典织完后还要请洗。清洗邦典的水必须是清水，矿物质不宜过多。邦典泡在热水里，然后加入洗毛剂，手洗和用脚踩踏交替洗半天，中间还要不停地换水、拧干、拉直、在火上烤一遍。传统的洗涤邦典的工具叫“凶巴”(གཞོང་པ།)是一块独木槽，其中核桃树制作的木槽最好。使用凶巴的原因：一是当时西藏缺乏金属资源，因此，人们就地取材，制作了西藏特有的凶巴。二是在“凶巴”里清洗氆氇既能保持原色，又不会染上器具上的颜色，如今在铁锅里清洗氆氇时，容易染上铁锈，影响氆氇和邦典的色泽。过去洗邦典时，要用皂角和榆树皮做洗涤剂，其目的主要有三点：一是洗净污垢和杂质；二是质地变得更加结实；三是上面的毛整齐而顺。洗好的邦典一般不会直接晾干，洗完后挤干邦典上的水，然后把它卷起来压在大石板之下，使质地变得更加厚实。差不多压一两个小时后晾干，在干净的平地上拉直，中间还要翻几次。晾干后把邦典垂直悬挂在梯子或架子上，用刷毛工具“弄屑”（སྣང་ཤད།）顺着纺织纹路刷毛，除去纺织过程中产生的一些杂物，梳理杂毛。然后两个人站着抓紧邦典的两边拉开后，首先在上面喷洒一点水，然后，两人用两根细棍子拍打至起毛，最后剪去邦典上长的刺毛，使邦典变得更加光滑靓丽。现在洗邦典不像以前那么复杂，一般在凉水中冲洗干净就行。

经过以上几道工序之后，根据自己的需求，可以制作各种邦典服饰。一般制作邦典时，剪成长短一样的三条（长短大概50厘米），把三条邦典的色彩错格搭配，邦典缝制完成后制作邦典的带子，带子一般都用西藏本地纺织的带子或彩缎带子。除了制作邦典，还可以制作服饰和生活用具等各种产品。总之，藏族的服饰都有邦典元素。邦典已经成了藏族人民生活中不可缺少的一样宝贵的东西。

第二节　山南杰德秀邦典技艺传承人

每个精湛的工艺品都出自能工巧匠之手，杰德秀邦典也不另外，它出自于这块人杰地灵的杰德秀镇上的民众之手，其中个别人技艺超群，无论是编织技艺还是染色技艺，形成了自己独具特色的手工技艺，便成为了杰德秀邦典和染色技艺的传承人。在长期的历史发展过程中，他们为杰德秀邦典工艺的传承和发展作出了一定的贡献。

一、杰德秀邦典编织技艺传承人

格桑，男，1956年8月出生，山南市贡嘎县杰德秀镇杰德秀居委会9组人，1963年7月至1966年4月在杰德秀民办小学上学，1967年开始在家务农，期间在民间老技工达娃的传授下学习编织邦典技艺；2002年他租借贡嘎县国土局闲置空房成立杰德秀格桑民族羊毛加工厂，从杰德秀周边贫困家庭中招收待业青年，传授邦典编织技艺，并注册了“格桑牌”商标；2006年12月，格桑被国务院确定为第一批国家级非物质文化遗产项目代表性传承人，2010年去世。

嘎日，女，1963年11月出生，山南市贡嘎县杰德秀镇居委会9组人（格桑爱人），1971年9月至1976年在杰德秀民办小学上学；1977年至今在家务农，12岁开始跟随老技工学习邦典编织技艺。2002年同爱人格桑一道开办杰德秀格桑民族手工加工厂，进一步扩大生产规模；2014年1月，嘎日被自治区人民政府确定为第三批自治区级非物质文化遗产项目代表性传承人。

2006年，杰德秀邦典编织技艺被国务院确定为第一批国家级非物质文化遗产；2014年被自治区人民政府授予“西藏民间文化艺术之乡”称号。

二、杰德秀邦典染色技艺传承人

巴桑，女，1962年出生，贡嘎杰德秀杜夏家族染色第六代传承人，自五世达赖喇嘛开始，在杰德秀专门设立了西藏历史上的第一个彩染中心“堆拉泽伦珠宗”，还专门成立了染匠组织机构，由当地德高望

杰德秀邦染色传承人及杜夏旧址 图3-25

杰德秀邦染色传承人及杜夏新址 图3-26

重的“杜夏尔”家族主管，有18位染色工匠，分别管征收染料，鉴别染料，采购染色剂，储藏染料，配色，设计图案等。所需染料是由噶厦从各地征税的形式征收后送到杰德秀染坊。至今共有六个传承人。第一任主管强巴坚参（1643—1706年），第二代顿珠平措和次仁坚参(1706–1760年)，第三代扎西平措(1760年)，第四代拉珠次仁和白玛欧珠（年代不详），第五代加绒嘎日（1915年—1995年），通过历代主管的努力，为染色技艺积累了丰富的经验，他们为山南氆氇和杰德秀邦典的发展做作巨大贡献。

2016年染色技术得到市政府的认可，被确定为山南市非物质文化遗产名录。2018年为了进一步传承和发展杰德秀传统绿色染色技术，在杰德秀成立贡嘎县朗色氆氇染色专业合作社。2019年接手原杰德秀邦典合作社。一直致力于为山南市杰德秀邦典技艺发展作贡献。

第三节 山南邦典生产及销售民俗

前面已经讲过从剪羊毛到纺线、纺织、染色、洗涤、制作服饰等山南民间邦典制作的整个过程。在生产过程中，剪羊毛、纺线、纺织、等环节都有一些与众不同的民俗文化。

一、剪羊毛民俗

在山南民间自古广泛流传这样一首动听的民歌：

今日为吉利的十五日，　　དེ་རིང་ཚེས་པ་བཅོ་ལྔའི་དུས་བཟང་རེད།

明日为洁白羔羊剪毛日，　　སང་ཉིན་གཡང་དཀར་ལུག་གི་བལ་བྲེག་རེད།

剪毛者为格萨尔王子，	བྲེག་མཁན་ཡོད་ལ་གེ་སར་རྒྱལ་པོ་ཡོད།
拴羊腿线为三股丝线，	སུག་ཐིག་ཡོད་ལ་སྤུང་སྐུད་གསུམ་རིལ་ཡོད།
剪毛刀为锋利锂赤刀，	བལ་གྲི་ཡོད་ལ་ལི་གྲི་ངར་མ་ཡོད།
剪毛垫为八角藏垫，	འབྲེག་གདན་ཡོད་ལ་ཟུ་ར་རྣམ་བརྒྱད་ཡོད།
磨刀石为甘丹磨石，	རྡར་རྡོ་ཡོད་ལ་དགའ་ལྡན་ཟུག་རྡར་ཡོད།
磨刀水为甘露美酒。	རྡར་ཆུ་ཡོད་ལ་ཨ་རག་བདུད་རྩི་ཡོད།
从右侧剪羊毛时，	གཞོག་དེ་གཡས་པས་འབྲེག་བཞིན་འབྲེག་པའི་དུས།
就像云从南飘向北。	ལྷོ་སྤྲིན་རྣམས་ཚོ་བྱང་ལ་འགྲོ་བ་འདྲ།
从左边剪羊毛时，	གཞོག་དེ་གཡོན་མས་འབྲེག་བཞིན་འབྲེག་པའི་དུས།
就像云从北飘向南。	བྱང་སྤྲིན་རྣམས་ཚོ་ལྷོ་ལ་འགྲོ་བ་འདྲ།
上下身分开剪的时候，	སྟོད་ཁ་སྨད་ཁ་ཕྱེ་ནས་བཏང་ཙ་ན།
好比骏马备马鞍，	འགྲོས་ཆེན་རྟ་ལ་རྟ་སྒ་བཙུགས་པ་འདྲ།
快速剪羊毛时，	རྟུམ་དེ་ཁ་ལ་བྲེགས་ནས་བཏང་ཙ་ན།
好似白母鸡奔出笼，	བྱ་མོ་དཀར་པོ་ཚང་ནས་ཐོན་པ་འདྲ།
好似牛奶灌满广口铜壶，	གཡང་མོ་ལུག་དེ་ལྷས་ནས་གློད་ཙ་ན།
好似白海螺用线串起来。	དུང་ཕྲེང་ནང་ལ་ཐི་གུ་བརྒྱུད་པ་འདྲ།
来到东边的草地，	སྤང་སྟོད་གུ་བཞི་ཡི་ལ་སློབས་ཙ་ན།
好似白雪覆盖，	སྤང་སྟོད་ཡ་གི་ཁ་བས་སྐབས་པ་འདྲ།
怀念文成公主恩德。[1]	ཨ་ཅེ་རྒྱ་བཟའ་བོད་ལ་སྐུ་དྲིན་ཆེ།

这是一首剪羊毛有关的民歌，主要内容为：首先要选好吉日；其次，要选好剪羊毛的人，第一个剪羊毛的人必须是格萨尔一样智勇双全的人。剪羊毛的时顺序很有讲究，必须按从右到左，从上到下的顺序进行。剪完羊毛后必须把每一只绵羊的羊毛卷成一整块单独放置，以便于羊毛分类。在民歌中

1索朗玉珍.女，67岁，山南扎囊县扎期乡久面村，有文化，2009年8月20日，地点：扎期。

比喻，像白鸡出笼一样，每只绵羊的羊毛卷成一块叫“背久”的驮块。

杰德秀多培曲郭寺坛城壁画中剪羊毛的图3–27

在山南民间至今还保留着一些剪羊毛的仪式。一年剪两次羊毛，一次大概是在藏历四月初，羊群迁徒夏季牧场之前。此时每只羊的背上留一撮羊毛，用来夏天防晒和避风。每次剪羊毛之前首先选好吉利的日子，每家都要准备青稞酒和一种叫做“苦热”(ཁུར་ར་) 烙饼等丰盛的饮食。

每位剪羊毛者磨好刀（现在都用剪刀），准备好绑羊腿的绳子。剪羊毛那一天，男人们带着自己锋利的剪刀和绳子，女人们带着丰盛的饮食，找块平地，边唱歌边剪羊毛。必须把羊毛最好的一只羊留在最后剪，还专门留几只羊毛纤维相对好的羊到年底时剪，这个羊毛是专门用来纺经线。

剪完羊毛后大家聚在一起，首先由大家用银杯轮流给放牧人敬酒，每家主人给放牧人的额头上点一小块酥油，叫“靥嗣”(ཡས་སེ་)，表示感谢牧羊人。最后大家饮酒、唱歌、跳舞，直到午夜。剪羊毛的风俗在杰德秀多布曲果寺的旧佛堂壁画上表现得淋淋尽致，壁画中有一位藏族壮汉，脱掉藏袍右边的袖子，左手抓住羊肚子上的羊毛，右脚压着羊脖子，右手拿刀剪羊毛，可见剪羊毛的习俗具有悠久的历史。（图3—24）

二、纺线技艺

纺线不只是女人的专职工作。男人和小孩都可参与。人们在农闲的季节里拿着各种形状的工具进行纺线，农忙时只有早晚时间可以纺线。在山南农区走路、站着、坐着都可以纺线。纺线已成为这里人们茶余饭后最主要的工作，他们只要有时间都能纺出各种规格与粗细不同的毛线。

在盛产邦典和氆氇的一些地方，如扎囊、贡嘎等，由于白天工作繁忙因此，晚上一家老少围着炉灶纺线。有些村落组织一些家庭妇女，晚上挨家挨户轮流纺毛线。她们聚在一起纺线时，经常对歌或者讲故事、猜谜语等。最有趣的是贡嘎杰德秀一带，晚上纺线时专门唱的歌叫“果梅果确”（སྒོ་མེད་སྒོ་ཕྱོགས།），类似猜谜语，主要猜本村的某家或者某人。以对歌的形式唱歌，其中一个人提问某家的门在什么方向？然后其余人根据所提问题对歌回答；接着问这家有几口人，有几个男孩，有几个女孩，穿着打扮是怎样的等等，通过一系列愉悦的对歌中进行纺线工作。有时故事讲得精彩或者对歌比较激烈时，不知不觉中天都亮了。

山南有些村庄，在农闲季节带着一天的饮食专门找个地方纺线，比如，扎囊雪若乡吉昂村的农民，每到农闲季节，与河谷另一边的村民不约而同地来到最窄的河谷两边，从早到晚一边纺线一边对歌。如果当天没决出胜负，第二天接着对歌。他们在欢歌笑语中不仅完成毛线，同时工作中找到乐趣，这能增强了村民之间的情感交流。勤劳聪慧的山南广大人民，把枯燥无味的纺线变得其乐无穷。这些都藏族人们在长期的生产劳动过程中总结了苦中取乐的各种方法。人们总能把一项枯燥乏味、重复单调的劳动变得更加轻松愉快。

三、纺织技艺及其传承

在山南扎囊和贡嘎县境内几乎每家每户都有一台或多台纺织机。每年农闲时走在村寨里到处都能嗒嗒……声音。纺织邦典和氆氇的过程，用扎囊的一首民间歌来描述再也恰当不过了。

右边抛甩杼子一二三，

གཡས་སུ་དེ་ནས་བཏག་མགོའི་རྒྱག་ཕྱོགས་གཅིག་གཉིས་གསུམ།

左边抛甩梭子四五六。

གཡོན་སུ་དེ་ནས་འགྲོན་བུའི་གཡུག་ཕྱོགས་བཞི་ལྔ་དྲུག

上面转动轮子一二三，

སྟེང་སུ་དེ་ནས་འཁོར་ལོའི་འཁྱིལ་ཕྱོགས་གཅིག་གཉིས་གསུམ།

下面用脚踏板四五六。

འོག་སུ་དེ་ནས་རྐང་ཀྲབ་མནན་ཕྱོགས་བཞི་ལྔ་དྲུག

右边放着‘松布’一二三，

གཡོན་སུ་དེ་ནས་སོན་བུའི་ཞོག་ཕྱོགས་གཅིག་གཉིས་གསུམ།

左边挂放氆氇四五六。

གཡས་སུ་དེ་ནས་སྣམ་བུའི་སྒྲོད་ཕྱོགས་བཞི་ལྔ་དྲུག

后面按的是‘赳缜’，

རྒྱབ་སུ་དེ་ཙ་རྒྱ་སྒྲིལ་བཞུགས།

前门按的是‘囊缜’。

མདུན་སུ་དེ་ཙ་སྣམ་སྒྲིལ་བཞུགས།

‘举摘’和‘朗摘’两者信守诺言。[1]

རྒྱ་སྒྲིལ་སྣམ་སྒྲིལ་གཉིས་ཀ་ཁ་གདན་ཚིག་ལ་འགྲིག་ཞགས་རེད།

这首民歌生动地描述了山南民间纺织氆氇和邦典的整个过程以及使用工具的方法。只要纺织氆氇和邦典的人听到这此歌，都会有一种身临其境的感觉。纺织是一项枯燥无味的工作，为了这项机械性和重复性极强的劳动，其中找到乐趣，人们专门发明了与纺织节奏相当的民歌。当然，如今的年轻一代，只要上了织机随口就能唱比较随和的歌曲。

在山南传授纺织技艺一般都是自家的长辈把技术传授给下一代。传授技艺也有独特的方法。据说：“在杰德秀，一般十四五岁开始学纺织。有些个

1五金多吉主编.山南民歌集[M].拉萨：西藏民出版社，1995:221.

杰德秀“曲佩唐布”所在地 图3-28

子比较矮的够不到织机踏板，家长截短纺织机的四条腿，或者在地上挖四个洞，把纺织机的四只脚放进洞里。”[1]人们为了传承历史悠久的纺织工艺技术，人们挖空心思，想尽办法传授纺织技艺。当地还有个有趣的传授技艺方法：“初学纺织时，两只脚穿不同的鞋子，假如一只脚穿松巴鞋（ཟོམ་པ་），另一只脚穿巴囊鞋（པ་ལྷམ་），师傅说抬“松巴”，就抬穿松巴的脚，师傅说抬巴囊，就抬穿巴囊鞋的脚。”[2]从这种学纺织的方法可以说明，当地人的聪明才智。初学纺织工艺时，因为手脚并用，学习者肯定手忙脚乱，容易踏错脚踏，用这种简单而幽默的方法，让初学者很容易接受，也很容易掌握纺织方法。如果从十几岁开始学习纺织，那么到了二十几岁时已经掌握非常成熟的技术。一般小孩比大人更容易接受纺织技术。因此过去西藏、这里的村民从小开始学纺织技术，成年时熟能生巧地织出各种质量上等的邦典。现在一般都从青年开始学纺织技艺。藏族人们用自已聪明才智代代传授高超的纺织技术，使民族独特的纺织业永葆青春。

四、染色技艺

在山南染色时同样要选吉利的日子。如，星期六或者星期四。有些地方染色氆氇或者邦典时要举行盛大的开染仪式。如，解放之前杰德秀的染色中心，每年八月中旬专门选个吉日开染。“那天在‘曲佩当布’的泉水边上，

1仓决.女，41岁，杰德秀镇，杰德秀邦典厂染色工人，采访时间：09年9月13日，地点：杰德秀。

2卓玛. 女，59岁，杰德秀镇，采访时间：09年9月13日， 地点：杰德秀。

杰德秀拉孜措 图3-29

杰德秀拉孜措流出的溪水里洗氆氇 图3-30

首先多布曲果寺的僧人诵经，全村老少身穿节日盛装煨桑，然后开染。第一锅染的是供给历代达赖喇嘛的七卷氆氇，再染其它氆氇。染完第一锅后，盛装的马匹把氆氇送到拉孜措之水清洗”。[1]前往清洗的路上还举行欢送仪式。据说：“一路上用白土画各种各样的吉祥图，路边的村民煨桑祭祀和弯腰致敬。欢送时父母健在的两位金童玉女走在前面，接着宗本和染巨组织的十八位会员、寺院僧人、村民等。”[2]在山南，染色时还忌讳他人突然进门，认为这样会带来晦气，影响染色的质量，容易出现色差。一般家里染色时不会告诉街坊邻居。如果一旦出现色差，也有相应办法。如，在山南扎囊县扎期丛堆村一带，用很多白刺的刺尖扎在色差的氆氇或者邦典上，再一次染色。这种方法其他地方比较少见。

1其米多布杰.男，74岁，杰德秀镇（二村）果达家族人，旧社会唯一幸存的染匠，09年10月5日，地点：杰德秀。

2巴桑.男，60岁，杰德秀镇，（有文化）采访时间：09年9月13日 地点：杰德秀。

五、销售民俗

拉萨巴果街扎囊卖氆氇商人图3−31

山南专门经商邦典和氆氇的人，称为氆氇商人。他们通常走街串巷去收买氆氇和邦典，收集到一定的量时就加工成各种产品，远销牧区和西藏毗邻的不丹、印度、尼泊尔等国家。过去民间做邦典和氆氇生意时，通常用“夂巴”（འདོམ་པ་）即一庹：成人两臂左右平伸时，两手之间的距离）来计量，余下一部分用“懋”（འཁྲུ་）成人伸手时，手肘到中指尖间的距离）来计量，还有余下的用“索呒”（སོར་མོ་）即拃，伸长的拇指和中指尖的距离来量。于是这些商人经常带高个子的人来丈量氆氇，以便于购买时时候价格压得更低。

八、十六、二十四日，出行不吉利。

བརྒྱད་དང་བཅུ་དྲུག་ཉི་ཤུ་བཞི། ཕྱོགས་ལ་འགྲོ་བའི་སྐར་མ་མེད།

在山南民间特别讲究出行日子。尤其是氆氇商人出门做生意时，一般选择自己出生日或者吉利日子。出门时必须吃饱喝足。禁忌八、十六、二十四日等不吉利的日子出行。他们认为不吉利的日子出行，会带来晦气，影响生意。如果吉利的日子出行，做生意时会很顺利。因此，每当氆氇商人出门时家庭主妇专门煨桑祈祷。在山南扎囊一带，每次出门做生意时，先到扎唐寺护法神用酒祭祀，并祈祷自己生意兴隆，一路平安。因为扎唐寺护法神是这一带大家公认的“财神”。

传说，西藏最早的商人罗布桑布曾长年在雅鲁藏布江两岸活动。他把杰德秀的围裙带回拉萨，把拉萨的百货带到杰德秀，这大大地促进了两地经济

山南物交会上的邦典3-32

的发展。后来，罗布桑布的生意做得越来越大，足迹遍布高原各地，逐渐成为“上印度、下汉地、东走打箭炉”的西藏第一商贾。相传，罗布桑布最早的弟子是尼泊尔人，他把许多聪明能干的尼泊尔青年带到杰德秀，安排他们坐地经商，把当地的特产源源不断地输往尼泊尔、印度，又从尼泊尔换来当地常用的百货。至今，杰德秀还生活着少数尼泊尔人的后代。

第四章 山南独特的邦典穿戴及民俗禁忌

邦典服饰是藏族服饰中一个朵绚丽多彩的花朵。它以丰富的色彩搭配和独特的穿戴习俗，渲染藏民族特有的服饰民俗文化、宗教信仰、审美情趣等。随着全球政治、经济、文化的不断发展，藏民族的思想观念在悄然发生变化，邦典服饰的穿戴习俗也逐渐发生变化，形成了一些风格独特的穿戴习俗。邦典已成为藏民族民俗的重要载体和主要标志之一。

第一节 山南邦典穿戴习俗

藏族服饰文化在长期的发展过程中逐渐形成了自己独特的民族特点和地域风格，成为藏族传统文化中的结晶。它是藏族文化的外在表现、形象展示和文化符号，是区别于其他民族的主要特征。邦典服饰文化更是如此，它不仅表现藏族独特的服饰风格，同时也是藏族服饰文化的一个符号，只要出现佩戴邦典或邦典有关的文化元素时，大家都能想到藏族。在西藏由于人们所处的自然环境、历史文化、生活方式等不同，出现了不同样式和风格的邦典服饰以及邦典佩戴习俗。甚至同一个文化区域也出现了不同的邦典服饰穿戴习俗。山南境内邦典服饰穿戴习俗出现了“十里不同风，百里不同俗”的现象。

一、邦典佩戴的礼仪习俗

在西藏所有邦典服饰中，最耀眼的莫过于藏族妇女的邦典。目前有人认为，邦典是藏族妇女已婚的标志，但事实并非如此。根据调查研究，在西藏很多地方，邦典不仅仅是已婚妇女的专利，未婚的妇女也同样可以佩戴邦典。

“过去山南和拉萨等地，女儿到了十五六岁时，有条件的家庭为女儿举行一次成人礼。仪式时专门选个吉日，沐浴以后梳妆打扮，头发梳成单个辫子，在家人和亲朋好友的祝福声中给女儿佩戴头饰‘巴珠’和邦典。”[1]随着举行成人礼，标志着女儿已长大成人，从此可以和异性来往，看上姑娘的可以来提亲。藏族谚语里常说：

男儿满十八岁，　　ཕོ་ལོ་དྲུག་གསུམ་བཅོ་བརྒྱད་ལ།
学会打仗和格斗；　　དམག་དང་འཁྲུག་པའི་རྒྱུག་ཆོག་ཤེས།
女儿到满了十五岁，　　མོ་ལོ་ལྔ་གསུམ་བཅོ་ལྔ་ལ།
学会挤奶和打酥油。　　ཞོ་དང་འོ་མའི་དཀྲོགས་སྟངས་ཤེས།

由此可见藏族传统观念中，男孩十八岁，女孩十五岁就已经长大成人。在过去西藏女儿十五岁之前管教特别严，一般禁止与异性来往，更不允许谈恋爱。举行成人礼后可以自由谈恋爱。从传统意义上来讲，山南和拉萨一带姑娘年满十五六岁才佩戴邦典。在现实生活中，由于生存所需未成年的女孩也可以佩戴邦典。尤其在广大牧区和后藏一些地方，这一现象更加普遍。在山南甚至尼姑也佩带邦典，只是他们所佩戴的邦典和俗人的颜色有所不同。如，第一章所讲，僧尼佩戴的黄色为主调的邦典或者枣红色的素邦典。在山南措美、浪卡子牧区和曲松县等地大部分女孩从小佩戴邦典，但是小女孩所佩戴的邦典只有两个色条。因此，笔者认为佩戴邦典并不是藏族女孩是否结婚的标志，而是姑娘成人的重要标志之一。正如山南一首民歌里所唱的一样：

“邦典‘嘎查’已破，　　པང་གདན་དཀར་ཁྲ་རྫོགས་སོང་།
请佩戴‘羌查’，　　ལྷང་ཁྲ་འདོགས་རོགས་གནང་དང་།
发辫布满背部，　　སྐྲ་ལོ་སྒལ་པས་ཁེངས་སོང་།
请佩戴绿松石。”[2]　　གཡུ་ཚུང་འདོགས་རོགས་གནང་དང་།

这首歌说明了山南女孩结婚之前佩戴藏语称“嘎查”的邦典，结婚后

1达娃.男，62岁，杰德秀镇人，采访时间：09年9月13日，地点：杰德秀。

2巴果.女，53岁，杰德秀镇人，采访时间：09年9月13日，地点：杰德秀。

才开始佩戴邦典“羌查”和其他各种颜色的邦典。另外，在山南曲松和琼结一带，女孩成年后才能穿邦典制作的“夺被”（རོག་ཞེད坎肩大褂）的服饰。

二、邦典穿戴习俗

人们所处的环境不同，形成了不同的服饰风格，在邦典的穿戴上不同的地域同样表现出不同的风格。贡嘎县一带的妇女前面佩戴色条邦典，背后佩戴边上装饰彩缎的叫“加布垫”（རྒྱབ་བརྟན་后戴围群之意）的黑氆氇邦典；羊卓雍措一带的妇女也和贡嘎县境内的妇女相似有穿戴邦典习俗，只是后围裙是用氆氇所制绣有龙凤、八喜等图案，显得更加华丽美观；措美县扎扎乡扎斯村妇女不仅佩戴邦典，还穿一种里子邦典，外边是黑色或紫黑色氆氇的藏袍，这种藏袍与众不同，属于左衽藏袍。平时她们把黑色的一面向外穿，节日时花色的向外穿。这里的妇女还有戴邦典帽子的习俗；措美县达如一带，邦典制作时做里子和花边，佩戴时把里子翻到外面，花色向里；琼结、曲松、加查等妇女不仅佩戴邦典，而且藏袍上面穿邦典和羊皮镶嵌的坎肩大褂，这与西藏古老的藏戏中妇女所穿的长褂子相似，冬天山羊皮向外穿，夏天花色向外穿；扎囊一带妇女穿戴邦典制作的坎肩短褂；加查一带妇女也有穿邦典衣服的习俗，在曲松县和隆子县的一些地方还有戴邦典帽子的习俗。

山南浪卡子羊卓妇女服饰 图4-1-2

山南市措美县扎扎服饰图4-4-5

山南市琼杰县服饰图4-6-7

山南市曲松县的服饰图4-8-9

山南市加查县服饰图4-10-11

山南市洛扎县服饰图4-12图4-12-13

山南市隆子县珞巴族服饰（男）加查妇服饰（女）图4-14-15

三、邦典穿戴习俗产生的原因

山南众多服饰穿戴习俗都有动听的传说，邦典服饰的穿戴习俗也不例外。邦典服饰穿戴习俗的差异，与所处的自然环境、生活方式、地域文化、社会经济发展水平有着直接的关系。山南地处冈底斯山和念青唐古拉山脉以南，喜马拉雅山脉以北，地势平坦开阔，是西藏主要的农业区，人口集中、手工业发达。这里的整个地貌结构为高山、草地、深谷、盆地相间，因此，形成了独特的邦典服饰穿戴习俗。

（一）邦典穿戴习俗的由来

过去，山南交通不发达，在服饰还没有外来文化影响之前，这里的邦典服饰穿戴习俗具有很多特点。当你深入山南民间考察独特的邦典服饰穿戴习俗时你会发现，几乎每一个邦典穿戴习俗都与文成公主有关，这些传说是民间世代相传下来的。可见，邦典服饰穿戴习俗也受文成公主的影响。如，山南贡嘎和羊卓玉措一带的牧民妇女前后都佩戴邦典的习俗有个美丽的传说。据说文成公主承受不了赞普早年去世的沉痛，当时精神有些失常，走到山南贡嘎一带时丢了腰带都没有知觉，聪明的贡嘎人想出了一个绝招，前后用两个邦典当做腰带，从此贡嘎一带流传前后都系邦典的风俗。前面系彩色邦典，背后系长方形黑氆氇围裙边上用彩线绣花。相传山南贡嘎一带的藏装时尚而简单，氆氇衣服和裤子上面再佩戴刚才所说的两个邦典，其中后面系的邦典称“后围腰”。根据以上传说，大家普遍认为公元七世纪吐蕃时期藏族妇女已经有佩戴邦典的习俗。现已成为国家级非物质文化遗产的山南措美县扎思村的妇女邦典也有美丽的传说，有一次文成公主到扎思村游玩，正当玩的很尽兴时突然传来赞普也前往该地看望她，情急之下她穿反了所有衣服，当时在场的人都惊奇的发现她变得更加美丽，因此，大家纷纷效仿她。从此，这里的佩戴邦典方式与西藏的其他地方不同，他们反着佩戴邦典。

以上是传说中有关山南邦典穿戴习俗的由来。目前，历史文献资料中尚未找到相关信息。我们还要深思，为什么山南邦典服饰的制作到穿戴习俗都与文成公主有关。本人觉得文成公主曾为山南服饰文化的发展作出了一定的贡献。因此，这些传说流传至今。《唐书吐蕃传》中记载，迎娶文成公主对吐蕃的服饰文化有很大的影响。当然，从客观上讲，山南独特邦典穿戴习俗的产生有多种原因，包括自然环境、地域文化、生活方式、社会经济发展水平等。

（二）不同的地域文化和自然环境

从区域文化来讲，藏族文化作为一个整体的文化单元，而西藏境内的地理环境和自然条件不同，又形成了不同的经济生活、不同的饮食、不同的服饰风俗习惯以及不同的文化艺术等等。在山南农业为主，农、林、牧相结合的区域内，由于自然条件、生活方式、经济发展等不同，形成了具有自身特色的区域文化，于是逐渐形成了不同的服饰文化。如，地处河谷地带的贡嘎、扎囊、乃东等地的海拔较低、气候温润、土壤肥沃、雨量适中、灌溉便利、人口稠密。此区域内自然条件优越，适合农耕，由此形成农耕为主的文化。

曲松、桑日等地以山地为主，气候相对干燥，海拔也较高，既有农业也有牧业，因此形成半农半牧相关的文化。措美、浪卡子等地草原资源丰富，海拔高，水草丰茂，是放牧的理想之地，逐渐形成了以牧业为主的文化。洛扎、隆子、加查、错那等地水草丰盛，地势以深山峡谷为主，森林繁茂、气候湿润、雨水充沛，形成了以林业为主的文化。

农业为主的河谷地带气候温润，一年四季农业和手工业为主，服饰比较简便、具有实用性和季节性特点；牧业为主的高海拔地区气候寒冷，人们主要以放牧为生，服饰保暖性强，能够遮风挡雨，四季区别不大；半农半牧区的气候相比河谷干燥寒冷，这些区域的服饰，既有农区简便的特点，又有牧区保暖的特点；深山峡谷区的服饰有防水能力强的特点。由于山南境内存在以上不同的区域文化，所以形成了不同的风俗习惯。在邦典服饰穿戴习俗方面，各地差别较大。比如，河谷一带的妇女一般穿短坎肩邦典小褂；河谷和草地相间区域的妇女喜欢穿长坎肩邦典大褂；高寒草原地带的妇女很少穿戴邦典褂子，但是有的地方邦典制作藏袍。从邦典佩戴上讲，河谷地带的妇女喜欢佩戴颜色浅淡、条纹细的邦典，而牧区一带喜欢佩戴色彩华丽、宽条文的邦典。相对而言，海拔较低的河谷地区，自然条件好，穿着具有简便、朴素、高雅、轻装的风格。

（三）经济类型和生活方式的影响

由于山南的地形比较复杂，在不同地域经济类型和发展情况有所不同。经济类型不同，人们的生产和生活方式也不同。以农业经济类型为主的地方人口比较集中，手工业和商业也相对比牧区发达，人们生存方式比较多。可以种植、经商、纺织加工，也可以放牧为生。而牧业为主的地区，人口相对比较稀少，经济没有农区发达，人们生存方式比较单一，商业来往比较少，产品主要以自给自足为主，手工业不发达。

“在半农半牧区，一般是农、牧两项并重。也很难分清是农民还是牧民，但对这两项产业的可靠性都不强，以至于成了西藏贫困人口比例较大的地区。”[1]

农区平时繁忙，家务琐碎。因此，制作比较简单的服饰，以便于干活。他们定居生活，即使把财产存放在家里也很安全，没必要整天挂在身上。而牧区就不一样，他们居无定所，一年四季游牧为生，尽量把自己的财产带在身边，因此牧区女主人身上的装饰可以体现家庭的富裕程度。另外，牧区生活中的琐事也比农区少，他们保留了自己原有的服饰风格，佩戴装饰品来显示自己的地位和财产。半农半牧地区的服饰既有农区轻便简装特点，也有牧区富贵华丽的特点。

农区制作的氆氇、邦典、卡垫等不仅能满足自身的需求，还会留一部分与其他地方特产交换。农区新鲜事物接触的比较多，服饰变化比牧民快，接受新服饰和流行的速度也比较快；半牧半农地区，既能保留原有服饰风格，也能接受外来新鲜事物，服饰风格变化相对农区慢；而牧区交通不太方便，新鲜事物接触的比较少，服饰变化速度相对比以上两个慢。牧区服饰一般保留原有的风格。

山南独特的自然条件、生活方式、地域文化、社会经济造就了山南独特风格的邦典服饰穿戴习俗。

第二节 邦典穿戴民俗禁忌及其产生原因

“禁忌，在人类学、民族学、民俗学中常称为‘塔布’（tatoo或tatu）。它包含两个方面的意义：一是对受尊敬的神物不许随便使用。因为这种神物具有‘神圣’或‘圣洁’的性质，随便使用是一种亵渎行为。违反这种禁忌

1 白马主编.西藏地理[M].拉萨：西藏人民出版社，2004:112.

会招致不幸，遵循这一禁忌会带来幸福。二是对受鄙视的贱物、不洁、危险之物，不许随便接触。违犯这种禁忌，同样会招致不幸。”禁忌事项五花八门、千奇百怪，渗透在人的方方面面。著名的民俗学家陶立璠先生把禁忌归纳为宗教禁忌、生产禁忌、语言禁忌、一般生活禁忌四种。诸多民俗学家把禁忌归纳为宗教禁忌、生产禁忌、语言禁忌、一般生活禁忌四种。而邦典佩戴作为生活习俗属于一般的生活禁忌。那么山南邦典佩戴有哪些禁忌事象呢？

一、邦典禁忌事象

藏族妇女穿戴邦典能够把他们服饰展示的更加艳丽，而在日常生活中关于邦典的民俗禁忌很多。比如，藏族人认为，如果妻子不围邦典会缩短丈夫寿命，更有可能使丈夫染上一些疑难杂症，甚至会克死丈夫。若在别人后面甩拍邦典，相当于诅咒他人倒霉，因此藏族人禁忌在别人背后甩拍邦典。夏天，若妇女没配戴邦典在田野穿梭，将会招来冰雹、洪水、干旱等自然灾害，所以禁忌妇女不戴邦典穿梭于田野。过去在一些盛大的节日，妇女必须系邦典和佩戴巴珠，雪顿节时没有系邦典和佩戴巴珠的妇女不让进罗布林卡大门。西藏重要的宗教人物圆寂时，也是禁忌妇女佩戴邦典。

二、禁忌产生的原因

禁忌的产生有各种各样的原因。民间禁忌之所以能形成巨大的穿透力并得以传承，是因为其自身对人们心理的震慑作用。它蕴着浓重的报复心理，如果违背了某种禁忌就会遭到报复，且报复的分量往往是非死即病或性命攸关。实际生活中，不幸的遭遇与女性的行为某些时候可能有一定因果关系、事理上的一些联系。但绝大多数情况纯属巧合，或仅仅是人们在男权社会既定观念下的牵强附会。就科学性而言，民间禁忌实际上是将偶然与必然进行混淆，模糊了一些重要问题的界限和概念。然而人们宣扬这种报应法则，并以民间俗信的形式加以强化，成为一种能够超越任何科学分析 的“合理”的解释。藏族的邦典禁忌也体现了这种现象。那么产生这些禁忌有什么原因呢？

第一、对自然物的崇拜

西藏的自然崇拜主要源于苯教。起初原始人对自然万物的认识不足，对天上的太阳、月亮、星星都产生神秘感。尤其当打雷、下暴雨、发洪水、火灾、地震等各种自然灾难来临时，人们对自然界产生畏惧，从而内心深处引发了对天体的崇拜。同时，为了防止自然灾害的破坏，人们通过各种活动，如祭祀求得平安，在这一过程中产生了原始宗教——苯教。

“原始苯教经过漫长岁月的摸索、酝酿，终于体系化，发展为系统本教，有了自己方方面面完整仪轨。”[1]相传西藏第一代赞普聂赤赞普是天神下凡，第七代赞普（直贡赞普）之前所有赞普在结束生命时候回归天上，这几位赞普在历史上也叫“七赤天王”。这说明苯教最早对自然的崇拜是从天开始的，其次还有火、水、太阳、神山、花以及各种动物，如马、狗、大鹏、狮、虎、龙等。在崇拜这些自然物的同时，苯教徒们还把他们的神灵与自然界结合，形成了苯教的众多神灵。总之，苯教徒认为，凡是与人类有直接关系而人类又无法驾驭的自然现象都是被神主宰的。后来西藏第三十六代赞普赤松德赞时期，为了弘扬佛教，从印度迎请莲花生大师。大师来藏时，一路运用法术降伏了原来苯教十二丹玛、十三古拉、二十一居士、十四战神、吴守舍神等众多鬼神，并把这些神灵授封为佛教的护法神，让他们保护西藏的各大神山和圣湖。于是，西藏出现了世界上少有的众多神灵。藏传佛教徒对自然崇拜也随之诞生。众多佛教寺院也修建在神山上或圣湖边，有的在圣湖中间。“自然禁忌是出于对自然的敬畏与感恩，因而对自然的保护性禁忌是一种非常自觉的行为，必须要这样做，否则会引起灾难的心里倾向与道德规范。”[2]

第二、对灵力的畏惧

当然，在西藏只要提到禁忌就会直接跟各种疾病和灾难联系到一起。他

1察仓・尕藏才旦著.西藏本教[M].拉萨：西藏人民出版社，2006:1.71.

2南文渊著.藏族生态伦理[M].北京：民族出版社，2007:1.203.

们认为各种疾病是直接或间接地由“岱杰”（གདོན་བགྱེད་）鬼神或一定的邪气所致。如果触犯了“岱杰”，就可能有生命危险或更多的灾难。它是人间几百种疾病的根源，瘟疫、梅毒、伤寒、天花、麻风病，无不与之有着密切关系。实际上，它是一种必须时时敬奉，否则随时都可能给人类带来疾病灾难的精怪。为了保护自己的守护神，为了防止神灵的侵害，在长期的信仰、崇拜和祭祀等过程中形成了一系列的禁忌。比如，出于保护丈夫不受神灵的侵害，已婚的妇女无特殊情况之外平时必须配戴邦典。在西藏中部普遍认为，已婚妇女平常不佩戴邦典将会其夫君减寿。“卫藏”一带普遍认为只有魔女不佩戴邦典，正常的妇女不佩戴邦典会触犯鬼神，使他们不乐，从而带来各种疾病，间接影响家庭成员的寿命，这种禁忌习俗一直流传至汉装的出现。另外，禁忌妇女在别人背后甩拍邦典，会触犯神灵，使自然界神灵的不悦，对诅咒的对象带来各种灾难，严重者还会导致死亡。

第三、反映群体心里

邦典禁忌奇怪，在日常生活之中个体不佩戴成为禁忌，那么有些特殊情况下群体佩戴邦典又是禁忌。比如，在过去西藏活佛或者高僧圆寂之日禁忌妇女佩戴邦典。从这点禁忌来看上面所提的一样，佩带邦典不仅是为了取悦生灵而佩戴，也能代表喜庆。从而山南等某些地方自己丈夫去世之后，通过不佩戴邦典来表示沉痛的哀悼心里。在卫藏地区通过妇女邦典的禁忌来看出群体心里的悲哀或者某一家庭的内心苦痛。反过来说，虽然邦典只是藏族服饰之中的一个配饰，但是能够反映出藏族妇女对生活苦痛而背负沉重的包袱。

三、禁忌的社会的功能

任何一种文化与社会的政治、经济有着千丝万缕的关系。没有社会生活，不可能会有千姿百态的文化现象，离开了社会生活的文化也不存在。因为这两者是相互依存的。对人类思想、言语、举止起到抑制作用的禁忌文化也如此。那么邦典禁忌对社会的主要作用有哪些呢？任何禁忌都有其正反两个方面作用，邦典禁忌也是如此。从正面作用来讲，邦典禁忌在一定程度上，起到规范社会制度，可以调节人与人和人与自然之间的关系。民俗文化来源于社会和集体，扎根在民众生活的土壤之中，无意间发挥着对社会成员教育的功能。主要在于培养人们的道德情操，增强人们对生活的热爱，以及对世间万物的热爱和民族自豪感增强。

禁忌的负作用也不少，民间禁忌通常依靠恫吓和压制来约束人们的行为，使人们心甘情愿地服从自以为是神祇旨意兆示的民间俗信仪式，丧失了个人的能动思考和探索，泯灭了主体意识——实际上是削弱了民族精神。我们的民族精神从根本上来说，所表现的是一种中正平和的大家气度，而民间禁忌所彰显的却是报恩报冤的偏激狭隘思想，且多以女性作为防范对象，这与我们的民族精神是完全背道而驰的。如今妇女照样不戴邦典穿梭在田野之中，可是并没有发生什么自然灾害。现在很多妇女已经穿简便的汉装，没有戴邦典，也没有伤害到自己配偶的生命和人身健康。因此，很多禁忌原本是歧视妇女和压迫妇女的工具。

在民间禁忌方面我们必须取其精华，去其糟粕。决不能全盘吸收，也不能全盘否定抛弃。不能光看表面现象否定一切，而是更深层次地去了解和分析其存在的根源。

第五章 如何保护、继承和发展邦典民俗文化

藏族编织业有着悠久的历史，可以追溯到五千年前，它在我区国民经济中占有重要地位。随着现代化进程的加快和经济全球化浪潮的冲击，我国许多地方对保护民族传统文化的认识不足，缺乏责任感和使命感，使传统文化面临着严峻的形势，西藏也不例外。现代化的浪潮推向了西藏的每个角落，使藏族的传统服饰文化都随着现代化的步伐不断地发生变化。这样的背景下，藏族邦典服饰的非物质文化也悄然发生变化。这对藏族服饰邦典文化冲击很大，已经成了不可阻挡的趋势。同样作为“活态”民俗的邦典服饰，在历史长河中传承的同时不断地发展、演变、革新和创造。

“文化是运动的，并且是生生不息的”。[1]任何人无法阻止其前进的步伐。为此，我们只能从继承传统优秀的纺织文化同时，吸收周边其他民族和国家的先进技术，寻找一条保护与发展和谐统一之路。

第一节 邦典服饰和邦典生产民俗的现状

一、邦典服饰现状

藏族人民经过几千年的生产实践，逐步形成了具有藏民族特色的生产工艺，生产出别具一格的民族风格毛织工艺品，这些产品受到广大藏族和国内外其他民族的青睐。目前西藏的毛织品主要有氆氇、邦典、卡垫、藏被、帐

1 陶立璠和樱井龙彦主编.非物质文化遗产学论集[M].北京:学苑出版社，2006:103.

篷、毛毯等。随着社会的发展，经济迅速发展，文化交流更纷繁，各种文化冲击下的藏族邦典服饰与其它服饰一样悄然变化。很多现代的服饰取代了传统的服饰，西藏传统服饰只有在中老年人之中和偏远地方穿戴，很多古老的服饰逐渐销声匿迹。如现在山南贡嘎县妇女的传统藏装被无袖藏袍所替代，平时几乎看不到穿传统服饰的妇女，只有重大传统节日时才有穿戴者。曲松、琼结、加查的邦典大褂也只有老年人穿戴，也成了节日盛装，平时很难看到穿戴者。随着世界各地文化的冲击，年轻人平时几乎不穿藏装，自然也不佩戴邦典。邦典的生产也相应减少，邦典的民俗文化逐渐淡薄。传统邦典减少的同时，又出现一些现代时尚服饰的邦典，如杰德秀现在开始生产邦典围巾和披巾。这种现代的服饰虽然引领时尚进一步发展邦典服饰，但是它摒弃了传统的艳丽色彩，淡化了藏民族邦典服饰特有的生命气息，很难表现传统藏族文化特征。

二、邦典生产现状

西藏自古以来是邦典生产的重要基地，也是邦典实用的最大市场，这里有丰富的邦典原料，也有世世代代积累下来的丰富生产经验。但是由于生产技术和生产方法都比较落后，目前西藏邦典无法满足自己的需求。把藏族传统邦典工艺与现代科技相结合，创新发展的力度不够；不能够推陈出新，创造新产品；不能够满足现代社会中人们日益发展的社会需求。在西藏市场上大部分邦典仍是来自外地和乃至国外的廉价产品，西藏高质量的邦典在西藏广阔的市场上只占很少的比例。要发展邦典产业，不但要使邦典生产满足本地市场，更应该推向更广阔的国际市场。虽然如今的西藏纺织业有了前所未有的发展变化，可是分布不集中，仍分散在广大民间，生产技术依然很原始，生产工具比较落后。产量相对于机械化的企业来说很低。比如，山南氆氇产量最高的某个村，一个月产量只有现代化的西藏三七商贸有限公司一天的产量。从各个企业的目前状况来看，设备陈旧、厂房简陋、技术管理水平低，产品规格参差不齐，质量差异明显。众多厂家的市场拓展跟不上时代的步伐，竞争优势不明显，产品去向不明。

现在西藏纺织业的发展状况很不乐观，尤其邦典的生产，尚且无法满足西藏本地市场的需求，更谈不上大量销售异地和国外市场。除了围裙以外，许多厂家如今生产出邦典变异的一些新产品，比如，包、围巾、沙发套、披巾等。虽然这些产品都是货真价实的纯羊毛手工艺品，可是产出率低、原材料贵、所投劳动量大，成本非常高，导致价格偏高。另外，色彩、样式等都不入潮流，以至于很少有人问津。近些年泽贴合作社等，一些毛纺企业已经开始利用羊绒生产高端品牌，但是西藏特殊的环保受限制，羊绒羊毛去粗脂，必须送到区外省市，这样直接增加了成本，因此很难把这些高端产品打入西藏和区外市场上。再说邦典制作产品很难跟紧时尚潮流的产品，这一切限制了西藏邦典产业的市场空间和销售量。

虽然山南杰德秀的邦典已经成为国家级非物质文化保护重要对象，但是杰德秀民间生产邦典的越来越少。杰德秀两个小型的民营企业也主要生产氆氇为主，只产少量邦典。厂家管理人员说，目前本地生产的邦典销量比较少，2019年时原来专门生产邦典的两个合作社中，其中一个已经倒闭。

近两年国家非物质文化保护的春风吹进西藏广袤大地上，广大百姓对自己祖祖辈辈留下来的服饰有了新的认识，在西藏广大农村逐渐又盛行穿戴古老服饰，不过这些服饰只是作为节日和旅游盛装，很少在日常生活之中穿戴。

第二节 如何在发展中保护

当今世界全球化趋势日益增强，文化与经济、政治相互交融，在综合国力的竞争中地位作用越来越突出。全球化和现代化对传统邦典服饰冲击，使其面临发展困境，既不能太现代化，也不能太传统。不能一贯强调传统而停滞不前，也不能只提倡现代而失去传统的精神内涵。当然，保护非物质文化的第一任务还是抢救濒临灭亡的文化。那么如何在发展中保护邦典服饰呢？

一、充分认识邦典的价值

“文化遗产有双重价值：一是存在价值，包括历史、艺术、科学价值和研究、观赏和教育的价值；二是经济价值，它是存在价值派生的，包括直接的和间接的经济价值。存在价值是源，经济价值是流。存在价值越大，潜在的经济价值也越大，其转化为直接的经济效益也就越大”。[1]藏族邦典服饰不仅是优秀文化的重要载体，也能反映藏民族豪放的性格特征，浓厚的宗教信仰，丰富的审美情趣等，另外它的经济价值也比较高。邦典运用在藏族传统服饰的各个领域，它和其它非物质文化一样具有潜在的开发价值。为此，我们要充分挖掘邦典服饰的悠久历史和丰富的文化内涵，深入、细致解释非物质文化内涵和象征意义，系统地了解该民族内在无形的文化形态，这有助于各民族相互理解和彼此尊重，有助于民族团结，如何恢复已经失传或保存不全的非物质文化遗产，以恢复传统文化的原有风貌。同时向世人展示和宣传它所包含的价值，让更多的人了解绚丽多姿的邦典服饰。使大家充分认识到祖祖辈辈留下来的服饰文化的价值所在，从中感受到民族自豪感，唤起人们自觉保护服饰文化的意识。只要合理利用非物质文化的价值，能够促进当地经济发展。从中让大家直接感受对生活带来的经济实惠，从而在民间自觉形成保护民族传统服饰的一股无形的力量。不仅为保护藏族传统服饰起到作用，同样也为保护其他非物质文化也有重要的作用。

1 陶立璠和樱井龙彦主编. 非物质文化遗产学论集[M]. 北京:学苑出版社，2006：94

二、在保护中利用

“正确处理保护和利用的关系，坚持非物质文化遗产保护的真实性和整体性，在有效保护的前提下合理利用，防止对非物质文化遗产的误解、歪曲或滥用”。[1]保护与利用非物质文化遗产是相辅相成的关系，保护是宗旨，是利用的前提，只有保护好才能合理利用，从而实现继承和发展。非物质文化主要靠不断地传承，才得以保护和发展。尤其是对于那些具有代表性的非物质文化遗产精品和濒危遗产，更应该坚持“保护第一”的原则。为此，我们应该在传承之中保护和发展邦典。比如，山南杰德秀邦典是在西藏各种服饰中不断运用，不断创新各种特色产品，才得以保存下来。可是在保护的过程中，没有充分认识到邦典的价值所在，其染色方法如今已经濒临失传。一旦染色方法失传，杰德秀邦典色彩经久不衰的特色就会失去，其价值也就大打折扣。保护得越好，其价值就越大，知名度也就越高。

民间的非物质文化不可能和古董一样，陈列在博物馆进行保护，非物质文化不是一成不变的，这些文化随着时代的发展，受到政治、经济、文化、宗教信仰的影响，不断地发生变迁，不断地向前发展。非物质文化是活态的民俗文化，因此，我们保护非物质文化，应该考虑到它的变异。在非物质文化生生不息流传的过程之中，保护它的民族气息和文化特征，在其本质特色不变的情况之下，可以进一步发展为与时代相适应的文化。例如，杰德秀邦典在其独特的技艺不变的情况下，可以进一步发展为更现代的产品。生产过程中也如此，可以利用现代化的一些机器设备生产毛线，但是其材料必须是上等的羊毛，染料还是纯天然的，染色方法需要融入传统的技艺。制造邦典的毛料也没有必要局限在围裙上，可以制造出五彩缤纷的时尚的服饰或者日

1 文化保护工程国家中心. 中国民族民间文化保护工程——普查工作手册[M] - 北京：文化艺术出版社，2005：53.

用品。前提条件是，必须以保护为主，不能为了一时的利益，把利用放在第一位置，任意改变传承的优秀部分。就像山南氆氇完全用机器制造，虽然增加了经济收入，可是无法达到传统手工艺编织的质量。虽有一时的利益，却无长久的效益。据氆氇商人说，第一年机器生产的氆氇很畅销，但是第二年手工的比机器生产的更受欢迎。

只有保护好其传统优势，才能吸引更多的外来游客，吸引更多的企业来开发和利用，发挥其经济价值。只有完整保护非物质文化特色，才具有较高的经济价值和利用价值；只有独具特色的非物质文化，才会吸引更多人的关注，文化产业才有可能得到发展。切实利用好非物质文化遗产，有利于发挥其社会经济效益，有利于民族文化的保护和传承工作。

三、在创新和发展中保护

“传统文化如果不加以创新和变革，也就没有生命力，也就无法与当代社会相适应，并将逐步失去功能”。[1] 任何文化都在不断地发展变异之中继承和保存下来的。如果一贯强调保护而忽略了其发展和创新，那就和博物馆里的文物一样失去文化的“活态”性，也就失去其生命力。对于邦典服饰来说，在不改变其与生俱来的民族气息和特色的前提之下，不断创新和发展，才具有永不褪色的生命力，才能生生不息地传承下去。如今在现代化的轻便而美丽服饰的影响之下，穿戴传统古朴耐用服饰的人越来越少。在西藏，除了节日很少看到年轻人穿戴传统的藏族服饰。发展和创新之中保护是给非物质文化注入永久生命的最佳办法。在吸收传统服饰元素的基础之上，不断地创新适合时代的服饰，为邦典创造不断生存的空间。

四 、完善保护非物质文化的相关法律法规

“对于民族文化的保护仅靠研究者的呼吁和民间热情人士的奔忙是远远不

1 陶立璠和樱井龙彦主编. 非物质文化遗产学论集[M]. 北京:学苑出版社，2006：103

够的，政府必须从政策上和财力上加以高度重视，同时建立健全法律法规，用用法律手段来对民族文化加以保护和发展”。[1] 目前，我国非物质文化遗产保护工作的当务之急是加强和完善对非物质文化遗产的有效管理。非物质文化遗产的保护性立法滞后于开发性产业的立法，为了把我国各民族的非物质文化遗产保护好，世代相传，永续利用，应加快地方的立法和管理工作。我们应通过制定政策的形式来，加强非物质文化遗产开发、利用的有效管理，严防开发性的破坏。有效的保护技术与方法，否则将会因保护不当而遭受损失。在制定法律时，必须充分考虑到不同的民族和民间习俗。应当尊重当地民风民俗，强化保护理念， 让更多人参与保护行列之中。

1 杨源、何星亮主编. 民族服饰与文化遗产研究[M]. 昆明：云南大学出版社，2005：423.

结语 展望邦典的未来发展前景

全球经济一体化，世界经济飞速发展，大量民族特色产品涌入世界市场，这一切为发展民族特色产业提供了前所未有的发展前景。作为西藏特色产品邦典氆氇，具有悠久的历史和浓郁的民族文化气息，艳丽的色彩，坚实耐用的质地，自古以来受到他乡异地的青睐。随着人们生活水平的不断提高，它已经成为藏族日常生活之中最主要的装饰品和必备消费品，对邦典的光泽、品种、花色等的质量要求也越来越高，所需的产品种类也日渐繁多。要想保护和弘扬民族非物质文化邦典，必须要发展地方民族手工业，提高邦典的知名度，调整产业结构、发展民族特色产业、提高人们生活水平，应该从以下两个方面考虑。

一、加大解放思想，改变陈旧观念

面对蒸蒸日上的国际市场，要想弘扬和发展民族特色产业，关键是改变广大老百姓的陈旧思想观念。在广大西藏百姓观念中，纺织氆氇和邦典的主要目的仍然是自给自足，农闲期间多生产几个氆氇或邦典，等专购氆氇的商人到门口来收购，所得收入作为生活开支的补充。家里需要大开支时，几家专门纺织出售的产品，然后到较远的拉萨或者昌都、西宁等市场去出售。但是这种出售方式一般情况很少，大部分还是放在家里专人来收购。在百姓观念里根本就没有大量生产邦典，形成一定的规模，向更广市场领域推广的观念。人们的骨子里只有依靠农业生产生活的落后思想，已经习惯只把纺织业当作副业，并不像农业和牧业一样重视。各乡镇毛织企业里的员工，都是从附近农区来的，一到农忙季节，厂里干活的人所剩无几，各自回家忙农活。

要想发展西藏副业，尤其西藏纺织业，首先必须改变广大老百姓的思想观念，改变他们祖祖辈辈主要依靠农牧生计的传统思想观念。让大家从副业生产发展之中得到更多的实惠，尝到现代化纺织业带来的甜头。使大家从实践中感受到发展民族特色产业有更多的优势，一方面能够继承和发扬民族优秀的传统文化，另一方面可以增加当地百姓的经济收入，也能推动民族经济发展起到一定的作用。当然，要想改变广大群众的旧观念，必须要因地制宜地改变原有的产业的结构和规模，必须适应当地的生产要求和质量规格，不能随心所欲更改一切。让大家即能感受到科技含量的优势，又能感受到自己世代流传下来的民族工艺品没有改变民族气息。提高农牧民的积极性；提高产品的科技含量；提高农牧民的商品意识。扩大产品销路，拓展产业链条，增加农牧民子女的就业空间。让很多待业青年参与企业管理、新产品开发、推销、经营等，从生产到出售的每一个环节之中，使广大人民真正感受到科学发展观带来的实惠。

二、结合旅游业发展

西藏旅游业的快速发展得益于这里的独特资源，例如，生态资源、人文资源、特色产品。要想邦典产业真正立足于西藏市场，不仅要能够改变广大老百姓的陈旧观念，改变原有的落后生产技术和原始的生产方式，还要根据市场需求，不断地翻新产品的花样品种。面对西藏蓬勃发展的旅游业，邦典产品的市场存在巨大潜力可挖。旅游市场为西藏的各种产品带来巨大商机，也为这些产品销路提供了广阔的市场前景。为此，我们要因地制宜地充分挖掘邦典蕴含的巨大潜力，设计开发更加合理，更能满足现代市场需求的旅游产品。我们应当尽量根据市场的需求开发一些市场上需求量较大而时尚的产品，比如，邦典制作的桌布、沙发套、沙发靠背、电视套、电脑套、鼠标垫子、电脑包、油裙、床单、被套、门帘、手帕、各种包、钱包、围巾、帽子、衣服等。

除了大量生产邦典以外，在西藏现在欣欣向荣的民族旅游村或民俗村相结合发展西藏的纺织业。在各个旅游村展示西藏独特的纺织生产民俗，让游客感到身临其境，也可以让游客参与到生产过程中，感受藏族特色的生产民俗。同时当场出售质量优质的旅游产品。旅游产品不仅仅是销售邦典产品的好销路，更是展示民族独特邦典服饰的舞台。我们充分利用这个舞台，不仅向世人展示我们民族的悠久的邦典服饰民俗文化，也为民族手工业发展和地方经济发展服务。

邦典作为具有民族特色的产品，它有悠久的历史和丰富的文化内涵，以及明显的经济效益。它以独特的工艺和浓郁的民族气息，向世人展示藏民族的独特服饰文化，是西藏服饰文化中的一个奇葩，并且已经成为中国众多非物质文化中的重点保护对象。作为人类文化保护的遗产，不仅仅要在经济领域发挥其经济价值，更要体现其历史文化价值，使邦典具有永生的生命力，在时代的潮流之中生生不息地流传。邦典文化内涵深，外延广，因此，还有诸多邦典民俗文化并没有深入研究，有待于进一步研究和核实。

【参考文献】

一、参考书籍

[1] 陶立蕃.民俗学[M]. 北京：学苑出版社，2003.

[2] 赤烈曲扎.西藏风土志[M]. 拉萨：西藏人民出版社，2006：2.

[3] 廖东凡.藏地风俗[M]. 北京：中国藏学出版社，2008：1.

[4] 杨清凡. 藏族服饰史[M]. 西宁：青海人民出版社，2003：1.

[5] 恰白•次旦平措、诺章吴坚、平措次仁著、陈庆英等译. 西藏通史松石宝串[M]. 拉萨：西藏社会科学院、古籍出版社、西藏杂志社联合出版，2004：2.

[6] 萨孔旺堆.藏族民俗--百解(藏文)[M]. 北京：民族出版社，2003.

[7] 西藏人民出版社整理. 民歌集(藏文)[M]. 拉萨：西藏人民出版社，2002：2.

[8] 赵丰、金琳.纺织考古[M]. 北京：文物出版社，2007：1.

[9] 西藏自治区文物管理委员会编.拉萨文物志[R]. 拉萨：1985. （内部出版。）.

[10] 丹珠昂奔、周润年、李双剑等.藏族大辞典[Z]. 兰州：甘肃人民出版社，2003：1.

[11] 谢继胜、沈卫荣等主编.汉藏佛教艺术研究[M]. 北京：中国藏学出版社，2006：1.

[12] 桑达多吉.西藏风俗史[M]. 西藏：西藏人民出版社，2004：1.

[13] 孙秋云主编.文化人类学教程[M]. 北京：民族出版社，2007：2.

[14] 中富兰.上海：中国民俗文化学导论[M]. 上海辞书出版社，2007.

[15] 钟敬文主编.民俗学概论[M]. 上海：文艺出版社，2008.

[16] 仲富兰.中国民俗流变[M]. 香港：中华书局有限公司，1989.

[17] 乌丙安中.国民俗学[M]．沈阳：辽宁大学出版，1985.

[20] 林继富．王丹.解释民俗学[M]．武汉：华中师范大学出版社，2006.

[21] 中国民俗学会主编.中国民俗学研究[M]．北京：中央民族大学出版社，1996.

[22] 华美．服饰心理学[M]．北京：中国纺织出版社，2008.

[23] 徐赣丽.民族旅游与民族文化变迁[M]．北京：民族出版社2006.

[24] 仲富兰.民俗传播学[M]．上海：上海文化出版社，2007.

[24] 王娟编．民俗学概论[M]北京：北京大学出版社，2009.

[25] 董小萍.全球化与民俗保护[M]．北京：高等教育出版社，2007：2.

[26]（后晋）刘煦等撰旧.唐书•吐蕃传，北京：北京书局。（宋）欧阳修、宋祁撰.新唐书[M]．北京：中华书局，1975.

[27] 更堆群培.白史(藏文)[M]．北京：民族出版社，2007.

[28] 刘志群.戏与藏俗[M]．石家庄：河北少年儿童出版社，1999.

[29] 五金多吉．克珠等编.山南民歌集(藏文)[M]．拉萨：西藏人民出版社，1995：5.

[30] 拉萨城历史文物参考资料收集委员会.拉萨城的历史文化，第六册，内部出版.

[31] 巴俄・租拉陈瓦著.智者喜宴[M]．北京：民族出版社，2006：1.

[32] 吐蕃传[M]（藏文版）．西宁:青海民族出版社.

[33] 白玛主编.西藏地理[M].拉萨：西藏人民出版社，2004.

[34] 杨辉麟. 西藏绘画艺术[M]．拉萨：西藏人们出版社，2008.

[35] 陶立璠．樱井龙彦主编.非物质文化遗产学论集[M]．北京:学苑出版社，2006：10.

[36] 阿旺贡嘎索南（陈庆英等译）.萨迦世系史[M]．拉萨:西藏人民出版

社，2002. 2.

[37] 杨志国. 西藏地方是中国不可分割的一部分[M]. 拉萨：西藏人民出版社，1986.

[38] 巴・赛囊. 巴协[M]. 北京：民族出版社，1982：2.

[39] 桑杰坚赞著，(刘立千译).米拉日巴传[M]. 北京: 民族出版社，2001.

[41] 杨源，何星亮主编. 民族服饰与文化遗产研究[M]. 昆明：云南大学出版社，2005.

[42] 察仓・尕藏才旦著. 西藏本教[M]. 拉萨：西藏人民出版社，2006.

二、参考期刊

[1] 李玉琴. 藏族服饰吉祥文化特征刍论[M]. 四川师范大学学报，第34卷 第 2期.

[2] 魏新春. 藏族服饰文化的宗教意蕴，西南民族学院学报・哲学社会科学版，2001总 22卷 第 1期.

[3] 李宇红，杨媛，李云峰. 多维视野下藏族服饰的文化特质[J]. 文化教育甘肃科技纵横，第 35卷，2007：6.

[4] 陈亚艳. 浅谈青海藏族服饰蕴藏的民族文化心理[J]. 青海民族研究(社会科学版)第 12卷　2001：2.

[5] 杨清凡. 从服饰图列试析吐番与苏特关系[J]. 西藏研究2001：3.

[6] 董志强.　青海藏族服饰成因的初步探讨[J]. 青海师专学报 (教育科学)200年2003. 4.

[7] 多杰才旦. 《中国藏族服饰》评介[J]. 中国藏学出版社出版，新华书店北京发行所发行，2002：1.

[8] 桑杰次仁. 藏族服饰的地域特征及审美情趣[J]. 青海师专学报，2003：4.

[9] 杨琳．藏族服饰文化内涵及对现代服装设计的启示[J]．科技创新导报，2008.

[10] 拉巴平措．客观现实地展现藏族优秀文化——平《中国藏族服饰》[J]．中国藏学2003．1.

[11] 其米卓嘎．西藏服饰艺术[J]．西藏那个艺术研究2004：1.

[12] 桑雪吧·贡觉云丹．羊卓藏族服饰[J]．西藏民俗。

[13] 扎嘎.西藏民主改革前的山南地区农村手工业---氆氇与邦典[J]，西藏研究，1993：1．(总第46期).

[14] [匈] 西瑟尔 卡尔梅．七世纪到十一世纪西藏服装(胡文和译)[J].载西藏研究，1985：3.

[15] 陆文熙．木里藏族服饰文化旅游资源浅谈[J]． 2001：9.

[16] 张永安．浅谈藏族服饰艺术渊源，民俗研究[J]．2005.

[17] 马宁．舟曲藏族服饰初探——浅译舟曲藏族服饰的分类及其文化内涵[J]．向民族学院学报（社会科学版）2004：4.

[18] 土甲．康区昌都服饰文化的内涵[J]．西藏民俗杂志社.季刊，2000：1.

[19] 周毛卡．舟曲藏族妇女服饰的文化内涵新探[J]．民族出版社.安多研究，第五辑.

[20] 次仁卓玛．论藏民族服装在舞台上的运用与表现[J]．西藏艺术研究所2009：1.

[21] 陈慧．中国近代女性服饰的变迁看女性意识的变化[J]．十堰职业技术学院学报，2005.1.

[22] 黄利筠．服饰的变化与文化、价值的变迁[J]．艺术设计论坛， 2004：14.

[23] 王璐．服饰的文化[J]．史学新苗，2005年12月。

[24] 杜佳. 服饰民俗生成的背景结构[J]. 社科纵横，2002. 1.

[25] 黄燕敏. 服饰研究文化学的意义[J]. 河北大学学报（哲学社会科学版），2004. 3.

[26] 税静. 服装的个性与共性[J]. 服饰研究，2005：1.

[27] 蔡成英. 服装面料的情感因素[J]. 装饰，2004：9月.

[28] 李云峰. 服装色彩的美学审视[J]. 社科纵横，2005：10月.

[29] 康洁平，张丽帆. 服装色彩与个性[J]. 中国服饰报，2005年3月4日.

[30] 周萍. 关于服饰与审美的一点思考[J]. 美与时代，2007：7月下。

[31] 杨万和. 鹤庆白族女性服饰类型及其文化意蕴[J]. 大理学院学报，2006. 1.

[32] 吴夹. 花腰傣女子服饰的美学铺排[J]. 民族文化，2007：10月.

[33] 伊晓英. 论服装色彩的美学原理[J]. 美与时代，2005：6月下.

[34] 王继平. 论新疆少数民族服饰的社会文化功能[J]. 新疆大学学报，2008. 2.

[35] 黄伟. 中国服饰民俗漫谈[J]. 淮阳教育学院学报，2003：3.

[36] 宋来福. 论中国民族服饰的继承与发展[J]. 攀枝花大学学报，2002：3 .

[37] 张祥磊，杨翠钰. 中国传统服饰文化的思想沉淀[J]. 郑州轻工业学院学报，2005年6月.

[38] 黄燕敏. 女性服饰研究理论与发展趋向[J]. 苏州大学学报，2004：6月.

[39] 肖琼琼. 女性服饰文化中情感和需求与表现[J]. 湖南包装衣食住行，2004年10月.

[40] 胡芸. 女性服饰民俗行为中的社会性别意识[J]. 太原大学学报，

2002：4.

[41] 康健春．服饰的非语言性传达[J]．艺术研究与设计——蒙古艺术，2004：2.

[42] 包晓兰．浅谈服饰与社会[J]．艺术研究与设计——蒙古艺术，2004：2.

[43] 管志刚．浅谈唐代服饰文化繁荣的社会因素[J]．学院文萃美术学，2005年5月.

[44] 陶然．三大服饰文化在审美观上的比较[J]．上海工艺美术，2003：3.

[45] 谢轻松、陈光连．少数民族服饰文化中所蕴含的价值观[J]．宝山师专学报，2005：6.

[46] 曹莉．试谈当代服饰文化的几个特征[J]．艺术研究与设计——蒙古艺术，2004：2.

[47] 郑剑．试析民族服饰色彩与宗教文化[J]．西北第二民族学院学报，2005：1.

[48] 董莉．试析我国古代的服饰审美心态[J]．温州职业技术学院学报，2005：1.

[49] 胡阳全．云南民族服饰文化与旅游文化[J]．学学报，2002：3.

[50] 张颖．唐诗中女性服装和化妆美初探[J]．广州大学学报（社会科学版）2002：11.

[51] 叶晖．我国女性服饰流变中的性别权利关系探析[J]．阴山学刊，2005：4.

[52] 胡晓晴．中国古代服饰文化的演变与发展[J]．信阳农业高等专科学院学报，2004：3.

三、学位论文

[1]李玉琴．藏族服饰文化研究[M]．2008年四川大学历史文化学院博士学位论文.

[2]才旦曲珍．对女性禁忌的探讨 – 以藏族女性禁忌和日本女性禁忌为例[M]．2008年西藏大学硕士学位论文.

后 记

在本文即将完成之际，首先要感谢我的恩师赤烈曲扎教授，从论文的选题、构思到撰写，一直得到老师的教诲和指导。老师严谨的治学态度，执着的学术追求和豁达的学术风范给学子们留下了深深的印象。老师用心引领我走入色彩斑斓的藏族民俗学殿堂，传授给我从事学术研究的理论和方法。在此，向您表示衷心的感谢!

其次，感谢一直以来帮助和支持我的老师、家人、朋友、同学、以及帮助我完成此课题的所有各界人士表示衷心的感谢!

ལྷེ་བདེ་ཞོལ་གྱི་ཡང་གདན་བཟོ་རྩལ།

རྩོམ་པ་པོ། བསོད་ནམས་མཚོ་མོ།

རྩོམ་སྒྲིག་འགན་འཁུར་བ། ལྷག་པ་ཚེ་རིང་།

མཐའ་ཞུས། བསྟན་པ་ཆོས་གྲགས།

དཔེ་སྐྲུན། བོད་ལྗོངས་བོད་ཡིག་དཔེ་རྙིང་དཔེ་སྐྲུན་ཁང་།

པར་འདེབས་ཚན་པ། ཁྲིན་ཏུའུ་གྲོང་ཁྱེར་ཅིན་ཡ་ཧྲི་ཚོན་དཔར་འགན་འཁྲི་ཚད་ཡོད་ཀུང་སི།

བརྒྱུད་འཚོང་། རྒྱལ་ཡོངས་ཞིན་ཧྭ་དཔེ་ཚོང་ཁང་།

དེབ་ཚད། 710mm×1 000mm 1/16

པར་ཤོག 15.5

པར་གྲངས། 0 1-3, 000

པར་གཞི། 2020ལོའི་ཟླ་12པར་པར་གཞི་དང་པོ་བསྒྲིགས།

པར་ཐེངས། 2020ལོའི་ཟླ་12པར་པར་ཐེངས་དང་པོ་བཏབ།

དཔེ་རྟགས། ISBN 978-7-5700-0470-6

རིན་གོང་། སྒོར་39.00